机械工程材料基础入门

刘光启　朱志伟　主编

JIXIE GONGCHENG CAILIAO
JICHU RUMEN

化学工业出版社
·北京·

内 容 简 介

本书除介绍金属材料的制造过程，以及内部组织、性能、测试、检验、用途和材料的选择等知识外，还用了相当多的篇幅介绍了非金属材料、复合材料和新材料，并尽量以示意图、结构图和立体图作辅助说明。

本书内容系统、全面、通俗，虽说是"入门"书籍，但也有相当多的拓展知识和应用要点，其宗旨是便于机械专业在校或毕业后新入职的大学生、职业院校学生系统、全面地学习，以便能对这方面的知识有一个更加全面的了解，更好地胜任自己的工作。本书也可供工程材料领域的管理人员、加工与应用的工人和技师参考。

图书在版编目（CIP）数据

机械工程材料基础入门/刘光启，朱志伟主编. —北京：化学工业出版社，2022.9
ISBN 978-7-122-41689-6

Ⅰ.①机⋯　Ⅱ.①刘⋯ ②朱⋯　Ⅲ.①机械制造材料　Ⅳ.①TH14

中国版本图书馆 CIP 数据核字（2022）第 105458 号

责任编辑：张燕文　张兴辉　　　　　　　文字编辑：张　宇　陈小滔
责任校对：宋　夏　　　　　　　　　　　装帧设计：王晓宇

出版发行：化学工业出版社（北京市东城区青年湖南街 13 号　邮政编码 100011）
印　　装：三河市延风印装有限公司
787mm×1092mm　1/16　印张 16¾　字数 399 千字　2023 年 1 月北京第 1 版第 1 次印刷

购书咨询：010-64518888　　　　　　　售后服务：010-64518899
网　　址：http://www.cip.com.cn
凡购买本书，如有缺损质量问题，本社销售中心负责调换。

定　　价：89.00 元

前言

　　机械工程材料是用于制造各类机械零部件和生产工具的材料。特别是金属材料，由于其来源丰富，具有优良的使用性能与工艺性能，所以应用最广，在各种机器设备所用材料中占到90%以上；我国的钢铁年产量，已经接近人均1t的水平；非金属材料具有很多金属材料所不具备的特性，所以也不可或缺。同时，人类为了生产和发展，也总是不断地在探索、研究新的材料品种。它们的发现和应用，不仅促进了生产力向前发展，也给人类生活带来巨大的变革，把人类社会和物质文明推向一个新的阶段。它们共同构成了整个工程材料体系。

　　本书介绍了金属材料的制造过程，以及其内部组织、性能、测试、检验、用途和选择等知识，也用了相当多的篇幅介绍了非金属材料、复合材料和新材料，并尽量以示意图、结构图和立体图加以说明。

　　本书分12章，包括金属材料的生产过程、分类、牌号和用途、性能、组织、合金元素的作用、加工、检验方法、交货状态，并介绍了非金属材料和特种材料，最后还介绍了机械工程材料的选用。

　　本书内容系统、全面、通俗，虽说是"入门"书籍，但也有相当多的拓展知识和应用要点，其宗旨是便于机械专业在校或毕业后新入职的大学生、职业院校学生系统、全面地学习，以便对机械工程材料方面的知识有一个更加全面的了解，更好地胜任自己的工作。本书也可供工程材料领域的管理人员、加工与应用的工人、技师参考。

　　本书由刘光启、朱志伟任主编，姚政、闫小芳、董国强任副主编。参加编写工作的还有于发加、吴瑞凯、孙旗、李银涛、戚丽丽、王莎莎、马迎亚、刘营、任孟成、徐永涛、徐博成、李健、田圣涛、黄学文、刘国强、刘勇。全书由刘光启统稿。

　　在编写过程中，参阅了有关文献资料和标准，在此谨向相关作者表示衷心的感谢。

　　由于编者水平所限，书中疏漏之处在所难免，热切希望各位读者在阅读使用过程中，提出宝贵的意见和建议。

编　者

目录

第 3 章
金属材料性能
072

第4章
钢铁材料的组织

100

第5章
合金元素的作用

114

第6章
金属材料的加工

127

第7章
金属材料的热处理

156

第 10 章
非金属材料   213

第 11 章
特种材料   231

第 12 章
机械工程材料的选用   240

第1章
概论

1. 炼铁的主要原料有哪些?

2. 炼钢有几种方法? 用得最多的是哪一种?

3. 金属材料是如何生产出来的? 什么叫湿法冶金?

4. 钢如何按冶炼方法和脱氧程度分类?

5. 工程材料如何分类? 各有什么特色?

6. 金属材料为什么要走可持续发展道路?

1.1　工程材料的应用概况

工程材料是专指用于机械、车辆、船舶、建筑、化工、能源、仪器仪表、航空航天等工程领域的材料，也包括一些用于制造工具的材料和具有特殊性能的材料（图1-1、图1-2）。

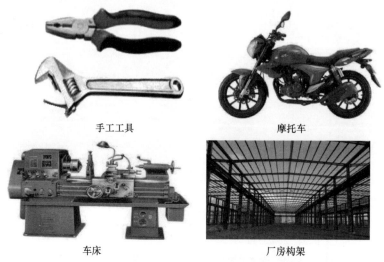

手工工具　　　　　　　　　　摩托车

车床　　　　　　　　　　厂房构架

图 1-1　用钢铁制成的产品

隐形轰炸机　　　　　　　　　飞船返回舱

图 1-2　当代用新材料制造的产品

据报道，2020年中国的钢铁产量为13.25亿吨，而铝材不足800万吨，铜材不足2100万吨。钢铁材料的使用量要占到所有金属材料用量的90%，是各种工程材料中最重要的基础材料。它与有色金属、非金属材料、复合材料和特种材料一起，构成了整个材料体系，在人们生活、生产和国防建设上发挥着巨大的作用（图1-3）。

(a) 汽车　　　　　　　　　　(b) 飞机

(c) 火炮   (d) 航空发动机

(e) 潜水艇   (f) 坦克

图 1-3　金属材料在生产和国防建设上的应用

1.2　金属材料的生产过程

构成金属材料的金属元素，要从矿石中提取。矿石一般要通过开采，然后经过选矿、冶炼、铸锭、成形（轧制、锻造）等几个阶段，才能加以利用。

1.2.1　原料开采和破碎

(1) 开采

矿产资源存在于地球中的形式千差万别，有的在地表，有的在地下；有的埋藏深，有的埋藏浅；有的是富矿，有的是贫矿；有的相对集中，有的却很分散；有的是单质，有的是化合物。因此，其开采的方法也不尽相同。露天矿的开采，相对要容易得多（图1-4）。但一般来说，埋藏地下、以化合物形式存在的矿产资源占多数，对它们的开采都要经过凿岩、爆破、通风、支护、采矿和出矿几个步骤（图1-5）。

图 1-4　露天矿的开采   图 1-5　地下矿的开采

(2) 破碎

从矿山开采出来的矿石，尚不适于直接入高炉冶炼，而要经过破碎、筛分、选矿、造块、混匀等处理工序。

破碎就是用机械力的方法，克服固体物料内部凝聚力，使矿石粒度变成需要的规格，再脱水过滤。破碎通常用辊式破碎机（图1-6、图1-7）、颚式破碎机（图1-8）、圆锥破碎机（图1-9）、回转破碎机和复式破碎机等进行。

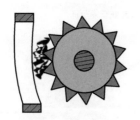

图1-6 单辊式破碎机

图1-7 双辊式破碎机

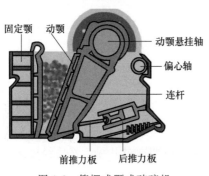

图1-8 简摆式颚式破碎机

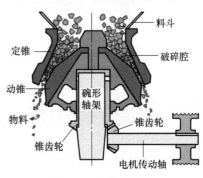

图1-9 圆锥破碎机

1.2.2 选矿

直接开采或经过破碎的矿石原矿，往往达不到冶炼的标准，必须对其进行分选（矿山同时综合回收各种有效成分，变废为宝，增加经济效益）。

选矿的方法很多，常见的有筛选法、浮选法、重选法、磁选法、电选法、化学选矿法和微生物选矿法。

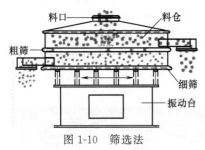

图1-10 筛选法

(1) 筛选法

筛选法就是用振动筛将粗细粒度相差较大的矿石，分成若干个粒度区间（图1-10）。

(2) 浮选法

浮选法是利用矿物表面理化性质的差别，经过浮选药剂的处理，使矿物达到分选的目的。铜、铅、锌、硫、钼等矿主要用此法处理（图1-11）。

(3) 重选法

重选法是根据矿物密度的差异来分选矿物。密度不同的矿物颗粒在运动介质（水、空气与重液）中受到流体动力和各种机械力的作用，形成适宜的松散分层和分离条件，从而使不

图 1-11　浮选法

同密度的矿粒得到分离（图 1-12）。这种方法操作简单，成本较低。砂中淘金、钨锡选矿都是利用这个原理。

（4）磁选法

磁选法是利用各种矿物磁性的差异，在磁选机上进行分选的一种选矿方法（图 1-13）。

（5）电选法

电选法是根据矿石矿物和脉石矿物颗粒导电性质的不同，在高压电场中进行分选的选矿方法（图 1-14）。

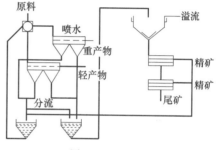

图 1-12　重选法

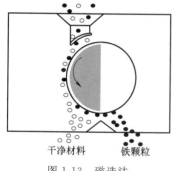

图 1-13　磁选法

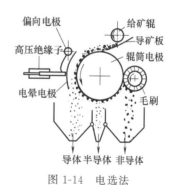

图 1-14　电选法

（6）化学选矿法

化学选矿法是根据矿物和矿物组分的化学性质的差异，利用化学方法改变矿物组成，然后用其他方法使目的组分富集的矿物加工工艺。采用的化学浸出液种类，有酸、碱、盐、氯化物、氰化物和细菌液等。一般用于物理选矿处理困难的"贫""细""杂"矿源。为有利于目的矿物的析出，事先要经焙烧（图 1-15），然后再浸出（图 1-16）和固-液分离。世界上75％的锌和镉，是采用焙烧-浸取-水溶液电解法制成的。

例如用化学选矿法，可从海水中提取镁、铀等元素。全世界生产的镁大约有 20％来自海水。

（7）微生物选矿法

研究发现，某些细菌喜欢金，落叶松能聚集铌，玉米能集金，甜菜和烟草可集锂，利用软体动物能生产铜，从海鞘中可以提取钒，龙虾能集钴。人们利用这些特性，兴起了微生物

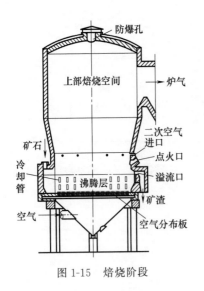

图 1-15　焙烧阶段

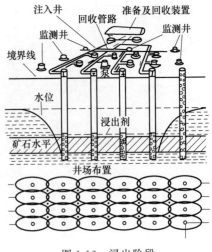

图 1-16　浸出阶段

冶金。例如，利用铁氧化细菌从矿物中得到氧化铁，利用硫氧化细菌脱除矿物中的铁、硫，利用硅酸盐细菌从矿物中提取硅，并已经在许多国家进行了工业性生产。

1.2.3　冶炼方法综述

金属冶炼是把金属从化合态变为游离态的过程。金属冶炼方法与金属元素活泼性的强弱程度有关。一般提炼活泼性很强的金属元素用电解法，中等活泼性的金属元素用热还原法，活泼性很弱的金属用热分解法（图 1-17）。

图 1-17　金属元素活泼性的强弱程度和提炼方法

(1) 活泼性很强的金属元素

图 1-17 中 Al 之前的金属元素很活泼，不能用还原法、置换法生成单质，可用电解法冶炼。

如电解熔融 NaCl 可以得到 Na，电解熔融 $MgCl_2$ 可以得到 Mg，电解熔融冰晶石（Al_2O_3）可以得到 Al：

$$2NaCl \longrightarrow 2Na + Cl_2 \uparrow$$

$$MgCl_2 \longrightarrow Mg + Cl_2 \uparrow$$

$$2Al_2O_3 \longrightarrow 4Al + 3O_2 \uparrow$$

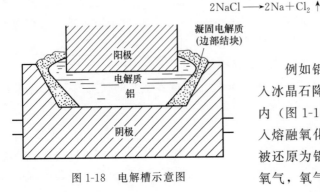

图 1-18　电解槽示意图

例如铝的冶炼，就是将铝矿加热熔化［加入冰晶石降低 Al_2O_3 的熔点］，放入大型电解槽内（图 1-18）。阴极是四周的碳隔板、阳极是伸入熔融氧化铝的碳棒。在阴极的铝离子得电子被还原为铝单质，在阳极的氧离子失电子变为氧气，氧气再与碳棒反应生成二氧化碳，被还原的熔融态铝单质冷却后为纯铝。其工艺流程见图1-19。

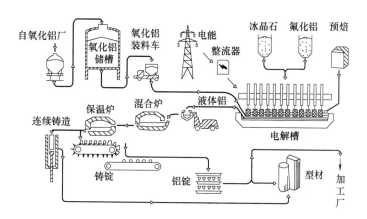

图 1-19 电解法制取铝的工艺流程

需要提纯精炼的金属（如精炼铝、镀铜等）也使用此法。

（2）活泼性中等的金属元素

对这类金属元素，一般用热还原法（辅之相应的还原剂）。

① 炼铁、铜时用还原剂 CO、H_2、C，其反应式分别是：

$$Fe_2O_3 + 3CO \longrightarrow 2Fe + 3CO_2 \uparrow$$

$$CuO + H_2 \longrightarrow Cu + H_2O$$

$$2CuO + C \longrightarrow 2Cu + CO_2 \uparrow$$

② 炼铁、锰时用较活泼的金属 Al（铝热反应）还原剂，其反应式分别是：

$$2Al + Fe_2O_3 \longrightarrow Al_2O_3 + 2Fe$$

$$4Al + 3MnO_2 \longrightarrow 2Al_2O_3 + 3Mn$$

（3）活泼性很弱的金属

对这类金属元素，可以通过直接加热其氧化物，分解后得到金属单质，如：

$$2HgO \longrightarrow 2Hg + O_2 \uparrow$$

$$2Ag_2O \longrightarrow 4Ag + O_2 \uparrow$$

（4）湿法冶金

湿法冶金的提法，是相对于"高炉炼铁"和"电弧炉炼钢"而得名的。这种方法不用高温，而是利用在常温溶液中的化学反应，主要用于低品位、难熔化或微粉状的矿石。

现在地壳中可利用的有色金属资源稀少，以铜为例，仅为 0.3% 左右；而一些贵金属，原料的含量往往只有百万分之几，无法用高炉法或电炉法冶炼。所以，现在世界上近 12% 的铜，全部的氧化铝、氧化铀和约 74% 的锌都是用湿法生产的，它在铝、铜、锌、铀等工业中占有重要地位。

湿法冶金（图1-20），就是把金属矿物原料置于化学溶剂中处理（如置换、氧化还原、中和、

图 1-20 湿法冶金

水解等），用有机溶剂萃取，分离杂质，提取金属及其化合物。

如在硫酸铜溶液中加入金属铁或锌，便可置换得到金属铜：

$$CuSO_4 + Fe \longrightarrow FeSO_4 + Cu$$
$$CuSO_4 + Zn \longrightarrow ZnSO_4 + Cu$$

湿法冶金包括下列几个步骤：原料中有用成分转入溶液（浸取）；浸取溶液与残渣分离，同时将夹带于残渣中的冶金溶剂和金属离子洗涤回收；浸取溶液的净化和富集（常采用离子交换和溶剂萃取技术或其他化学沉淀方法）；从净化液中提取金属或其化合物。

在生产中，常用电解提取法从净化液中制取金、银、铜、锌、镍、钴等纯金属。而铝、钨、钼、钒等多数以含氧酸的形式存在于水溶液中，一般先以氧化物析出，然后还原得到金属。

1.2.4 炼铁

通常，炼铁主要用高炉法，个别采用直接还原法和电炉法。炼铁的主要设备是高炉，得到的是粗炼金属铁。

(1) 原料

高炉冶炼的理想原料，是铁含量高、脉石少、有害杂质少、化学成分稳定、粒度均匀，并具有良好的还原性和一定的机械强度的铁矿石。磁铁矿石、赤铁矿石、褐铁矿石和菱铁矿石［图1-21（a）～（d）］均可。一般要求铁含量大于50%，块度要求8～40mm；另外还要用到焦炭、石灰石等［图1-21（e）、（f）］。

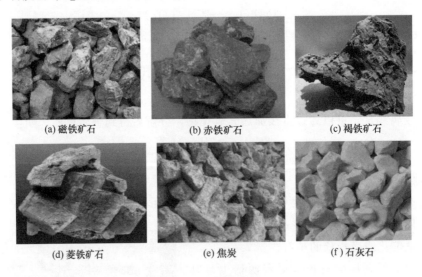

|(a) 磁铁矿石|(b) 赤铁矿石|(c) 褐铁矿石|
|(d) 菱铁矿石|(e) 焦炭|(f) 石灰石|

图1-21　炼铁原料

(2) 高炉结构

高炉是用于冶炼液态铁水的主要设备。其横断面为圆形，本体自上而下分为炉喉、炉身、炉腰、炉腹、炉缸几段（图1-22）。

① 炉壳　用钢板焊接，内砌耐火砖作衬。其作用是固定冷却设备，组成高炉工作空间，并起到减少高炉热损失、保护炉壳和其他金属结构免受热应力和化学侵蚀的作用。

② 炉喉　为高炉本体的最上方圆筒形部分，用于炉料的加入和煤气的导出。由于其工

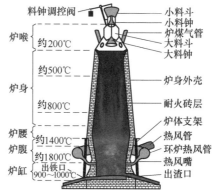

图 1-22　炼铁高炉的外观和结构

作条件十分恶劣，大高炉的炉喉护板常用 $100\sim150\text{mm}$ 厚的铸钢制成。

③ 炉身　呈锥台形，是高炉中铁矿石间接还原的主要区域。

④ 炉腰　连接炉身和炉腹，是高炉直径最大的部位。其作用是扩大横向空间，改善透气条件。

⑤ 炉腹　呈倒锥台形，是熔化和造渣的主要区段。

⑥ 炉缸　呈圆筒形，是高炉燃料燃烧、渣铁反应、储存和排放区域。设有出铁口、出渣口和进风口，是承受高温煤气及渣铁物理和化学侵蚀最剧烈的部位。

⑦ 炉底　其作用是承受炉料、渣液及铁水的静压力，受高温、机械磨损和化学侵蚀严重。

⑧ 炉基　呈圆形或多边形，其作用是将其集中承担的重量均匀地传给地面。

（3）基本原理

炼铁的原理是，焦炭在炉内燃烧后产生高温，并伴随大量的一氧化碳，与矿石中的氧化铁（Fe_2O_3、Fe_3O_4）反应，带走矿石中的氧得到生铁。反应式是：

$$C + O_2\uparrow \longrightarrow CO_2\uparrow$$
$$CO_2\uparrow + C \longrightarrow 2CO\uparrow$$
$$Fe_2O_3 + 3CO\uparrow \longrightarrow 2Fe + 3CO_2\uparrow$$
$$Fe_3O_4 + 4CO\uparrow \longrightarrow 3Fe + 4CO_2\uparrow$$

石灰石与铁矿石中的二氧化硅反应，生成硅酸盐等炉渣排出：

$$CaCO_3 \longrightarrow CaO + CO_2\uparrow$$
$$CaO + SiO_2\uparrow \longrightarrow CaSiO_3$$
$$CaO + SO_2\uparrow \longrightarrow CaSO_3$$
$$3CaO + P_2O_5\uparrow \longrightarrow Ca_3(PO_4)_2$$

（4）生产过程

将原料铁矿石、燃料（焦炭、煤粉等）及辅料（石灰石、白云石、萤石等），按一定比例从高炉炉顶装入，同时由下部热风炉鼓入的热风从高炉下部沿炉周上升，使焦炭燃烧产生热量。其中的碳与鼓入空气中的氧燃烧生成一氧化碳。矿石

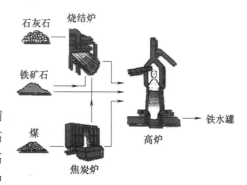

图 1-23　高炉炼铁工艺流程

中氧化铁和一氧化碳发生反应，还原出生铁，间断地放出装入铁水罐，送往炼钢厂。矿石中的杂质与辅料反应生成液态炉渣从出铁口上方的出渣口排出，同时带出有害元素硫、磷等杂质。工艺流程见图1-23。

炼好的铁水从出铁口流出（图1-24），通过链带式铸铁机浇注成2～7kg的条形面包状生铁锭（图1-25），作为铸造产品的原材料或用作炼钢原料。

图1-24 铁水从出铁口流出

图1-25 生铁锭

1.2.5 炼钢

现代炼钢一般用电炉，其种类有电弧炉、转炉、感应电炉、电渣炉等。因为电弧炉比较简单，投资少，热效率较高，能有效去除钢中的有害气体与夹杂物，炉料可冷装或热装，并可用较次的炉料熔炼出较好的高级优质钢或合金，可连续生产，也可间断生产，所以，目前世界上90%以上的电炉钢都是用电弧炉（尤其是碱性电弧炉）冶炼的。因此，这里只介绍电弧炉炼钢。

电弧炉多用来生产优质碳素结构钢、工具钢和合金钢。

(1) 原料

电弧炉炼钢可用高炉炼成的生铁、还原铁或钢种相近的废钢，最理想的是直接利用高炉中的铁水，通过加入铁合金来调整化学成分及合金元素含量。

(2) 电弧炉结构

电弧炉由炉体、炉盖、炉门、熔池、倾炉用液压缸、倾炉摇架、电极、电极夹持器和出钢槽等组成（图1-26）。

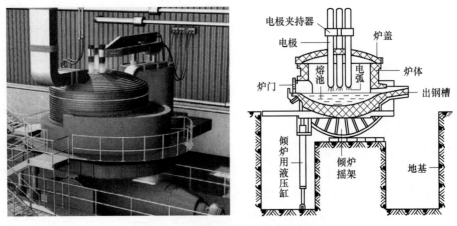

图1-26 炼钢电弧炉的外形和结构

(3) 工艺流程

电炉炼钢法（图 1-27）的基础是传统氧化法，其操作过程分为补炉、装料、熔化、氧化、还原与出钢六个阶段，其中以熔化期、氧化期和还原期为重点。

熔化期占整个冶炼时间的 $50\%\sim70\%$，电耗占 $70\%\sim80\%$。其主要任务有两个：一是将块状的固体炉料快速熔化，并加热到氧化温度；二是提前造渣、早期去磷、减少钢液吸气与挥发。其主要热能来自电极与炉料间放电产生的电弧。

氧化期是氧化法冶炼的主要过程，任务是脱磷、脱碳、去除气体和夹杂、升温。

还原期（现代冶炼工艺的还原期在炉外进行）主要任务是脱氧、脱硫、合金化和调温。

钢液在炼钢炉中完成冶炼之后，必须经钢包注入铸模（图 1-28），凝固成一定形状的钢锭或钢坯，供后续再加工。钢锭大小取决于很多因素，如炼钢炉容量、初轧机开坯能力、钢材尺寸和钢种特性等。棒材和型材用钢锭一般为正方形断面（图 1-29）；板材用钢锭一般为长方形断面；锻压用钢锭可为方形、圆形或正多边形。钢锭分为大型、中型、小型三类，其质量分别为 $>10t$、$3\sim10t$ 和 $<3t$。

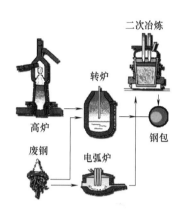

图 1-27　炼钢的工艺流程

图 1-28　钢水注入铸模

图 1-29　正方形断面钢锭

(4) 脱除有害元素

一般来说，磷、硫、氧、氮和氢在钢铁中是有害元素，而碳超过一定的含量，也属有害元素，必须去除。例如，45 钢中的碳含量应为 $0.42\%\sim0.50\%$，磷、硫含量均应小于 0.035%（在合金钢中更低）。

电弧炉炼钢，集熔化、精炼和合金化于一炉，既要完成熔化、脱磷、脱碳、升温，又要进行脱氧，脱硫，合金化及温度、成分调整。下面介绍去除有害元素的方法。

① 脱磷。对于大多数钢种，磷是有害的元素。由于炼钢用铁水的磷含量相差很大（一般为 $0.1\%\sim1.0\%$，有的甚至可高达 2.0%），因此脱磷是炼钢重要的精炼反应之一。磷在钢水中的存在形式是 P_2O_5。冶炼中脱磷最根本的措施是采用碱性电弧炉。另外，对大多数钢种的脱磷冶炼可添加 CaO；不锈钢的脱磷冶炼以及精炼过程中，可添加 CaO、$BaO+CaO$。其基本反应式是：

$$2P_2O_5+5(FeO)+4(CaO)\longrightarrow(4CaO\cdot P_2O_5)+5[Fe]$$

有资料介绍，用氧气将石灰-萤石粉喷入熔池，并底吹气体搅拌也会收到脱磷和脱硫的效果。

② 脱硫。对于大多数钢种，硫也是有害的元素，冶炼时必须加入脱硫剂清除。其反应式是：

$$FeS + CaO \longrightarrow CaS + FeO$$
$$FeS + MnO \longrightarrow MnS + FeO$$
$$FeS + MgO \longrightarrow MgS + FeO$$

可见，采用钙基、锰基、镁基脱硫剂可以起到一定的脱硫作用。

③ 脱碳。电弧炉内脱磷和脱碳几乎同时进行。但碳的氧化要求温度偏高，渣层薄；而磷的氧化则要求温度偏低，渣量大。所以，熔化后期以脱磷为主，并在氧化初期熔池温度比较低时，就注重脱磷；如磷已达到要求，则转而以脱碳为主。

冶炼高碳钢时应尽量保碳，避免炉后增碳；装料时配入一定量的碳，以减少铁水中碳的烧损；利用碳氧枪喷碳，既可形成泡沫渣，又可降低碳含量；采用喷吹操作，将碳粉直接喷入熔池。

④ 脱氮。铁水中通常含有 0.004%～0.01% 的氮。在脱碳反应过程中，钢水内部产生 CO 气泡。由于氮气在钢液内部的分压很小，遇到 CO 气泡后，就进入其中，并随着它上升，从而被带出钢水外。

⑤ 脱铅。发现铅超标后，首先应停止喷碳，并增大吹氧的强度和角度，将钢水中的碳氧化控制在 0.1% 以下，并且剧烈搅拌钢水，提高钢水的温度，促使沉降在炉底的铅，通过钢水中的溶解氧氧化后被炉渣捕集；随后喷入碳粉（发泡剂），使铅的氧化物迅速还原成铅，蒸发进入炉气。

1.2.6　铸锭的深加工

矿石经过高炉冶炼，冷凝成了铁锭之后，由于其力学性能差，不能直接作为结构材料使用，需要加废钢、合金元素和孕育剂，在电炉中熔炼多次，成为灰铸铁；或者再经过球化处理后成为球墨铸铁，才可用于铸造机械零件。而从炼钢厂得到的钢锭，一般也需要经塑性加工，生成各种用途的钢材，才能提供给用户使用。下面简单地介绍它们的成形方法。

钢锭的深加工，一般有铸造、锻造、焊接和切削加工等方法。对于形状复杂的零件，可选铸造，加工成铸钢件（图 1-30）；对于要求较高力学性能的零件，则可选择塑性好的材料进行锻造加工（图 1-31）；对于焊接结构件，可选择低碳钢或低合金高强度结构钢加工（图 1-32）；切削加工可以通过车、铣、刨、磨及特种加工等方法，改变毛坯的形状和尺寸（图 1-33）。

图 1-30　铸钢件

图 1-31　锻压件

图 1-32　焊接加工

图 1-33　切削加工

1.2.7　轧制工艺

对于薄片形零件可用钢板冲压加工，管状零件可用钢管直接制成，受弯零件可选用工字钢作梁。这类零件的原材料都要通过钢锭轧制得到。金属材料，尤其是钢铁材料的塑性加工，90％以上是通过轧制完成的，由此可见它在机械加工中的重要性。下面着重介绍轧制工艺。

轧制是利用轧件与轧辊之间的摩擦力，将轧件拉进轧辊之间，使之长度增加、截面积变小，产生连续塑性变形的过程（图 1-34）。

图 1-34　轧制原理和轧机

(1) 分类

轧制种类可有多种分法：按生产工艺，可分为热轧（在再结晶温度以上进行的轧制）和冷轧（在再结晶温度以下进行的轧制）；按产品类型，可分为板（带）材轧制、管材轧制、型材轧制以及棒（线）材轧制；按轧件运动，可分为横轧、纵轧和斜轧（图 1-35）；按产品厚度，可分为薄板（厚度＜4mm）轧制、中板（厚度 4～20mm）轧制、厚板（厚度 20～60mm）轧制、特厚板（厚度＞60mm，最厚可达 700mm）轧制。

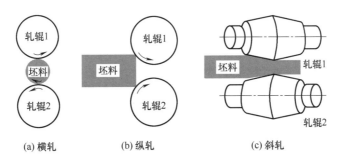

图 1-35　按轧件运动分类

（2）板（带）材热轧

现代板（带）钢广泛采用了先进的连轧工艺，生产规模很大。一套现代化的宽带钢热连轧机，年产量达 300 万～600 万吨。大型薄板坯连铸连轧机，年产量多在 50 万～300 万吨；中小型者以 80 万～200 万吨居多。

热轧板（带）钢原料采用连铸板坯或初轧板坯，热轧带钢厚度规格为 1.2～25.4mm，宽度为 600mm 以上。

主要设备包括加热炉、粗轧机（初控宽度和厚度）、精轧机、去鳞机和打捆机等。轧机有 2 辊可逆、4 辊可逆和万能轧机（图 1-36）。

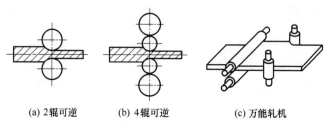

(a) 2辊可逆　　　　　(b) 4辊可逆　　　　　(c) 万能轧机

图 1-36　轧机种类

主要工艺包括加热、粗轧、去鳞、精轧、去鳞、剪切、卷取等。轧制工艺的流程见图 1-37。

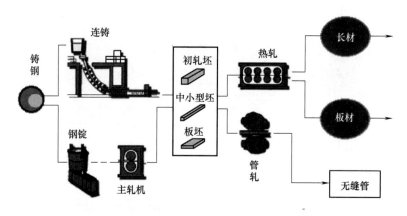

图 1-37　热轧钢的工艺流程

（3）板（带）材冷轧

冷轧是在常温状态下对热轧板进行再加工，其规格一般是：厚度为 0.1～4mm（最小厚度可达到 0.05mm，冷轧箔材可达到 0.001mm），宽度为 100～2000mm。由于经过连续冷变形，力学性能比较差，硬度太高，必须经过退火才能恢复其力学性能。没有退火的称为轧硬卷，一般用来制作无需折弯、拉伸的产品（1.0mm 以下厚度轧硬卷，勉强可以两边或者四边折弯）。

主要设备为冷连轧轧机，有 2 辊式、4 辊式、6 辊式、12 辊式、20 辊式。

2 辊式多用于轧制初轧坯、冷轧钢板（带）；4 辊式多用于冷轧及热轧中厚钢板和带钢；多于 6 辊的多辊轧机，适宜轧制高强度的金属和合金薄带材。轧辊数越多，可轧制的板越薄。20 辊轧机最适合冷轧不锈钢、硅钢和高强度金属，以及合金薄带和极薄带。

主要工艺：热轧钢卷→酸洗→矫直→轧制→剪切。

与热轧带钢相比，冷轧带钢工艺有以下特点：为满足降低轧制变形抗力、冷却轧辊的需要，必须有工艺润滑和冷却；应采用大张力轧制（平均单位张力值为材料屈服强度的10%～50%）；当总变形量达到70%左右时，要进行中间退火（在有保护气体的连续式退火炉或罩式退火炉中进行）。

(4) 型钢轧制

型钢是有一定截面形状（方钢、扁钢、圆钢、角钢、槽钢、工字钢、H 型钢和钢轨等）和尺寸的条型钢材的统称。它们主要是用轧制的方法生产，而用锻造、冷拔、挤压、冲压、焊接等方法生产的只占少量（挤压、冷拔也用在大多数有色金属型材的生产中）。

热轧型钢生产具有生产规模大、效率高、能耗少和成本低等优点，因而成为目前生产型钢的主要方法。

由于型钢品种规格多，钢种和用途不同，故其工艺过程也各不相同。一般来说，其生产工艺过程是：轧料准备→加热→轧制→精整。

轧制原理是利用一对轧辊滚动时产生的压力来轧碾钢材。所以，轧制型钢的轧辊上要有轧槽，使两个轧辊的轧槽对应地形成孔型。轧制时，轧件通过一系列孔型，断面面积由大变小，长度由短变长，被轧制成形状和尺寸达到要求的型钢。

轧辊的轧槽孔型有很多种，典型的孔型见图 1-38；角钢、槽钢和工字钢的孔型见图 1-39～图 1-41。

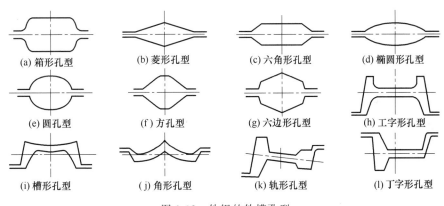

图 1-38　轧辊的轧槽孔型

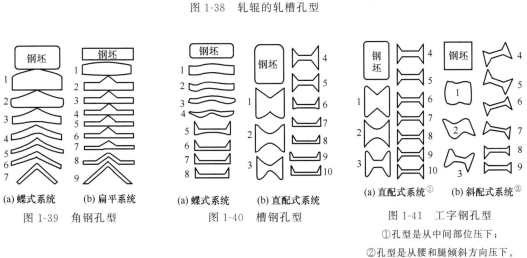

|图 1-39　角钢孔型|图 1-40　槽钢孔型|图 1-41　工字钢孔型|

图 1-41　工字钢孔型
①孔型是从中间部位压下；
②孔型是从腰和腿倾斜方向压下。

(5) 钢管轧制

钢管可分为无缝钢管和焊接钢管。无缝钢管主要采用轧制法生产，焊接钢管采用板材弯曲和焊接法生产，有色金属管主要采用挤压法生产。

无缝钢管的成形可采用热加工（热轧、热挤），也可采用冷加工（冷轧、冷拔、冷旋）。

热加工的工艺流程见图1-42（连轧机则将钢水直接变成管坯）。

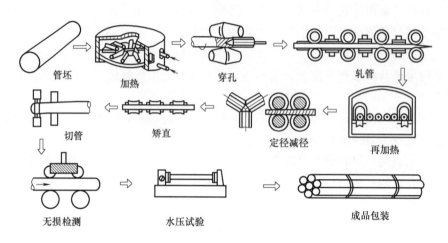

图 1-42 热轧无缝钢管的工艺流程

冷加工的工艺流程：热圆管坯→冷却→穿孔→打头→退火→酸洗→涂油→多次冷拔（冷轧）→热处理→矫直→成品。

以热轧或热挤压法生产的钢管为坯料时，可以获得高精度、高强度、高表面光洁度、尺寸范围广的薄壁管。

冷旋实际上也是一种冷轧，主要用于生产薄壁、特大和异形断面的管材和旋转体零件。

(6) 棒（线）材热轧

钢棒的品种包括圆钢、钢筋、方钢、六角钢、扁钢、线材等，坯料为 90～150mm 方坯。约定俗成的棒材产品范围是断面直径 10～50mm，线材产品断面直径是 5～10mm。

碳素钢和低合金钢生产工艺流程：原料→加热→轧制→控制冷却→成品→打捆（参见图1-43）。

现代化棒（线）材轧制的主要新技术：直接使用连铸坯、采用步进式加热炉、连铸坯热送热装、高压水除鳞和低温轧制、切分轧制（变单条轧制为多条轧制）、轧后热芯回火工艺。轧制速度可达 140m/s，年产量 45 万吨。

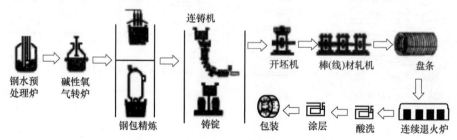

图 1-43 碳素钢和低合金钢生产工艺流程

1.3 工程材料分类

工程材料是指所有与工程相关的材料，按其表观特征，可分为金属材料、非金属材料（橡胶、塑料、玻璃、木材、陶瓷等）、复合材料和特种材料四大类。按其性能，可分为结构材料和功能材料（特种材料）。

1.3.1 金属材料

金属材料的显著特征是，大多具有金属光泽、密度高、硬度高、强度大、熔点高、导电、导热。

其分类方法很多，比如按熔点分，有高熔点金属（如钨、钼、铱等）和低熔点金属（如锡、铅、镉等）；按价格分，有贵金属（如金、银、铱等）和一般金属；按密度分，有重金属（如铅、铜、锌等）和轻金属（如铝、镁等）。此外，还有碱金属、半金属和稀有金属等。不过，它们的界限并不一定很明显，比如铁的密度为 $7.8g/cm^3$，可人们一般并没有真正把它当作重金属来对待。

传统习惯上，通常把金属材料分为钢铁和有色金属两大类。

(1) 钢铁材料

钢铁材料是钢和铸铁的总称，它们都是以铁为基本材料，加入少量碳组成的合金。因为其表面容易生成一层黑色的四氧化三铁，所以也把它们叫作黑色金属材料。

钢铁材料的分类方法有多种。

① 根据碳含量，可分为纯铁（熟铁）、低碳钢、中碳钢、高碳钢和生铁几种。

a. 纯铁：碳含量小于 0.02%。

b. 工业纯铁：碳含量在 0.04% 以下。

c. 低碳钢：碳含量为 0.02%～0.25%。

d. 中碳钢：碳含量为 0.25%～0.6%。

e. 高碳钢：碳含量 0.6%～2.0%。

f. 生铁：碳含量超过 2.0%（一般为 3.5%～5.5%）。

② 根据化学成分，钢铁材料又可分为非合金钢、合金钢和铸铁三大类（表 1-1，纯金属用得很少）。

a. 非合金钢（碳钢）：因为成本低，并具有一定的力学性能和良好的工艺性，在工业生产中得到了广泛的应用。

b. 合金钢：是有目的地向钢中加入某些合金元素，以获得更好的力学性能和特殊的物理化学性能，但经济性和工艺性较差。

c. 铸铁：与钢相比含有较高的碳和硅，有良好的铸造性、减振性等，而且工艺简单，使用广泛。在铸铁中加入一定量的合金元素得到合金铸铁，可以提高铸铁的力学性能或获得特殊的物理化学性能。

③ 按用途及使用特性分类见表 1-2。

④ 按冶炼方法和脱氧程度分类见表 1-3。

表 1-1　按化学成分分类

分类		名称	说明
非合金钢	按碳含量	低碳钢	碳含量小于 0.25% 的碳素钢
		中碳钢	碳含量为 0.25%～0.60% 的碳素钢
		高碳钢	碳含量大于 0.60% 的碳素钢
	按质量等级	普通碳素钢	磷含量≤0.035%～0.045%,硫含量为 0.035%～0.050% 的碳素钢
		优质碳素钢	磷含量≤0.035%,硫含量为 0.030%～0.035% 的碳素钢
		高级优碳钢	磷含量≤0.030%,硫含量为 0.020%～0.025% 的碳素钢
合金钢		低合金钢	至少应有一种合金元素的含量在 GB/T 13304 相应规定界限范围内,合金元素总含量大于 5% 的钢
		合金钢	至少应有一种合金元素的含量在 GB/T 13304 相应规定界限范围内,通常包括合金结构钢、合金弹簧钢、合金工具钢、轴承钢等
		高合金钢	合金元素含量大于 10% 的合金钢,通常包括不锈钢、耐热钢、铬不锈轴承钢、高速工具钢及部分合金工具钢、无磁钢等
铸铁			灰铸铁、孕育铸铁、球墨铸铁、蠕墨铸铁和可锻铸铁

表 1-2　按用途及使用特性分类

名称	说明
结构钢	用于制造各种机械零件、工程构件,有一定强度和可成形性等级的钢
机加工用钢	供切削机床在常温下切削加工成零件的钢(含易切削钢)
不锈钢	是耐空气、蒸汽、水等弱腐蚀介质的钢
耐热钢	是在高温下具有较高的强度和良好的化学稳定性的合金钢
冷镦钢和铆螺钢	用于在常温下进行镦粗,制造铆钉、螺栓和螺母用的钢
轴承钢	用于制造滚动轴承零件的钢
弹簧钢	用于制造各种弹簧和弹性元件的钢
热处理钢	包括渗碳钢、氮化钢、保证淬透性结构钢、调质钢等
焊接用钢	用于对钢材进行焊接的钢(包括焊条、焊丝、焊带)
建筑结构用钢	用于大型、重型、轻型薄壁和高层建筑结构的钢
工模具钢	用于制造工具和模具的钢
压力容器用钢	用于制造石油化工、气体分离和储运等设备的钢
耐候钢	具有一定耐大气腐蚀能力的钢
锅炉用钢	用于制造过热器、主蒸汽管、水冷壁管和锅炉汽包的钢
船体用钢	用于修造船舶和舰艇壳体主要结构的钢
锚链用钢	用于制作船舶锚链的圆钢
矿用钢	以煤炭强化开采为主的矿山用钢
车辆用钢	包括汽车用钢、铁道车辆用钢
电工用钢	包括无磁钢、(变压器、电机)铁芯用透磁钢、铁基软磁钢等

表 1-3　按冶炼方法和脱氧程度分类

名称		说明
按冶炼方法分	转炉钢	用转炉冶炼的钢,可分为碱性转炉钢和酸性转炉钢,或顶吹、底吹、侧吹和顶底复合吹转炉钢等
	电炉钢	包括感应电炉钢、电弧炉钢、真空自耗钢和电渣重熔钢
按脱氧程度分	镇静钢	浇注前钢液用锰铁、硅铁和铅进行充分脱氧,浇注时无沸腾现象
	沸腾钢	未经脱氧或轻度脱氧的钢,钢液在浇注时和没有凝固前强烈沸腾
	半镇静钢	浇注前用锰铁和硅铁脱氧,脱氧程度介于镇静钢与沸腾钢之间

⑤ 按金相组织分可分为奥氏体型钢、奥氏体-铁素体型钢、铁素体型钢、马氏体型钢、沉淀硬化型钢、珠光体型钢、贝氏体型钢、莱氏体型钢和共析钢、亚共析钢、过共析钢。

⑥ 工业上使用的金属材料，按形状可分为板材、带材、棒材、丝材、管材和型材等多种。

(2) 有色金属

有色金属是指铁、铬、锰三种金属以外的所有金属和合金。重要的有色金属包括铝、铜、铅、镍、锡、钛、锌；金、银和铂；钴、汞、钨、铍、铋、铈、镉、铌、铟、镓、锗、锂、钽、钒、锆等。

有色金属分类如下。

① 按特征，可分为重金属、轻金属、贵金属、半金属和稀有金属五类。

② 按合金系统，可分为重有色金属合金、轻有色金属合金、贵金属合金、稀有金属合金等。

③ 按用途，可分为变形（压力加工用）合金、铸造合金、轴承合金、印刷合金、硬质合金、焊料、中间合金、金属粉末等。

④ 按化学成分，可分为铜和铜合金、铝和铝合金、铅和铅合金、镍和镍合金、钛和钛合金等。

⑤ 按产品形状，可分为板材、条材、带材、箔材、管材、棒材、线材和型材等。

1.3.2 非金属材料

非金属材料一般是固体，其显著的特征是无金属光泽，密度小，硬度小，理化性质稳定（抗氧化、耐酸碱），导电性和导热性差（绝缘、隔热），多数质地脆、不耐冲击，原子组织结构要比金属材料复杂得多。但它们各具特色，为某些金属材料所不及，因此占有很重要的地位，在机械工程中也较常应用将在第 10 章中作专门介绍。

1.3.3 复合材料

复合材料是由两种或两种以上的性质不同的材料，通过物理或化学的方法，在宏观上组合成的具有新性能的材料。其特点是两种或多种材料之间存在明显的界限，各种材料保持自己原有的特性，可相互取长补短，产生协同效应，改善或克服单一材料的弱点，形成单一材料不具备的双重或多重功能，综合性能优于原组成材料。

复合材料也可以说是一种既传统又现代的工程材料。中国古代劳动人民修筑的长城，就是用条石、块石和大城砖包砌城墙，用糯米-石灰浆作胶结材料粘合而成的（图 1-44），这是一种结构复合材料，十分坚固，是用有机物和无机物复合的典型例子；而在现代，复合材料的应用十分普遍，钢筋混凝土用钢筋、水泥和石子复合（图 1-45），市政管道用塑料和钢管/铸铁管/水泥管复合食品包装袋用塑料与铝箔复合等，不胜枚举。

这里主要介绍现代复合材料。

(1) 分类

① 按基体，可分为树脂基、金属基和陶瓷基三种。

图 1-44　用砖和糯米筑长城

图 1-45　用钢筋和水泥盖房

② 按增强体，可分为颗粒增强（零维）、纤维增强（一维）、夹层增强（二维）和编织体增强（三维）四种。

③ 按用途，可分为结构复合材料、功能复合材料和智能复合材料三种。

④ 按组成，可分为金属与金属复合、金属与非金属复合、非金属与非金属复合。

a. 金属与金属复合，如不锈钢复合钢板（钢带、管）、钛-钢复合板、钛-不锈钢复合板、铜-钢复合板、镍-钢复合板和液体输送双金属复合耐腐蚀钢管等。

b. 金属与非金属复合，如氧化铝颗粒（或碳化硅、陶瓷）增强铝合金基复合（装甲）材料等。

c. 非金属与非金属复合，如酚醛-棉布层压板、酚醛-纸层压板和织物增强热塑性塑料软管等。

（2）树脂基复合材料

树脂分为热塑性树脂和热固性树脂两大类。前者加热熔化冷却凝固，可以反复熔化重塑（如 PE—聚乙烯、PVC—聚氯乙烯）；后者加热固化后不可逆，既不溶解，也不熔化（如酚醛树脂、环氧树脂、不饱和聚酯树脂等）。

树脂主剂（液）＋固化剂（液）＋增强材料＋促进剂──→固化成型聚合物（固）

树脂主剂有不饱和聚酯、环氧树脂、聚氨酯等；固化剂有过氧化甲乙酮等；增强材料有玻璃纤维、棉纤维、剑麻纤维、纸纤维、碳纤维等；促进剂有异辛酸钴等。

玻璃钢是树脂基复合材料（同属纤维复合材料）的典型，是一种功能复合材料。它是用

图 1-46　玻璃钢救生艇

玻璃纤维增强不饱和聚酯、环氧树脂与酚醛树脂作为基体，以玻璃纤维或其制品作增强剂的增强塑料。其特点是质轻而硬、韧性好、强度高、不导电、性能稳定、耐腐蚀、隔声等。其实它根本不含铁，也不是玻璃和钢的复合体，和钢毫无关系。

玻璃钢的用途很多，我国已广泛采用玻璃钢制造各种小型汽艇、救生艇（图 1-46），以及汽车的车身壳体（图 1-47）、车篷硬顶、车门；登上月球的宇航员们，他们身上背着的微型氧气瓶，也是用玻璃钢制成的。波音公司甚至用复合材料制成了某型飞机整体机身段（图 1-48）。再有，如制作玻璃钢储酸罐（图 1-49）和玻璃钢排水管（图 1-50）。

2022 年 5 月，我国交付使用的首架国产 C919 大飞机的机身上，树脂基的碳纤维占到其重量的 15%，这标志着我国在该领域已达到国际先进水平。

图 1-47　玻璃钢汽车车身壳体

图 1-48　用复合材料制成的整体机身段

图 1-49　玻璃钢储酸罐

图 1-50　玻璃钢排水管

(3) 金属基复合材料

金属基复合材料相比于传统金属材料，具有较高的比强度与比刚度；与树脂基复合材料相比，具有优良的导电性与耐热性；与陶瓷基复合材料相比，具有高韧性和高冲击性能。

金属基复合材料中，基体主要是各种金属或合金，如铝及铝合金、镁合金、钛合金、镍合金、铜与铜合金等。

增强体材料为陶瓷颗粒、短纤维、晶须等时，一般采用粘合法或热塑复合（图 1-51）。

粘接剂分金属复合固体胶、金属复合弹性胶水、硬质金属粘接用胶、高温高强度金属胶、超高温粘接剂、紫外线光固化型金属粘接剂和金属与橡胶粘接剂几类。

图 1-51　金属基热塑复合材料

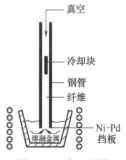

图 1-52　真空吸铸

增强体材料为金属时，成型方法有冶金法和机械法两大类。前者包括热成型法、离心铸造法和真空吸铸法（图 1-52），其特点是结合强度高，但工艺复杂，制造难度大；后者包括旋压法、液压法、焊接法、拉拔法、爆炸法等，其特点与前者相反。

（4）陶瓷基复合材料

陶瓷基复合材料是以陶瓷材料为基体，以高强度纤维、晶须、晶片和颗粒为增强体，通过适当的复合工艺所制成的复合材料。

陶瓷基有氧化物陶瓷基、非氧化物陶瓷基、微晶玻璃基和碳/碳复合基四种。

（5）纤维增强复合材料

这是由增强纤维与基体材料经过模压、拉挤、缠绕等工艺制成的复合材料。目前市面上出现最多的有玻璃纤维增强复合材料、碳纤维增强复合材料和芳纶纤维增强复合材料（表1-4）。

表 1-4　纤维增强复合材料

名称	原料	特性
玻璃纤维增强复合材料	以玻璃纤维及其制品为增强材料和基体材料	重量轻、强度高、绝缘、热膨胀系数低、可耐1000℃以上的高温
碳纤维增强复合材料	聚丙烯基纤维、沥青基纤维	重量比铝轻，强度比钢高，弹性模量、拉伸模量也都非常高，耐高温、耐腐蚀性能优越
芳纶纤维增强复合材料	芳香族聚酰胺纤维	有良好的机械性、稳定的化学性、阻燃性和耐热性

关于玻璃纤维增强复合材料，在前面树脂基复合材料已经介绍。

用碳纤维作增强体，合成树脂作基体的复合材料，其特点是韧性更好、强度更高而重量更轻。可制作碳纤维自行车和碳纤维齿轮（图1-53）等。

图 1-53　碳纤维自行车和碳纤维齿轮

图 1-54　神舟飞船轨道舱

据资料介绍，我国的神舟飞船返回舱中，大量使用了碳纤维复合材料（图1-54），高性能复合材料结构件的采用，为神舟飞船减重30%，大大增加了有效载荷，并在空间激烈交变的温度环境下保持结构尺寸的稳定性，提高了推进系统的精度。

另外，还有硼（或碳化硅、氧化铝）纤维复合材料，用金属（铝、镁、钛）作基体。其特点是耐高温、强度高、导电性好、导热性好、不吸湿和不易老化等。虽然硼纤维的

价格高昂，但它具有优异的力学性能，美国
F-14（图 1-55）和 F-15 战斗机的尾翼蒙皮，
使用的就是这种材料。

图 1-55　美国 F-14 战斗机

芳纶纤维的全称为聚对苯二甲酰对苯二
胺，1960 年由美国杜邦公司开发并商业化。
在碳纤维出现之前，芳纶纤维一直占据着高
性能纤维市场。现在全球的芳纶纤维年生产
能力约 10 万吨。

芳纶纤维具有高比强度、高比模量、耐
高温、耐酸碱、耐腐蚀、抗疲劳性能好等一
系列优异性能，既可作为承载负荷的结构材料，又可作为防热、防烧蚀、防腐蚀的功能性材
料，因此被称为"全能纤维"。其广泛用于制造防弹背心、头盔、坦克装甲（钢-芳纶-钢）
以及船只、皮艇和火车的外壳。图 1-56 是使用芳纶纤维复合材料制作装甲的坦克，其纤维
层压板的防弹能力可达钢板的 5 倍。

据国外资料显示，在宇宙飞船的发射过程中，每减轻 1kg 的质量，成本可降低 100 万美
元，所以芳纶纤维在该领域的应用也极具价值。

(6)　夹层复合材料

蜂窝夹层结构（图 1-57），由上下两层面板和中间蜂窝芯（或泡沫材料、木材）胶接而
成，特点是稳定性好、不易变形、抗压和抗弯能力高、隔声、隔热等，在建筑、汽车等行业
得到了广泛应用。20 世纪 70 年代，美国波音公司的 747 客机上，率先使用非金属的蜂窝复
合板作为飞机地板。如今该结构已在飞机、火箭及太空飞船等航空航天器上得到了广泛的
应用。

图 1-56　用芳纶层压板装甲的坦克

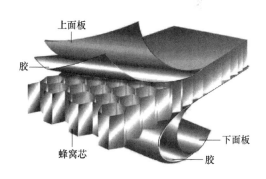

图 1-57　蜂窝夹层结构

1.3.4　特种材料

特种金属材料包括各种新型的不同用途的结构金属材料和功能金属材料，如超导材
料、纳米材料、隐身材料、智能材料、新能源材料、金属玻璃、金属橡胶等，详见第
11 章。

1.4 金属材料的可持续发展

金属材料一直是最重要的结构材料和功能材料，即使在 21 世纪以后，也不能否定它的这一地位。而且随着社会的发展，对金属材料使用性能的要求也越来越高，因此可以预期金属材料将会进入新的发展阶段。

但是，众所周知，金属资源是不可再生的。据权威部门统计，2020 年我国粗钢产量达到 10.4 亿吨，消费的铁矿石占到了全球消费总量的 70%。

据矿业俱乐部 2017 年的资料，假若以这样的消费速度计算，全世界已探明的铁矿的静态可采储量还可以开采约 150 年；同样，钴 166 年，铝 192 年，钛 124 年，锰 97 年，铬 257 年，这几种矿的藏量还算是丰富的；而镍则为 46 年，钨 64 年，钼 42 年，铜 26 年，铅 10 年，锌 22 年，锡 44 年，锑 24 年，金 18 年，银 16 年。多么触目惊心的数字！虽然今后还会不断有新的矿藏被发现，但终究是有限的。

全世界每年生锈的钢铁，约占钢铁总产量的 1/4，所以采取措施防止金属腐蚀，十分必要。此外，充分回收再利用，合理利用矿产资源，在设计上寻找低价金属合金或复合材料代替高价金属，尽量以塑代钢，这些措施也已经推行多年。

在国家层面，我国也借鉴发达国家的经验，正在逐步构建适合国情的循环社会法律框架，完善和细化我国现行环保法律的具体条款，研究制定促进资源有效利用的法律法规和规章。以《中华人民共和国清洁生产促进法》和《中华人民共和国环境影响评价法》作为法律方面一个良好的开端，促进循环经济的发展。可以预见在不久的将来，我国即可步入金属材料的可持续发展阶段。

第 2 章
金属材料的分类和牌号

1. 金属材料可以分成哪两大类？根本区别是什么？

2. 如何识别钢铁材料的牌号？

3. 结构钢可以分成哪几类？其用途是什么？

4. 铝合金是如何分类的？

5. 什么是黄铜？什么是青铜？其主要合金元素是什么？

6. 什么是金属材料的统一数字代号？其用途是什么？

金属材料通常可分为钢铁材料和有色金属材料两大类，本章介绍它们的牌号和用途。

2.1 钢铁材料

钢铁材料按成形方法有铸造和机械加工两大类。前者的原料是铸铁和铸钢；后者的原料是钢材。钢材按用途分为结构钢、弹簧钢、工模具钢、轴承钢、冷镦和冷挤压钢、不锈钢和耐热钢、粉末冶金材料和耐磨钢等。

2.1.1 铸铁

铸铁是由生铁、废钢和铁合金按比例配合冶炼而成的产品，可铸造各种机械的零部件，如平板和机床床身等（图2-1和图2-2）。

图2-1 铸铁平板

图2-2 铸铁床身

（1）分类

① 按化学成分，可分为普通铸铁和合金铸铁（耐蚀、耐热、耐磨铸铁）。

② 按断口色泽，可分为白口铸铁、灰（口）铸铁和麻口铸铁。

③ 按生产方法和组织性能，可分为普通灰铸铁、孕育铸铁、球墨铸铁、蠕墨铸铁和可锻铸铁。

（2）牌号

铸铁牌号的代号用名称中的特定汉字的首字母表示；牌号中的常规碳、锰、硫、磷等元素的代号及含量，只有在有特殊作用时才标注，其含量大于或等于1％时，用整数表示，小于1％时，一般不标注；代号后面的两组数字，分别表示抗拉强度值和伸长率（不用表示时省略），表示方法见表2-1。

表2-1 铸铁牌号的表示方法（GB/T 5612—2008）

铸铁名称		代号	牌号表示方法实例
灰铸铁 （HT）	灰铸铁	HT	HT250，HTCr-300
	奥氏体灰铸铁	HTA	HTANi20Cr2
	冷硬灰铸铁	HTL	HTLCr1Ni1Mo
	耐磨灰铸铁	HTM	HTMCu1CrMo
	耐热灰铸铁	HTR	HTRCr
	耐蚀灰铸铁	HTS	HTSNi2Cr
球墨铸铁 （QT）	球墨铸铁	QT	QT400-18
	奥氏体球墨铸铁	QTA	QTANi30Cr3
	冷硬球墨铸铁	QTL	QTLCrMo
	抗磨球墨铸铁	QTM	QTMMn8-30
	耐热球墨铸铁	QTR	QTRSi5
	耐蚀球墨铸铁	QTS	QTSNi20Cr2

铸铁名称		代号	牌号表示方法实例
蠕墨铸铁		RuT	RuT420
可锻铸铁 （KT）	白心可锻铸铁	KTB	KTB350-04
	黑心可锻铸铁	KTH	KTH350-10
	珠光体可锻铸铁	KTZ	KTZ650-02
白口铸铁 （BT）	抗磨白口铸铁	BTM	BTMCr15Mo
	耐热白口铸铁	BTR	BTRCr16
	耐蚀白口铸铁	BTS	BTSCr28

（3）用途

按分类表述如下。

① 灰铸铁：具有片状石墨的铸铁，碳含量较高（2.7%～4.0%），强度和塑性较低，有良好的铸造性、减振性、耐磨性、切削加工性和低的缺口敏感性。其用途是见表 2-2。

表 2-2　灰铸铁的用途

牌号	应用举例
HT100	用于机件盖、外罩、手轮、手把、支架等负荷小的零件
HT150	用于泵体、轴承座、阀壳、一般机床底座、床身及其他中等载荷零件
HT200 HT250	用于气缸、活塞、齿轮、机体、中等压力油缸、液压泵和阀的壳体、联轴器、齿轮箱外壳、凸轮轴承座等较大载荷和较重要的零件
HT300 HT350	用于齿轮、凸轮、车床卡盘、高压油缸、液压泵和滑阀壳体、机床床身、压机机身等重负荷零件

② 球墨铸铁：通过球化和孕育处理生成含有球状石墨组织的铸铁，兼有铸铁和钢的性能，具有较高的强度，耐磨性、抗氧化性和减振性高于钢。其用途见表 2-3。

表 2-3　球墨铸铁的用途

牌号	应用举例
QT400-18 QT400-15 QT450-10	用于承受冲击、振动的零件，如汽车和拖拉机的轮毂、驱动桥壳、拨叉、电动机壳、齿轮；离合器及减速器的壳体；农机具的犁铧、犁柱；气压阀的阀体、阀盖、支架和气缸输气管；铁路垫板；等等
QT500-7	液压泵齿轮、阀体、轴瓦、机器底座、支架、传动轴、链轮、飞轮、电动机机架等
QT600-3 QT700-2 QT800-3	用于载荷大、受力复杂的零件，如汽车和拖拉机的连杆、曲轴、凸轮轴、气缸体、气门座、脱粒机齿条、轻载荷齿轮、部分机床的主轴、球磨机齿轮轴、矿车轮、小型水轮机主轴、缸套，等等
QT900-2	汽车螺旋锥齿轮、减速器齿轮、凸轮轴、传动轴、转向轴、犁铧、耙片等

③ 蠕墨铸铁：其中加入了含有稀土元素的蠕化剂，力学性能介于灰铸铁和球墨铸铁之间，其铸造性能、减振性和导热性都优于球墨铸铁，与灰铸铁相近，在高温下有较高的强度，氧化生长较小、组织致密、热导率高，断面敏感性小。其用途见表 2-4。

④ 可锻铸铁：有较高的强度、塑性和冲击韧性，可以部分代替碳钢，但其实并不可锻。因其化学成分和热处理工艺的不同，可分为黑心可锻铸铁、珠光体可锻铸铁和白心可锻铸铁。其用途见表 2-5。

表 2-4　蠕墨铸铁的用途

牌号	应用举例
RuT420 RuT380	活塞环、气缸套、制动鼓、钢球研磨盘、制动盘、玻璃模具、泵体等
RuT340	龙门铣横梁、飞轮、起重机卷筒、液压阀体等
RuT300	排气管、变速箱体、气缸盖、液压件、小型烧结机算条、纺织机零件
RuT260	增压器废气进气壳体、汽车、拖拉机的某些底盘零件

表 2-5　可锻铸铁的用途

牌号	应用举例
KTH300-06	制造承受静载荷及低动载荷、要求气密性好的零件，如管道弯头、三通等配件，中、低压阀门及瓷瓶铁帽，等等
KTH330-08	制造承受静载荷和中等动载荷的工作零件，如犁刀、犁柱、车轮壳、机床用钩形扳手、铁道扣板及钢丝绳轧头等
KTH350-10 KTH370-12	制造在较高的冲击、振动及扭转载荷下工作的零件，如汽车、拖拉机上的轮毂、差速器壳、制动器等，农机犁刀、犁柱以及铁道零件等
KTZ450-06 KTZ700-02	代替低碳钢、中碳钢、低合金钢及非铁合金，制造承受较高载荷、耐磨损，并要求有一定韧性的重要工作零件，如曲轴、齿轮、万向节头、传动链条等
KTB350-04 KTB450-07	制造厚度在 15mm 以下的薄壁铸件和焊接后不需热处理的铸件。在机械制造工业中很少应用

⑤ 耐热铸铁：向铁水中加入 Si、Al、Cr 等合金元素，在砂型或导热性与砂型相仿的铸型中浇注而成。这些合金元素在高温下形成 Cr_2O_3、Al_2O_3、SiO_2 等稳定性高、致密而完整的氧化膜，以保护内部不被继续氧化和生长，工作温度在 1100℃ 以下。其用途见表 2-6。

表 2-6　耐热铸铁的用途

牌号	应用举例
HTRCr	急冷急热的薄壁、细长件，如炉条、高炉支梁式水箱、玻璃模具等
HTRCr2	急冷急热的薄壁、细长件，用于煤气炉内灰盆、矿山烧结车挡板等
HTRCr16	在室温及高温下作为抗磨件使用，用于退火罐、煤粉烧嘴、炉栅、水泥焙烧炉零件、化工机械零件等
HTRSi5	炉条、煤粉烧嘴、锅炉用梳形定位板、换热器针状管、二硫化碳反应瓶等
QTRSi4	玻璃窑烟道闸门、玻璃引上机墙板、加热炉两端管架等
QTRSi4Mo	内燃机排气歧管、罩式退火炉导向器、烧结机中后热筛板、加热炉吊梁等
QTRSi5	煤粉烧嘴、炉条、辐射管、烟道闸门、加热炉中间管架等
QTRAl4Si4	高温轻载荷下工作的耐热件，用于烧结机算条、炉用件等
QTRAl22	高温（1100℃）、载荷较小、温度变化较缓的工件，如锅炉用侧密封块、链式加热炉炉爪、黄铁矿焙炉零件等

⑥ 耐蚀铸铁：在铁水中加入硅、铝、铬等元素，可使铸铁表面形成致密的氧化膜。现在使用最多的是高硅耐蚀铸铁，其碳含量低于 1%，硅含量为 14%～18%，耐蚀性能很好，在硝酸和硫酸中耐蚀能力相当于 1Cr18Ni9 不锈钢。其用途见表 2-7。

表 2-7　常用高硅耐蚀铸铁的用途

牌号	应用举例
STSi11Cu2CrR	卧式离心泵、潜水泵、阀门、塔罐、弯头等化工设备和零部件
STSi15R STSi15Mo3R	各种离心泵、阀类、旋塞、管道配件、塔罐、低压容器及各种非标准零部件
STSi15Cr4R	在外加电流的阴极保护系统中，大量用于辅助阳极铸件

⑦ 奥氏体合金铸铁：铁水成分以铁、碳、镍为主，添加硅、锰、铜和铬等元素，在砂型或导热性与砂型相当的铸型中铸造，室温组织以奥氏体为主并具有稳定性。其用途见表 2-8。

表 2-8　奥氏体合金铸铁的用途

牌号	应用举例
HTANi15Cu6Cr2	泵、阀、炉子构件、衬套、活塞环托架、无磁性铸件
QTANi20Cr2 QTANi20Cr2Nb	泵、阀、压缩机、衬套、涡轮增压器外壳、排气歧管、无磁性铸件
QTANi22	泵、阀、压缩机、涡轮增压器外壳、排气歧管、无磁性铸件
QTANi23Mn4	适用于 −196℃ 的制冷工程用铸件
QTANi35	要求尺寸稳定性好的机床零件、科研仪器、玻璃模具
QTANi35Si5Cr2	燃气涡轮壳体、排气歧管、涡轮增压器外壳
HTANi13Mn7 QTANi13Mn7	无磁性铸件，如涡轮发电机端盖、开关设备外壳、绝缘体法兰、终端设备、管道
QTANi30Cr3	泵、锅炉、阀门、过滤器零件、排气歧管、涡轮增压器外壳
QTANi30Si5Cr5	泵、排气歧管、涡轮增压器外壳、工业熔炉铸件
QTANi35Cr3	燃气轮机外壳、玻璃模具

⑧ 铬锰钨系抗磨铸铁：含锰、钨和铬元素，主要用于替代高锰钢、低铬铸铁、镍硬铸铁、含钼及含镍的高铬铸铁。其化学成分和硬度及用途见表 2-9。

表 2-9　铬锰钨系抗磨铸铁的硬度和用途

牌号	化学成分/%					硬度/HRC		应用举例
	C	Si	Cr	Mn	W	软态	硬态	
BTMCr18Mn3W2	2.8	0.3	16	2.5～3.5	1.5～2.5			制作球磨机的磨球，渣浆泵的叶轮、护套、护板，小型锤式破碎机锤头，矿山的渣浆泵过流件，钢厂的导向辊，水泥厂的锤头和衬板，等等
BTMCr18Mn3W	—		18	2.5～3.5	1.0～1.5	<45	≥60	
BTMCr18Mn2W	3.5	1.0	22	2.0～2.5	0.3～1.0			
BTMCr12Mn3W2	2.0	0.3	10	2.5～3.5	1.5～2.5			
BTMCr12Mn3W	—	—	12	2.5～3.5	1.0～1.5	≤40	≥58	
BTMCr12Mn2W	2.8	1.0	16	2.0～2.5	0.3～1.0			

注：P 含量≤0.08%，S 含量≤0.06%。

2.1.2　铸钢

铸钢是用于生产铸件的铁基合金（碳含量小于 2%）的总称，其性能虽不及锻钢，但成本较低，适用于外形较复杂的水泵壳体和汽车变速箱壳体等零件（图 2-3）。

(a) 水泵壳体   (b) 汽车变速箱壳体

图 2-3　外形复杂的铸钢零件

(1) 分类

① 按化学成分，可分为铸造碳钢和铸造合金钢。后者又可分为铸造低合金钢、铸造中合金钢和铸造高合金钢（其合金元素总量分别为小于 5%、5%~10% 和大于 10%）。

② 按碳含量高低，可分为铸造低碳钢（小于 0.25%）、铸造中碳钢（0.25%~0.60%）和铸造高碳钢（0.6%~3.0%）。铸造碳钢的强度、硬度随碳含量的增加而提高。

③ 按使用特性，可分为工程与结构用铸钢、合金铸钢、铸造工模具钢、焊接结构用铸钢、铸造特殊钢（不锈钢铸钢、耐磨/耐蚀/耐热铸钢）等。

(2) 牌号

根据 GB/T 5613—2014，铸钢牌号的表示方法有两种。

① 以强度表示　"ZG" 后面加屈服强度值和抗拉强度值两组数字，如 ZG270-500 表示屈服强度为 270MPa、抗拉强度为 500MPa 的铸钢。

ZG	200-	500
铸钢代号	屈服强度最低值(MPa)	抗拉强度最低值(MPa)

② 以化学成分表示

a. 一般铸钢牌号表示方法

ZG	15	Cr	2	Mo	V
铸钢代号	碳的名义含量 0.15%	铬的元素符号	铬的名义含量2%	钼的元素符号，其平均含量小于 1.5%	钒的元素符号，其平均含量小于 1.5%

b. 耐蚀铸钢牌号表示方法

ZGS	06	Cr	19	Ni	10
耐蚀铸钢代号	碳的名义含量 0.06%	铬的元素符号	铬的名义含量19%	镍的元素符号	镍的名义含量 10%

c. 耐磨铸钢牌号表示方法

ZGM	120	Mn	13	Cr	2	RE
耐磨铸钢代号	碳的名义含量 1.20%	锰的元素符号	锰的名义含量13%	铬的元素符号	铬的名义含量2%	稀土的元素符号，其平均含量小于 1.5%

（3）用途

一般工程用铸造碳钢的用途见表2-10。

表2-10 一般工程用铸造碳钢的用途

类别	牌号	应用举例
低碳	ZG200-400 ZG230-450	用于受力不大、要求韧性的各种机械零件,如机座、变速箱壳等 同上要求的机械零件,如砧座、外壳、轴承盖、阀体、犁柱等
中碳	ZG270-500 ZG310-570	用途广泛,如轧钢机机架、轴承座、连杆、箱体、曲轴、缸体等 用于负荷较高的零件,如大齿轮、缸体、制动轮、辊子等
高碳	ZG340-640	用于齿轮、棘轮等

耐蚀铸钢广泛应用在化学工业、造纸工业以及其他工业中的酸处理装置中。耐磨铸钢则大量用于制作工程机械、矿石粉碎、火力发电、水泥建材、铁路等领域的易磨损件。

2.1.3 碳素结构钢

碳素结构钢的碳含量一般小于0.30%,杂质和非金属夹杂物较多。

（1）分类

① 按其中硫、磷及其他非金属夹杂物的含量高低,可分为碳素结构钢和优质碳素结构钢。

② 按其碳含量和用途的不同,可分为低碳钢、中碳钢和高碳钢（其碳含量分别为小于0.25%、0.25%～0.60%和大于0.60%）。

（2）牌号

碳素结构钢的牌号可由三部分组成:

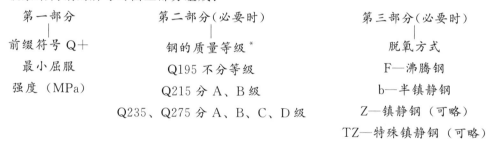

* A级只要求保证化学成分和力学性能,B级还要求进行常温冲击试验,C、D级另外要求进行重要焊接结构试验（D级为优质,其余为普通级）。

（3）用途

碳素结构钢主要用于制造日常生活用品、一般工程结构及普通机械零件（表2-11）。

表2-11 碳素结构钢的用途

牌号	应用举例
Q195	用于屋面板、装饰板、除尘管道、包装容器、铁桶、仪表壳、火车车厢等
Q215	除与Q195相同的用途外,还可用于生产螺钉、螺栓、圆钉、铰链等五金零件
Q235	轧制成盘条或圆钢、方钢、扁钢、角钢、工字钢、槽钢、窗框钢等型钢和中厚钢板,用于建筑及工程结构和性能要求不太高的机械零件

牌号	应用举例
Q275	制作要求有较高强度和一定耐磨性的机械零件,如机械工程中承受中等载荷的轴、连杆和车轮、钢轨、拖拉机犁,也用于铆接和焊接结构,还用于制造农业机具、钢轨接头夹板、垫板、轧辊等

2.1.4 优质碳素结构钢

优质碳素结构钢的有害杂质较少,其强度、塑性、韧性均比碳素结构钢好。

(1) 分类

① 按使用加工方法,可分为压力加工用钢 (UP),包括热加工用钢 (UHP)、顶锻用钢 (UF)、冷拔坯料用钢 (UCD);切削加工用钢 (UC)。

② 按表面种类,可分为压力加工表面 (SPP)、酸洗 (SA)、喷丸 (SS)、剥皮 (SF)、磨光 (SP)。

(2) 牌号

通常用碳含量表示,必要时增加主要合金元素含量或其他要素:

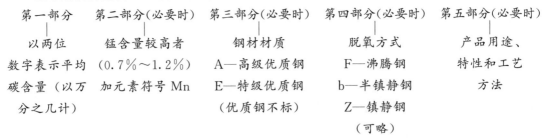

第一部分	第二部分(必要时)	第三部分(必要时)	第四部分(必要时)	第五部分(必要时)
以两位数字表示平均碳含量(以万分之几计)	锰含量较高者(0.7%~1.2%)加元素符号 Mn	钢材材质 A—高级优质钢 E—特级优质钢 (优质钢不标)	脱氧方式 F—沸腾钢 b—半镇静钢 Z—镇静钢 (可略)	产品用途、特性和工艺方法

优质碳素结构钢的质量等级都是优质,所以牌号中不加质量等级代号 (如65Mn)。

(3) 用途

主要用于制造较重要的机械零件,详见表2-12。

表 2-12 优质碳素结构钢的牌号、性能和用途

牌号	热处理			力学性能					主要用途
	正火	淬火	回火	R_m/MPa	R_{eL}/MPa	A/%	Z/%	KU_2/J	
	加热温度/℃			≥					
08	930			325	195	33	60		塑性好,焊接性好,宜制作冷冲压件、焊接件及一般螺钉、铆钉、螺母、容器渗碳件(齿轮、凸轮、摩擦片)等
10	930			335	205	31	55		
15	920			375	225	27	55		
20	910			410	245	25	55		
25	900	870	600	450	275	23	50	71	
30	880	860	600	490	295	21	50	63	综合力学性能优良,宜制作受力较大的零件,如连杆、曲轴、主轴、活塞杆、齿轮等
35	870	850	600	530	315	20	45	55	
40	860	840	600	570	335	19	45	47	
45	850	840	600	600	355	16	40	39	
50	830	830	600	630	375	11	40	31	
55	820			645	380	13	35		

牌号	热处理			力学性能					主要用途
	正火	淬火	回火	R_m/MPa	R_{eL}/MPa	A/%	Z/%	KU_2/J	
	加热温度/℃			≥					
60	810			675	400	12	35		屈服点高,硬度高,宜制作弹性元件(如各种螺旋弹簧、板簧等)以及耐磨零件、弹簧垫圈、轧辊等
65	810			695	410	10	30		
70	790			715	420	9	30		
75		820	480	1080	880	7	30		
80		820	480	1080	930	6	30		
85		820	480	1130	980	6	30		
15Mn	920			410	245	26	55		强度高,耐磨,宜制作渗碳件、受磨损零件及要求强度稍高的零件、较大尺寸的各种弹性元件等
20Mn	910			450	275	24	50		
25Mn	900	870	600	490	295	22	50	71	
30Mn	880	860	600	540	315	20	45	63	
35Mn	870	850	600	560	335	18	45	55	
40Mn	860	840	600	590	355	17	45	47	
45Mn	850	840	600	620	375	15	40	39	
50Mn	830	830	600	645	390	13	40	31	
60Mn	810			690	410	11	35		
65Mn	830			735	430	9	30		
70Mn	790			785	450	8	30		

碳含量在 0.25% 以下的优质碳素结构钢,强度低、塑性好,多不经热处理用于冲压件、焊接件,或经渗碳、碳氮共渗等处理,制造中小齿轮、轴类、活塞销等。

碳含量在 0.25%~0.60% 的优质碳素结构钢(40、45、40Mn、45Mn 等),调质后有良好的综合性能,用于制造各种机械零件(轴和齿轮等)及紧固件等。

碳含量较高的 60、65 钢,淬火+中温回火后弹性极限高,多作为弹簧钢使用;70、80、85、65Mn、70Mn 等,可用于制造冷冲头和螺旋弹簧等。

2.1.5 低合金高强度结构钢

这类钢是在碳素结构钢(碳含量为 0.16%~0.20%)的基础上加入少量合金元素制成的,具有良好的焊接性、塑性、韧性和加工工艺性,较好的耐蚀性,较高的强度和较低的冷脆临界转换温度。它们的屈服强度高,这是它们与碳素结构钢的区别所在。

(1) 分类

① 按产品状态,可分为热轧、正火、正火轧制、热机械轧制四种。

② 按强度,可分为 Q355、Q390、Q420、Q460、Q500、Q550、Q620 和 Q690 八种。

(2) 牌号

表示方法与碳素结构钢基本相同。

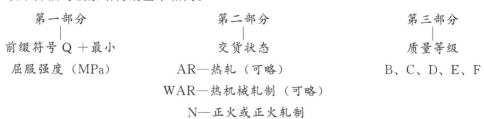

第一部分   第二部分   第三部分

前缀符号 Q＋最小   交货状态   质量等级

屈服强度(MPa)   AR—热轧(可略)   B、C、D、E、F

WAR—热机械轧制(可略)

N—正火或正火轧制

由于大多数低合金高强度结构钢，都是镇静钢和特殊镇静钢，所以不标脱氧方法。

（3）用途

低合金高强度结构钢用于制造桥梁、船舶、车辆、铁道、高压容器、锅炉、拖拉机、大型钢结构件等，详见表2-13。

表 2-13　低合金高强度结构钢的用途

牌号	特点	主要用途
Q355 Q390	综合力学性能、焊接性能、冷热加工性能和耐蚀性能均好，C、D、E级钢具有良好的低温韧性	主要用于船舶、锅炉、压力容器、石油储罐、桥梁、电站设备、起重运输机械及其他较高载荷的焊接结构件
Q420	强度高，特别是在正火或正火＋回火状态有较好的综合力学性能	主要用于大型船舶、桥梁、电站设备、中高压锅炉、高压容器、机车、起重机械、矿山机械及其他大型焊接结构件
Q460	强度更高，在正火、正火＋回火或淬火＋回火状态有很好的综合力学性能	用于各种大型工程结构及要求强度高、载荷大的轻型结构，如大型挖掘机、起重运输机械和钻井平台等
Q500 Q550 Q620 Q690	强度最高，综合力学性能更好	用于中型机械的轴、齿轮、汽车花键轴及承受中等冲击载荷的心轴等，建造大型建筑物及各类工程机械，如矿山和各类工程施工用的钻机、电铲、电动轮自卸汽车、矿用汽车、挖掘机、装载机、推土机、各类起重机、煤矿液压支架等机械设备及其他结构件

2.1.6　合金结构钢

合金结构钢是在优质碳素结构钢的基础上，加入一些合金元素而制成的。它们有合适的淬透性，经适宜的金属热处理后，具有较高的抗拉强度和屈强比（一般在 0.85 左右），较高的韧性和疲劳强度，较低的韧性-脆性转变温度。

（1）分类

① 按冶炼方法，可分为氧气顶吹转炉、平炉、电弧炉；或再加电渣重熔、真空除气。

② 按硫、磷含量及残余元素含量，可分为优质钢、高级优质钢（牌号后面加"A"）和特级优质钢（牌号后面加"E"）。

③ 按钢主要合金元素分组，可分为锰钢、锰硼钢、铬钢、铬钒钢、铬镍钢等多种。

④ 按合金元素的多少，可分为低合金钢、中合金钢和高合金钢（其合金元素分别为小于 5%、5%～10% 和大于 10%）。

⑤ 按用途类型，可分为调质结构钢和表面硬化结构钢。

（2）牌号

合金结构钢的牌号由下列三部分组成：

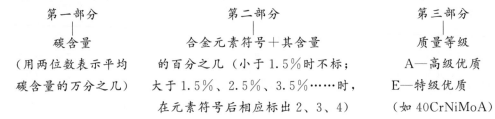

例如：25Cr2Ni4W 表示平均 C 含量为 0.25%，Cr 含量为 2%，Ni 含量为 4%，W 含量小于 1.5%。

(3) 用途

合金结构钢的用途见表 2-14。

表 2-14 常用合金结构钢的用途

牌号	应用举例
20Mn2	渗碳小齿轮、小轴、钢套、活塞销、柴油机套筒等
20Mn2B	轴套、齿轮、汽车气门挺杆、楔形销、转向滚轮轴、调整螺栓等
20MnV	锅炉、高压容器、管道等
27SiMn	高韧性和耐磨热冲压零件，如拖拉机的履带销
30Mn2	变速箱齿轮、轴、冷镦螺栓、对心部强度要求较高的渗碳件等
30Mn2MoW	轴、杆类调质件
35Mn2	连杆、心轴、曲轴、操纵杆、螺钉、冷镦螺栓等
35SiMn	传动齿轮、心轴、连杆、蜗杆、车轴、发动机、飞轮、汽轮机的叶轮等
37SiMn2MoV	连杆、曲轴、电车轴、发动机轴等
40B	齿轮、转向拉杆、轴、凸轮等
40Mn2	重负荷下工作的轴、螺杆、蜗杆、活塞杆、连杆、承载螺栓等
45Mn2	万向接头轴、车轴、蜗杆、齿轮、齿轮轴等
40MnB	转向臂、转向轴、蜗杆、花键轴、制动调整臂或截面较大的零件
42SiMn	轴类零件或截面较大及表面淬火的零件
45B	拖拉机曲轴等
45Mn2	万向节轴、摩擦盘、蜗杆、齿轮、齿轮轴等
45MnB	机床齿轮、钻床主轴、曲轴齿轮、拨叉、花键轴等
50B	齿轮、转向轴拉杆、轴、凸轮等
50Mn2	万向节轴、齿轮、曲轴、连杆、各类小轴等；重型机械的大型轴、大型齿轮；汽车上传动花键轴及承受大冲击载荷的心轴；等等

2.1.7 非调质机械结构钢

机械零件结构钢，在淬火＋高温回火（调质）后具有良好的综合力学性能，有较高的强度，良好的塑性和韧性。这一类钢被称为调质钢，大量应用在各类机器的结构零件上。碳含量在 0.3%～0.45% 的中碳钢，以及 40Cr、40CrSi、40CrMn、42CrMo、40CrNiMo、37CrNi3A 等合金钢，都属于调质钢。另外还有一些钢，可通过微合金化、控制轧（锻）制和控制冷却等强韧化方法，不用通过调质热处理，也能达到或接近调质钢的力学性能。这一类结构钢被称为非调质机械结构钢。

(1) 分类

① 按钢显微组织，可分为铁素体-珠光体钢和贝氏体钢。

② 按钢材使用加工方法，可分为直接切削加工用钢和热压力加工用钢。

(2) 牌号

非调质机械结构钢的牌号，通常由三部分组成，例如 F35VS 含义为：

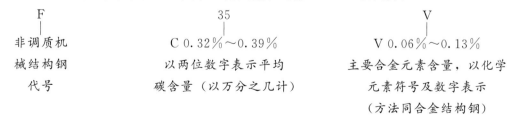

钢种含有较多硫时，牌号尾部要加"S"，当硫含量只有上限要求时，牌号尾部不加"S"。

（3）用途

非调质机械结构钢的用途见表2-15。

表2-15　非调质机械结构钢的用途

牌号	应用举例
F35VS	加工性能优于调质态的40钢
F40VS	可代替40钢，制造CA15发动机和空气压缩机的连杆及其他零件
F45VS	可代替45钢，制造机械行业的轴类、连杆、蜗杆等零件
F35MnVS	可代替55钢，制造CA6102发动机的连杆及其他零件
F40MnVS	可代替45钢、40Cr和40MnB制造汽车、拖拉机和机床的零部件
F45MnVS	可代替调质态的45钢，制造拖拉机、机床等的轴类零件

2.1.8　易切削结构钢

易切削结构钢是添加了较多的硫、铅、锡、钙或其他易切削元素，适合在自动机床上进行高速切削的钢种。

（1）分类

① 按使用加工方法，可分为压力加工用钢和切削加工用钢两种。

② 按添加易切削元素的组分，可分为硫系、铅系、锡系和钙系四组。

③ 按钢材交货状态，可分为热轧、热锻、冷轧、冷拉、银亮等。

（2）牌号

易切削结构钢的牌号通常由三部分组成：

由于此类钢中有害元素硫、磷的含量，大大超出冶金质量要求，因此它们不分质量等级。

（3）用途

易切削结构钢的用途见表2-16。

表2-16　易切削结构钢的用途

牌号	应用举例
Y12	代替15钢，制造螺栓、销钉、轴、管接头外套等
Y12Pb	制造较重要的机械零件、精密仪表零件等
Y15	制造不重要的标准件，如螺栓、螺母、管接头、弹簧座等
Y15Pb	同Y12Pb
Y20	制造表面硬、中心韧性高的仪器仪表零件及轴类耐磨件

牌号	应用举例
Y30	制造强度较高的非热处理标准件,也可制造热处理件,小零件可调质
Y35	制造要求抗拉强度高的部件,一般以冷拉状态使用
Y40Mn	制造要求刚性大的零件,如丝杠、光杆、齿条和花键轴等
Y45Ca	制造较重要零件,如齿轮轴、花键轴及拖拉机传动轴等

2.1.9 耐候结构钢

耐候结构钢是通过添加少量合金元素 Cu、P、Cr、Ni 等,使其在金属基体表面上形成保护层,以提高耐大气腐蚀性能的钢种。

(1) 分类

① 按冶炼方法,可分为转炉和电炉两种(均为镇静钢)。

② 按质量等级,可分为 A、B、C、D、E 五种。

③ 按钢材交货状态,可分为热轧和冷轧两种。

④ 按钢种,有高耐候钢和焊接耐候钢两种。

(2) 牌号

耐候结构钢的牌号通常由四部分组成:

Q	□□□	□□	□
屈服强度中"屈"字汉语拼音的首位字母	钢的屈服强度下限值	(G) NH—"(高)耐候"的汉语拼音首字母	质量等级 A、B、C、D、E

(3) 用途

耐候结构钢的用途见表 2-17。

表 2-17 耐候结构钢的用途

类别	牌号	交货状态	用途
高耐候钢	Q295GNH,Q355GNH	热轧	用于车辆、集装箱、建筑、塔架或其他结构件等,与焊接耐候钢相比具有较好的耐大气腐蚀性能
	Q265GNH,Q310GNH	冷轧	
焊接耐候钢	Q235NH,Q295NH,Q355NH,Q415NH,Q460NH,Q500NH,Q550NH	热轧	用于车辆、桥梁、集装箱、建筑或其他结构件等,与高耐候钢相比具有较好的焊接性

跨海大桥用的耐候结构钢,要求有足够的强度和韧性、良好的焊接性和成形工艺性、良好的耐海水腐蚀性和耐大气腐蚀性,其成分为低碳、低锰、含铜和磷。

2.1.10 弹簧钢

所谓弹簧钢,顾名思义就是具有弹性,用于制造弹簧或弹性元件的钢。我们日常所见弹簧秤中的弹簧(图 2-4),汽车座垫下的弹簧,机械减振器,汽车、三轮摩托车的板簧(图 2-5)等,其产生弹力的零件都是用弹簧钢生产的。

图 2-4 用弹簧制作的弹簧秤

图 2-5 汽车板簧

（1）分类

① 按化学成分，可分为优质碳素弹簧钢和合金弹簧钢两种。

② 按加工方法，可分为热轧（锻）和冷拉（轧）两种。

③ 按产品形状，可分为圆钢（钢丝）和盘条（钢带）两种。

④ 按工作条件，可分为承受静载荷弹簧、承受冲击载荷弹簧、耐高（低）温弹簧和耐腐蚀弹簧四种。

（2）牌号

① 优质碳素弹簧钢：表示方法同优质碳素结构钢，见表 2-18。

表 2-18 优质碳素弹簧钢牌号示例

牌号示例	第一部分 （平均碳含量）	第二部分 （锰含量）	第三部分 （材质）	第四部分 （脱氧方式）
65Mn	0.62%～0.70%	0.17%～0.37%	—	—

注：因 65Mn 质量等级为优质，全脱氧（镇静钢），故第三、四部分省略。

② 合金弹簧钢：表示方法同合金结构钢，见表 2-19。

表 2-19 合金弹簧钢牌号示例

牌号示例	第一部分（碳含量）	第二部分（合金元素含量）
60Si2Mn	0.56%～0.64%	Si 1.60%～2.00%，Mn 0.70%～1.00%

（3）用途

弹簧钢的用途见表 2-20。

表 2-20 弹簧钢的用途

牌号	主要用途
65,70,80,85	应用非常广泛，但多用于制作工作温度不高的小型弹簧或不太重要的较大尺寸弹簧及一般机械用的弹簧
65Mn,70Mn	用于制作各种小截面弹簧、发条、气门弹簧、减振器和离合器簧片等
28SiMnB	用于制作汽车钢板弹簧
40SiMnVBE 55SiMnVB	用于制作各型汽车板簧，亦可制作其他中型断面的板簧和螺旋弹簧
60Si2Mn	应用广泛，主要用于制作汽车（或机车、拖拉机）的板簧、螺旋弹簧等
55CrMn,60CrMn	用于制作汽车稳定杆，亦可制作较大规格的板簧、螺旋弹簧
60CrMnB	用于制作较厚的钢板弹簧、汽车导向臂等

牌号	主要用途
60CrMnMo	用于制作大型土木建筑、重型车辆、大型机械等使用的超大型弹簧
60Si2Cr	用于制作载荷大的重要弹簧、工程机械弹簧等
55SiCr	用于制作汽车悬挂用螺旋弹簧、气门弹簧
56Si2MnCr	用于制作悬架弹簧或板厚大于 10～15mm 的大型板簧等
52Si2CrMnNi	用于制作载重卡车用大规格稳定杆
55SiCrV	用于制作汽车悬挂用螺旋弹簧、气门弹簧
60Si2CrV	用于制作高强度级别的变截面板簧、货车转向架用螺旋弹簧;亦可制作载荷大的重要大型弹簧、工程机械等
50CrV 51CrMnV	用于制作工作应力高、疲劳性能要求严格的螺旋弹簧、汽车板簧等;亦可制作较大截面的高负荷重要弹簧及工作温度低于 300℃ 的阀门弹簧等
52CrMnMoV	用于制作汽车板簧、高速客车转向架弹簧、汽车导向臂等
60Si2MnCrV	用于制作载荷大的汽车板簧
30W4Cr2V	主要用于制作汽轮机主蒸汽阀弹簧、锅炉安全阀弹簧等(工作温度可至 500℃)

2.1.11 工模具钢

工模具钢是专门用来制造工具和模具的钢材。早期,《合金工具钢》《碳素工具钢》和《塑料模具钢》是三个独立的国家标准。2014 年,GB/T 1299《工模具钢》将原三个标准合在一起,并增加了 55 个相关钢种。这里按此标准进行介绍。

工模具钢交货状态,一般是经过退火的热轧钢、锻制钢、冷拉钢、银亮条钢或机加工钢材。

(1) 分类

工模具钢的分类见表 2-21。

表 2-21　工模具钢的分类

分类方法	分类
按用途	工具钢:刃具模具用非合金钢、量具刃具用钢、耐冲击工具用钢、轧辊用钢 模具钢:冷作模具用钢、热作模具用钢、塑料模具用钢和特殊用途模具用钢
按使用加工方法	压力加工用钢(UP)[热压力加工用钢(UHP)、冷压力加工用钢(UCP)]和切削加工用钢(UC)
按化学成分	合金工具钢、非合金工具钢(牌号头带"T")、非合金模具钢(牌号头带"SM")和合金模具钢
按形状	热轧圆钢和方钢、热轧扁钢

(2) 牌号和用途

工模具钢包括刃具模具用非合金钢、量具刃具用钢、耐冲击工具钢、轧辊用钢、冷作模具用钢、热作模具用钢、塑料模具用钢和特殊用途模具用钢等。下面分别说明它们的牌号和用途。

① 刃具模具用非合金钢

a. 牌号:通常由四部分组成,以 T8MnA 为例。

T	8	Mn	A
碳素 工具钢 代号	数字表示 平均碳含量 （0.80%～0.90%）	较高锰含量 碳素工具钢 （0.40%～0.60%）	钢材材质为高级 优质碳素工具钢 （优质钢不标）

b. 用途：见图 2-6 和表 2-22。

$$\text{(a) 手锯锯条} \qquad \text{(b) 铆钉冲模} \qquad \text{(c) 锉刀}$$

图 2-6　刃具模具用非合金钢用途举例

表 2-22　刃具模具用非合金钢的特性和用途

牌号	特性	应用举例
T7	具有较好的塑性、韧性和强度以及一定的硬度	用于制造承受冲击载荷不大，且要求具有适当硬度、耐磨性和韧性较好的工具
T8	淬透性、韧性均优于 T10 钢，耐磨性也较高，但塑性和强度较低	适合制造小型拉拔、拉伸、挤压模具
T8Mn	具有较高的淬透性和硬度，但塑性和强度较低	用于制造断面较大的木工工具、手锯锯条、刻印工具、铆钉冲模、煤矿用凿等
T9	具有较高的硬度，但塑性和强度较低	用于制造要求硬度较高且有一定韧性的各种工具，如刻印工具，铆钉冲模、冲头，水工工具，凿岩工具等
T10	力学性能较好，耐磨性也较高	适合制造要求耐磨性较高而受冲击载荷较小的模具
T11	具有较好的综合力学性能（如硬度、耐磨性和韧性等）	用于制造在工作时切削刃口不过热的工具，如锯条、丝锥、锉刀、刮刀、扩孔钻、板牙，以及尺寸不大和断面无急剧变化的冷冲模及木工刀具等
T12	硬度和耐磨性高，但韧性低	用于制造不受冲击载荷、切削速度不高、切削刃口不过热的工具，如车刀、铣刀、钻头、丝锥、锉刀、刮刀、扩孔钻、板牙，以及断面尺寸小的冷切边模和冲孔模等
T13	硬度更高但韧性更低，力学性能较差	用于制造不受冲击载荷，但要求硬度极高的金属切削工具，如剃刀、刮刀、拉丝工具、锉刀、刻纹用工具，以及坚硬岩石加工用工具和雕刻用工具等

② 量具刃具用钢

a. 牌号：通常由两部分组成。

第一部分	第二部分
平均碳含量<1.00%时，采用一位 数字表示碳含量（‰）。平均碳 含量≥1.00%时，不标明碳含量数字	合金元素含量，表示方法同合金结构钢第 二部分。低铬（平均铬含量<1%）合金 工具钢，在铬含量（‰）前加数字"0"

例：9SiCr 第一部分表示 C 含量为 0.85%～0.95%；第二部分表示 Si 含量为 1.20%～1.60%；Cr 含量为 0.95%～1.25%。

b. 用途：见图 2-7 和表 2-23。

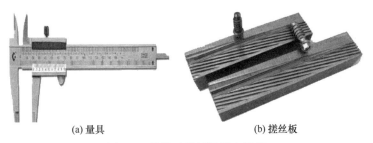

(a) 量具   (b) 搓丝板

图 2-7 量具刃具用钢用途举例

表 2-23 量具刃具用钢的特性和用途

牌号	特性	应用举例
9SiCr	比铬钢具有更高的淬透性和淬硬性,且回火稳定性好	适宜制造形状复杂、变形小、耐磨性要求高的低速切削刃具,如钻头、螺纹工具、手动铰刀、搓丝板及滚丝轮等;也可制造冷作模具(如冲模、打印模等)、冷轧辊、矫正辊以及细长杆件
8MnSi	在 T8 基础上加入 Si、Mn,具有较高的回火稳定性、淬透性和耐磨性,热处理变形也较非合金工具钢小	适宜制造木工工具、冷冲模及冲头,也可制造冷加工用的模具
Cr06	在非合金工具钢基础上添加一定量的 Cr,淬透性和耐磨性较非合金工具钢高,冷加工塑性变形和切削加工性能较好	适宜制造木工工具,也可制造简单的冷加工模具,如冲孔模、冷压模等
Cr2	在 T10 基础上添加一定量的 Cr,淬透性提高,硬度、耐磨性也比非合金工具钢高,接触疲劳强度高,淬火变形小	适宜制造木工工具、冷冲模及冲头,也用于制造中小尺寸冷作模具
9Cr2	与 Cr2 性能基本相似,但韧性好于 Cr2	适宜制造木工工具、冷轧辊、冷冲模及冲头、钢印冲孔模等
W	在非合金工具钢基础上添加一定量的 W,热处理后具有更高的硬度和耐磨性,且过热敏感性小,热处理变形小,回火稳定性好	适宜制造小型麻花钻头,也可用于制造丝锥、锉刀、板牙,以及温度不高、切削速度不快的工具

③ 耐冲击工具钢

a. 牌号:标注方法同合金结构钢。常用的牌号有 4CrW2Si、5CrW2Si 和 6CrW2Si 等。铬钨硅钢碳含量较小,为 $0.35\% \sim 0.65\%$。

b. 用途:见图 2-8 和表 2-24。

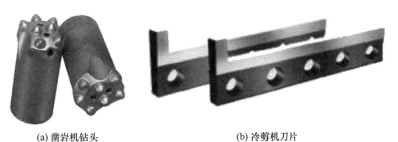

(a) 凿岩机钻头   (b) 冷剪机刀片

图 2-8 耐冲击工具钢的应用举例

表 2-24　耐冲击工具钢的特性和用途

牌号	特性	应用举例
4CrW2Si	在铬硅钢的基础上添加一定量的钨,具有一定的淬透性和高温强度	适宜制造高冲击载荷下操作的工具,如风动工具、冲裁切边复合模、冲模、冷切用的剪刀等冲剪工具,以及部分小型热作模具
5CrW2Si	在铬硅钢的基础上添加一定量的钨,具有一定的淬透性和高温强度	适宜制造冷剪金属刀片、铲搓丝板的铲刀、冷冲裁和切边的凹模以及长期工作的木工工具等
6CrW2Si	在铬硅钢的基础上添加一定量的钨,淬火硬度较高,有一定的高温强度	适宜制造承受冲击载荷而又要求耐磨性高的工具,如风动工具、凿子、冷剪刀片、冲裁切边用凹模等
5CrMnSi2Mo1V	具有较高的淬透性和耐磨性、回火稳定性,钢种淬火温度较低,模具使用过程中很少发生崩刃和断裂	适宜制造在高冲击载荷下操作的工具、冲模、冷冲裁切边用凹模等
5Cr3MnSiMo1	淬透性较好,有较高的强度和回火稳定性,综合性能良好	适宜制造在较高温度、高冲击载荷下工作的工具、冲模,也可用于制造锤锻模具
6CrW2SiV	具有良好的耐冲击和耐磨损性能的配合,同时具有良好的抗疲劳性能和高的尺寸稳定性	适宜制造刀片、冷成形工具和精密冲裁模以及热冲孔工具等

④ 轧辊用钢

a. 牌号:标注方法同合金结构钢。常用的牌号有 9Cr2V、9Cr2Mo、9Cr2MoV、8Cr3NiMoV 和 9Cr5NiMoV。

b. 用途:见图 2-9 和表 2-25。

图 2-9　轧辊

表 2-25　轧辊用钢的特性和用途

牌号	特性	应用举例
9Cr2V	保证轧辊有高硬度和良好的淬透性;晶粒细化,耐磨性高	适宜制作冷轧工作辊、支承辊等
9Cr2Mo	保证轧辊有高硬度,钢的淬透性、耐磨性和锻造性能良好,晶粒细化,无沿晶界分布的网状碳化物	适宜制作冷轧工作辊、支承辊和矫正辊
9Cr2MoV	综合性能优于 9Cr2V,采用电渣重熔工艺时,辊坯的性能更优良	适宜制作冷轧工作辊、支承辊和矫正辊
8Cr3NiMoV	经淬火及冷处理后的淬硬层深度可达 $30\mu m$ 左右	用于制作冷轧工作辊,使用寿命高于铬含量 2% 的钢
9Cr5NiMoV	淬透性高,轧辊单边的淬硬层深度可达 $35\sim40\mu m$($\geqslant85$HSD),耐磨性好	适宜制作要求淬硬层深、轧制条件恶劣、抗事故性高的冷轧辊

⑤ 冷作模具用钢

a. 牌号:表示方法同合金结构钢。

b. 用途：见图 2-10 和表 2-26。

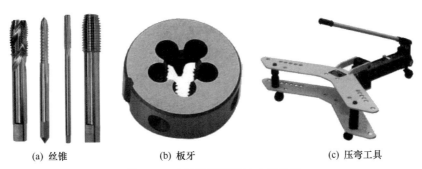

(a) 丝锥   (b) 板牙   (c) 压弯工具

图 2-10　冷作模具用钢的应用举例

表 2-26　冷作模具用钢的特性和用途

牌号	特性	应用举例
9Mn2V	具有较高的硬度和耐磨性，淬火时变形较小，淬透性好	适宜制作各种精密量具、样板，也可用于制作尺寸较小的冲模、冷压模、雕刻模、落料模等，以及机床的丝杠等结构件
9CrWMn	具有一定的淬透性和耐磨性，淬火变形较小，碳化物分布均匀且颗粒细小	适宜制作截面不大而变形复杂的冷冲模
CrWMn	比 9SiCr 有更高的硬度、耐磨性和较好的韧性，但该钢对形成碳化物网较敏感（若有时，必须根据其严重程度进行锻造或正火）	适宜制作丝锥、板牙、铰刀、小型冲模等
MnCrWV	具有较高的淬透性，热处理变形小，硬度高，耐磨性较好	适宜制作钢板冲裁模、剪切模、落料模、量模和热固性塑料成型模等
7CrMn2Mo	热处理变形小	适宜制作精度高的制品，如修边模、塑料模、压弯工具、冲切模和精压模等
5Cr8MoVSi	具有良好的淬透性、韧性、热处理尺寸稳定性	适宜制作硬度在 55～60HRC 的冲头和冷锻模具，也可用于制作非金属（陶瓷、人造金刚石和立方氮化硼）刀具
7CrSiMnMoV	淬火温度范围宽，淬透性良好，空冷即可淬硬	适宜制作汽车冷弯模具
Cr8Mo2SiV	具有高的淬透性和耐磨性，淬火时尺寸变化小	适宜制作冷剪切模、切边模、滚边模、量规、拉丝模、搓丝板、冷冲模等
Cr4W2MoV	具有较高的淬透性、淬硬性、耐磨性和尺寸稳定性	适宜制作各种冲模、冷镦模、落料模、冷挤凹模及搓丝板等
6Cr4W3Mo2VNb	加入铌以提高钢的强韧性和改善工艺性	适宜制作冷挤压、厚板冷冲、冷镦等承受较大载荷的冷作模具，也可用于制作温热挤压模具
6W6Mo5Cr4V	碳、钒含量均低于 W6Mo5Cr4V2，具有较高的韧性	主要用于制作钢铁材料冷挤压模具
W6Mo5Cr4V2	具有韧性高、热塑性好、耐磨性和红硬性高等特点	适宜制作各种类型的工具，大型热塑成形的刀具；还可以制作高负荷下耐磨零件，如冷挤压模具、温挤压模具等
Cr8	具有较好的淬透性和高的耐磨性，韧性好于 Cr12	适宜制作要求耐磨性较高的各类冷作模具
Cr12	具有良好的耐磨性	适宜制作受冲击载荷较小的要求耐磨性较高的冷冲模及冲头、冷剪切模、钻套、量规、拉丝模等

牌号	特性	应用举例
Cr12W	具有较高的耐磨性和淬透性,但塑性、韧性较低	适宜制作高强度、高耐磨性,且受热不大于300～400℃的工模具,如钢板深拉伸模、拉丝模、螺纹搓丝板、冷冲模、剪切模、锯条等
7Cr7Mo2V2Si	比Cr12和W6Mo5Cr4V2具有更高的强度、韧性,更好的耐磨性,且冷热加工的工艺性能优良,热处理变形小,通用性强	适宜制作承受负荷的冷挤压模具、冷冲模具、冷镦模具等
Cr5Mo1V	具有良好的空淬特性,耐磨性介于高碳油淬模具钢和高碳高铬耐磨型模具钢之间,韧性较好,通用性强	特别适宜制作既要求好的耐磨性又要求好的韧性的工模具,如下料模、成形模、轧辊、冲头、压延模和滚丝模等
Cr12MoV	具有高的淬透性和耐磨性,淬火时尺寸变化小,比Cr12的碳化物分布均匀并有较高的韧性	适宜制作形状复杂的冲孔模、冷剪切模、拉伸模、拉丝模、搓丝板、冷挤压模、量具等
Cr12Mo1V1	具有高的淬透性、淬硬性和耐磨性;高温抗氧化性能好,热处理变形小	适宜制作各种高精度、长寿命的冷作模具、刀具和量具,如形状复杂的冲孔凹模、冷挤压模、滚丝轮、搓丝板、冷剪切模和精密量具等

⑥ 热作模具用钢　热作模具是用来将加热的金属或液体金属制成所需产品的工装,如热锻模具、热镦模具、热挤压模具、压铸模具和高速成形模具等。压铸模的外形见图2-11。

图2-11　压铸模

a. 牌号:表示方法同合金结构钢。

b. 用途:见表2-27。

表2-27　热作模具用钢的特性和用途

牌号	特性	应用举例
5CrMnMo	具有与5CrNiMo相似的性能,但淬透性、高温抗热疲劳性略差	适宜制作要求具有较高强度和高耐磨性的各种类型锻模
5CrNiMo	具有良好的韧性、强度和较高的耐磨性、红硬性。由于含有Mo元素,该钢对回火脆性不敏感	适宜制作各种大中型锻模
4CrNi4Mo	具有良好的淬透性、韧性和抛光性能,可空冷硬化	适宜制作热作模具和塑料模具,也可用于制作部分冷作模具
4Cr2NiMoV	室温强度及韧性较高,回火稳定性、淬透性及抗热疲劳性能较好	适宜制作热锻模具
5CrNi2MoV	具有良好的淬透性和热稳定性	适宜制作大型锻压模具和热剪刀具
5Cr2NiMoVSi	具有良好的淬透性和热稳定性	适宜制作各种大型热锻模

牌号	特性	应用举例
8Cr3	具有一定的室温、高温力学性能	适宜制作热冲孔模的冲头,热切边模的凹模镶块,热顶锻模,热弯曲模,以及工作温度低于500℃、受冲击较小且要求耐磨的工作零件,如热剪刀片等,也可用于制作冷轧工作辊
4Cr5W2VSi	中温下具有较高的热强度、硬度、耐磨性、韧性和较好的抗热疲劳性能,可空冷硬化	适宜制作热挤压用的模具和芯棒,铝、锌等轻金属的压铸模,热顶锻结构钢和耐热钢用的工具,以及成形某些零件用的高速锤锻模
3Cr2W8V	高温下具有高的强度和硬度(650℃时硬度为300HBW左右),抗冷热交变疲劳性能较好,但韧性较差	适宜制作高温下高应力,但不受冲击载荷的凸模、凹模,如平锻机上用的凸凹模、镶块,以及铜合金挤压模、压铸用模具;也可用来制作同时承受大压应力、弯应力、拉应力的模具,如反挤压模等;还可以制作高温下受力的热金属切刀等
4Cr5MnSiV	韧性、热强性和抗热疲劳性能良好,可空冷硬化。在较低的奥氏体化温度下空淬,热处理变形小,产生氧化皮倾向较小,可以抵抗熔融铝的冲蚀	适宜制作铝压铸模、热挤压模和穿孔芯棒、塑料模等
4Cr5MoSiV1	具有良好的韧性和较好的热强性、抗热疲劳性能和一定的耐磨性,可空冷淬硬,热处理变形小	适宜制作铝、铜及其合金铸件用的压铸模,热挤压模、穿孔用的工具、芯棒、压机锻模、塑料模等
4Cr3Mo3SiV	具有非常好的淬透性,很高的韧性和高温强度	适宜制作热挤压模、热冲模、热锻模、压铸模等
5Cr4Mo3SiMnVAl	具有较高的热强性、高温硬度,回火稳定性好,有较好的耐磨性、抗热疲劳性、韧性和热加工塑性	主要用于轴承行业的热挤压模和标准件行业的冷镦模
4CrMnSiMoV	具有良好的淬透性,较高的热强性、耐热疲劳性能,耐磨性和韧性较好,抗回火性能和冷热加工性能好	主要用于制作5CrNiMo不能满足要求的大型锤锻模和机锻模
5Cr5WMoSi	具有良好淬透性和韧性、中等的耐磨性,热处理尺寸稳定性好	适宜制作硬度为55～60HRC的冲头、冷作模具和非金属刀具
4Cr5MoWVSi	具有良好的韧性和热强性;可空冷硬化,产生氧化皮倾向较小;热处理变形小,可以抵抗熔融铝的冲蚀	适宜制作铝压铸模、锻压模、热挤压模和穿孔芯棒等
3Cr3Mo3W2V	具有高的强韧性和抗冷热疲劳性能,热稳定性好	适宜制作热挤压模、热冲模、热锻模、压铸模等
5Cr4WSMo2V	具有较高的回火稳定性和热稳定性,高的热强性、高温硬度和耐磨性,但韧性和抗热疲劳性能低于4Cr5MoSiV1	适宜制作对高温强度和抗磨损性能有较高要求的热作模具,可替代3Cr2W8V
4Cr5Mo2V	具有良好的淬透性、韧性、热强性、抗热疲劳性,热处理变形小	适宜制作铝、铜及其合金的压铸模具,热挤压模、穿孔用的工具、芯棒
3Cr3Mo3V	具有较高的热强性和韧性,良好的回火稳定性和高抗热疲劳性能	适宜制作镦锻模、热挤压模和压铸模等
4Cr5Mo3V	具有良好的高温强度、良好的回火稳定性和高抗热疲劳性能	适宜制作热挤压模、温锻模、压铸模和其他热成形模具
3Cr3Mo3VCo3	具有高的热强性、良好的回火稳定性和抗热疲劳性	适宜制作热挤压模、温锻模和压铸模

⑦ 塑料模具用钢

a. 牌号:除在头部加符号"SM"外,其余表示方法与优质碳素结构钢和合金工具钢牌号表示方法相同。例如：平均碳含量为 0.45％的碳素塑料模具钢，其牌号表示为"SM45"；平均碳含量为 0.34％，铬含量为 1.70％，钼含量为 0.42％的合金塑料模具钢，其牌号表示为"SM3Cr2Mo"。

b. 用途：见图 2-12 和表 2-28。

(a) 塑料注塑模　　　　　　　　　　　　(b) 橡胶脚垫模

图 2-12　塑料模具用钢的应用举例

表 2-28　塑料模具用钢的特性和用途

牌号	特性	应用举例
SM45	切削加工性能好,淬火后具有较高的硬度,调质处理后具有良好的强韧性和一定的耐磨性	适宜制作中、小型的中、低档次的塑料模具
SM50	切削加工性能好,但焊接性能、冷变形性能差	适宜制作形状简单的小型塑料模具或精度要求不高、使用寿命不需要很长的塑料模具
SM55	切削加工性能中等	适宜制作形状简单的小型塑料模具或精度要求不高、使用寿命较短的塑料模具
3Cr2Mo	综合性能好,淬透性高,硬度均匀,且有很好的抛光性能	适宜制作塑料模具和压铸低熔点金属的模具
3Cr2MnNiMo	综合力学性能好,淬透性高,大截面钢材在调质处理后具有较均匀的硬度分布,有很好的抛光性能	适宜制作大型塑料模具、精密塑料模具,也可用于制作低熔点合金(如锡、锌、铝合金)用的压铸模
4Cr2Mn1MoS	使用性能与 3Cr2MnNiMo 相似,但具有更优良的机械加工性能	同 3Cr2MnNiMo
8Cr2MnWMoVS	淬火硬度高,耐磨性好,综合力学性能好,热处理变形小	适宜制作各种类型的塑料模具、胶木模具、陶土瓷模具以及印制板的冲孔模具;也可用于制作精密的冷冲模具等
5CrNiMnMoVSCa	切削加工工艺性和力学性能好,钢的各向异性低	适宜制作各种类型的精密注塑模具、压塑模具和橡胶模具
2CrNiMoMnV	淬透性高,硬度均匀,并具有良好的抛光性能、电火花加工性能和蚀花(皮纹加工)性能	适用于渗氮处理,适宜制作大中型镜面塑料模具
2CrNi3MoAl	可避免模具的淬火变形,因而热处理变形小,综合力学性能好	适宜制作复杂、精密的塑料模具
1Ni3MnCuMoAl	淬透性好,热处理变形小,镜面加工性能好	适宜制作镜面的塑料模具、高外观质量的家用电器塑料模具
06Ni6CrMoVTiAl	经固溶处理后,硬度为 25～28HRC,再经过时效处理,硬度还可增加,模具变形小	适合制作精度比较高又必须淬硬的精密塑料模具
00Ni18Cr8Mo5TiAl	具有高强韧性,低硬化指数,良好的成形性和焊接性	适宜制作铝合金挤压模和铸件模,以及精密模具及冷冲模等

牌号	特性	应用举例
2Cr13	机械加工性能较好,经热处理后具有优良的耐蚀性,较好的强韧性	适宜制作承受高负荷并在腐蚀介质作用下的塑料模具和透明塑料制品模具等
4Cr13	力学性能较好,淬火及回火后,具有优良的耐蚀性、抛光性、较高的强度和耐磨性	适宜制作承受高负荷并在腐蚀介质作用下的塑料模具和透明塑料制品模具等
4Cr13NiVSi	淬回火硬度高,有超镜面加工性,可预硬至31~35HRC,镜面加工性好	适宜制作要求高精度、高耐磨、高耐蚀的塑料模具;也用于制作透明塑料制品模具
2Cr17Ni2	具有好的抛光性,在玻璃模具的应用中具有好的抗氧化性	适宜制作耐蚀塑料模具,并且不需采用Cr、Ni涂层
3Cr17Mo	具有优良的强韧性和较高的耐蚀性	适宜制作各种类型的要求高精度、高耐磨,又要求耐蚀性的塑料模具和透明塑料制品模具
3Cr17NiMoV	具有优良的强韧性和较高的耐蚀性	适宜制作高精度、高耐磨、耐蚀的塑料模具和压制透明塑料制品的模具
9Cr18	淬火后硬度和耐磨性很高,在大气、水及某些酸类和盐类的水溶液中,耐蚀性优良	适宜制作要求耐蚀、高强度和耐磨损的零部件,如轴类、杆类、弹簧、紧固件等
9Cr18MoV	基本性能和用途与9Cr18相近,热强性和回火稳定性更好	适宜制作承受摩擦并在腐蚀介质中工作的零件,如量具,不锈切片机械刃具及剪切工具、手术刀片、高耐磨设备零件等

⑧ 特殊用途模具用钢

a. 牌号:表示方法同合金结构钢。

b. 用途:见图 2-13 和表 2-29。

(a) 加热炉栅条 　　　　(b) 玻璃模具

图 2-13　特殊用途模具用钢用途举例

表 2-29　特殊用途模具用钢的特性和用途

牌号	特性	应用举例
2Cr25Ni20Si2	一般耐蚀性能较好,可在高温下使用	适宜制作加热炉的各种构件,也用于制作玻璃模具等
0Cr17Ni4Cu4Nb	碳含量低,耐蚀性和可焊性比一般马氏体不锈钢好。耐酸性和可切削性好,热处理工艺简单。在400℃以上长期使用时有脆化倾向	适宜制作工作温度在400℃以下,要求耐酸蚀、强度高的部件;也适宜制作在腐蚀介质作用下要求高性能、高精密度的塑料模具等
Ni25Cr15Ti2MoMn	高温下耐磨性、抗变形能力和抗氧化性、抗疲劳性优良,无缺口敏感性	适宜制作在650℃以下长期工作的高温承力部件和热作模具,如铜排模、热挤压模和内筒等
Ni53Cr19Mo3TiNb	高温下强度高、稳定性好,抗氧化性好,抗冷热疲劳性及冲击韧性优异	适宜制作600℃以上使用的热锻模、冲头、热挤压模、压铸模等

⑨ 高速工具钢

a. 分类：按化学成分可分为钨系和钨钼系两大类；按性能可分为低合金高速工具钢、普通高速工具钢和高性能高速工具钢三个基本系列。

b. 牌号：表示方法同合金结构钢，但在牌号头部一般不标明表示碳含量的数字。为了区别，在牌号头部可加"C"，表示高碳高速工具钢（常省略），见表 2-30。

表 2-30　高速工具钢的牌号示例

牌号	第一部分（采用字母）	第二部分（合金元素含量）
W6Mo5Cr4V2 （CW6Mo5Cr4V2）	C 0.80%～0.90%	W 5.50%～6.75%；Mo 4.50%～5.50% Cr 3.80%～4.40%；V 1.75%～2.20%

c. 用途：见表 2-31。

表 2-31　常用高速工具钢的用途

牌号	应用举例
W18Cr4V	制造一般高速切削车刀、刨刀、铣刀、铰刀、钻头等
W6Mo5Cr4V2	制造丝锥、滚刀、插齿刀、冷冲模、冷挤压模等
W6Mo5Cr4V3	制造拉刀、铣刀、成形刀具等
W9Mo3Cr4V	制造拉刀、铣刀、成形刀具等
W18Cr4VCo5	制造切削不锈钢及其他硬或韧的材料的刀具

⑩ 模具用硬质合金钢

a. 牌号：主要是钨钴类硬质合金，主要成分是碳化钨（WC）和黏结剂钴（Co）。其牌号是由"YG"（"硬""钴"两字汉语拼音首字母）和平均钴含量的百分数组成。例如，YG8，表示平均含 8% 的钴，其余为碳化钨的钨钴类硬质合金。

b. 用途：见表 2-32。

表 2-32　模具用硬质合金钢的用途

牌号	适用模具
YG3、YG4C、YG6X、YG6A、YG6	拉丝模
YG8、YG8C、YG10C、YG11	拉丝模、拉深模、成形模及冷镦模
YG15、YG20、YG25	冲裁模、冷锻模及冷挤压模

c. 淬透性：钢的淬透性是材料的一项重要指标，因为淬透性好，可以使工件得到均匀而良好的力学性能，同时在淬火时可以选用比较缓和的冷却介质，以减小工件的变形和开裂倾向。常用工模具钢的淬透性见表 2-33。

表 2-33　常用工模具钢的淬透性

钢号	油淬临界直径或淬硬深度/mm	钢号	油淬临界直径或淬硬深度/mm
9Mn2V	≤30	Cr6WV	≤80
CrWMn	≤60	5CrNiMo	约 300
9CrWMn	40～50	5CrMnMo	约 300
Cr12	≤200	3Cr2W8V	约 100
Cr12MoW	200～300		

2.1.12 轴承钢

各种运输车辆、机床、传动机械以及其他高速转动的机械中，各种各样的轴承（图2-14）是不可缺少的基础零部件，用以支承机械旋转体，降低设备在传动过程中的机械载荷摩擦因数。而轴承钢就是用来制造轴承滚珠、滚柱和轴承套圈的专用钢。

(a) 滚珠轴承   (b) 双列圆锥轴承   (c) 调心轴承   (d) 滑动轴承

图 2-14　各种各样的轴承

(1) 分类

通常把轴承钢按材料化学成分，分为碳素轴承钢、渗碳轴承钢、高碳铬轴承钢、不锈轴承钢和高温轴承钢五类，以高碳铬轴承钢中的 GCr15 应用最广泛。

(2) 牌号和用途

① 碳素轴承钢　这种钢是一种碳含量大于 0.52%、硅含量为 0.15%～0.35%、锰含量大于 0.60% 的优质高碳钢。其品种有三个：G55、G55Mn 和 G70Mn。

a. 牌号：用轴承钢代号 "G" ＋平均碳含量＋Mn 含量表示。

b. 用途：用于制造汽车轮毂轴承。

② 渗碳轴承钢　这种钢是碳含量为 0.08%～0.23% 的铬、镍、钼合金结构钢，制成轴承零件后表面进行碳氮共渗，以提高其硬度和耐磨性。

a. 分类：可按下列四种方法。

• 按冶金质量，可分为优质钢和高级优质钢。

• 按冶炼方法，可分为真空脱气和电渣重熔。

• 按加工方法，可分为锻制、热轧、冷拉和银亮。

• 按使用加工方法，可分为压力加工用钢和切削加工用钢。

b. 牌号：在头部加 "滚" 字汉语拼音首字母 "G"，采用合金结构钢的牌号表示方法。高级优质渗碳轴承钢，在牌号尾部加 "A"。例如：碳含量为 0.17%～0.23%，铬含量为 0.35%～0.65%，镍含量为 0.40%～0.70%，钼含量为 0.15%～0.30% 的高级优质渗碳轴承钢，其牌号表示为 G20CrNiMoA。

c. 用途：用于制造承受强冲击载荷的大型轴承，如大型轧机轴承、汽车轴承、矿机轴承和铁路车辆轴承等的套圈和滚动体。

③ 高碳铬轴承钢　这种钢的碳含量在 1% 左右、铬含量在 1.5% 左右，为了提高硬度、耐磨性和淬透性，适当加入了一些硅、锰、钼等，如 GCr15SiMn。这类轴承钢占所有轴承钢产量的 95% 以上。

a. 分类：可按下列四种方法。

• 按冶金质量，可分为优质钢、高级优质钢（牌号后加"A"）和特级优质钢（牌号后加"E"）。

• 按浇铸工艺，可分为模铸钢和连铸钢。

• 按使用加工方法，可分为压力加工用钢和切削加工用钢。

• 按最终用途，可分为套圈用钢和滚动体用钢。

b. 牌号：通常由三部分组成。

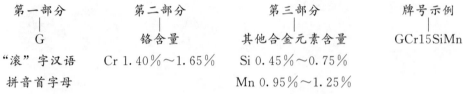

第一部分	第二部分	第三部分	牌号示例
G	铬含量	其他合金元素含量	GCr15SiMn
"滚"字汉语	Cr 1.40%～1.65%	Si 0.45%～0.75%	
拼音首字母		Mn 0.95%～1.25%	

共有 G8Cr15、GCr15、GCr15SiMn、GCr15SiMo 和 GCr18Mo 五种。

c. 用途：见表 2-34。

表 2-34　高碳铬轴承钢的用途

牌号	应用举例
G8Cr15	制造壁厚不大于 12mm、外径不大于 250mm 的各种轴承套圈，直径不大于 50mm 的钢球，直径不大于 22mm 的圆锥、球面滚子及所有尺寸的滚针
GCr15	制造壁厚不大于 12mm、外径不大于 250mm 的各种轴承套圈和尺寸范围比较宽的滚动体，如钢球、滚针和各种滚子；也可制造直径不大于 50mm 的钢球和直径不大于 22mm 的圆锥、球面滚子及所有尺寸的滚针；还可用于制造量具、模具、木工刀具及其他要求高耐磨、高接触疲劳强度的零件
GCr15SiMn	用于制造壁厚大于 12mm、外径大于 280mm 的轴承套圈；直径大于 50mm 的钢球和直径大于 22mm 的圆锥、圆柱和球面滚子和所有尺寸的滚针；还可用于制造模具、量具以及其他要求高硬度且耐磨的零件。轴承零件的工作温度小于 180℃
GCr15SiMo	用于制造大尺寸范围的滚动轴承套圈及钢球、滚柱等
GCr18Mo	可制造壁厚达 20mm 的滚动轴承套圈

④ 不锈轴承钢

a. 分类：按化学成分，可分为高碳铬不锈轴承钢和中碳铬不锈轴承钢；按使用加工方法，可分为压力加工用钢和切削加工用钢两种。

b. 牌号：在头部加符号"G"，采用不锈钢和耐热钢的牌号表示方法。例如：碳含量为 0.90%～1.00%，铬含量为 17.0%～19.0% 的高碳铬不锈轴承钢，其牌号表示为 G95Cr18。

c. 用途：如 G9Cr18、G9Cr18Mo，主要用于制造在海水、河水以及海洋性腐蚀介质中工作的轴承，工作温度可达 250～350℃，还可用于制造某些仪器、仪表上的微型轴承、滚动轴承套圈及滚动体。

⑤ 高温轴承钢　这样钢可在高温（300～550℃）下使用，具有一定的红硬性和耐磨性。

a. 牌号：表示方法同不锈轴承钢。

b. 用途：多用于制造航空发动机用轴承。

2.1.13 冷镦和冷挤压钢

冷镦钢是用来冷镦成形，制造各种机械标准件、紧固件的钢材；冷挤压钢就是可以置于冷挤压模腔中，承受固定在挤压设备上的凸模压力，产生塑性变形而制得加工零件的钢材。

（1）分类

① 按合金含量，可分为合金钢和非合金钢。

② 按形状，可分为盘条和圆钢两种。

③ 按使用状态，可分为非热处理型、表面硬化型、调质型、含硼调质型和非调质型冷镦和冷挤压用钢五种。

（2）牌号

① 表示方法　按材料不同有以下两种。

a. 非热处理型、表面硬化型、调质型、含硼调质型钢，通常由三部分组成：

ML	□	□
"铆螺"汉语	平均碳含量	合金元素及含量
拼音首字母	（以万分之几计）	（同合金结构钢）

b. 非调质型冷镦和冷挤压用钢，也由三部分组成：

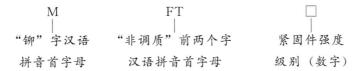

M	FT	□
"铆"字汉语	"非调质"前两个字	紧固件强度
拼音首字母	汉语拼音首字母	级别（数字）

② 具体牌号

a. 非热处理型：ML04Al，ML06Al，ML08Al，ML10Al，ML10，ML12Al，ML12，ML15Al，ML15，ML20Al，ML20。

b. 表面硬化型：ML18Mn，ML20Mn，ML15Cr，ML20Cr。

c. 调质型：ML25，ML30，ML35，ML40，ML45，ML15Mn，ML25Mn，ML30Cr，ML35Cr，ML40Cr，ML45Cr，ML20CrMo，ML25CrMo，ML30CrMo，ML35CrMo。

d. 含硼调质型：ML20B，ML25B，ML30B，ML35B，ML15MnB，ML20MnB，ML25MnB，ML30MnB，ML35MnB，ML40MnB，ML37CrB，ML15MnVB，ML20MnVB，ML20MnTiB。

e. 非调质型：MFT8，MFT9，MFT10。

（3）用途

部分冷镦和冷挤压钢的用途见图 2-15 和表 2-35。

(a) 螺栓　　　　　　　(b) 轴销　　　　　　　(c) 链轮

图 2-15　冷镦和冷挤压钢的用途举例

表 2-35 部分冷镦和冷挤压钢的用途

类型	牌号	应用举例
非热处理型	ML10Al	制作铆钉、螺母、半圆头螺钉、开口销等
	ML15（Al）	制作铆钉、开口销、螺母、法兰盘、摩擦片、农机链条等
	ML20（Al）	制作六角螺钉、铆钉、螺栓、弹簧座、固定销等
表面硬化型	ML18Mn	制作螺钉、螺母、铰链、销、套圈等
	ML20Mn	制作螺栓、活塞销等
调质型	ML30	制作丝杠、拉杆、键等
	ML35	制作螺钉、螺母、轴销、垫圈、钩环等
	ML40	制作螺栓、轴销、链轮等
	ML45	制作螺栓、活塞销等
	ML15Mn	制作螺栓、螺母、螺钉等
	ML25Mn	制作螺栓、螺母、螺钉、钩环等
	ML40Cr	制作螺栓、螺母、螺钉等
	ML30CrMo	用于制造锅炉和汽轮机中工作温度低于 450℃ 的紧固件,工作温度低于 500℃ 的高压用螺母及法兰,通用机械中大载荷螺栓、螺柱等
	ML35CrMo	用于制造锅炉中在 480℃ 以下工作的螺栓,在 510℃ 以下工作的螺母,轧钢机的连杆、紧固件等
含硼调质型钢	ML20B	制作螺钉、铆钉、销子等
	ML30B	制作螺钉、铆钉、垫圈等
	ML35B	制作螺钉、铆钉、轴销等
	ML15MnB	制作较为重要的螺栓、螺母等
	ML20MnB	制作螺钉、螺母等
	ML35MnB	制作螺钉、螺母、螺栓等
	ML20MnTiB	用于制造汽车、拖拉机的重要螺栓
	ML15MnVB	用于制造高强度的重要螺栓,如汽车用气缸盖螺栓、半轴螺栓、连杆螺栓等
	ML20MnVB	用于制造汽车、拖拉机上的螺栓、螺母等

2.1.14 不锈钢和耐热钢

不锈钢是以不锈、耐蚀为主要特征,且铬含量至少为 10.5%、碳含量最大不超过 1.2% 的钢。耐热钢是在高温下具有较高的强度或良好的化学稳定性的钢。它们在使用范围上互有交叉,一些不锈钢兼具耐热钢特性,既可作为不锈钢使用,也可作为耐热钢使用。

(1) 分类

① 不锈钢 常按金相组织状态分为奥氏体型不锈钢、铁素体型不锈钢、奥氏体-铁素体（双相）型不锈钢、马氏体型不锈钢和沉淀硬化型不锈钢五大类。另外,也可按成分分为铬不锈钢、铬镍不锈钢和铬锰氮不锈钢等。

② 耐热钢 按性能可分为抗氧化钢和热强钢（在高温下具有良好的抗氧化性能并具有较高的高温强度）两类;按正火组织可分为奥氏体耐热钢、马氏体耐热钢、铁素体耐热钢及珠光体耐热钢等。

(2) 牌号

采用标准规定的合金元素符号＋数字：

用两（或三）位数字表示碳含量最佳控制值（以万分之几或十万分之几计）

* 对只规定碳含量上限者，当碳含量上限不大于 0.10％时，以其上限的 3/4 表示碳含量，否则以其上限的 4/5 表示碳含量

* 对超低碳不锈钢（碳含量不大于 0.030％），用三位数字表示碳含量最佳控制值（以十万分之几计）

* 对规定碳含量上、下限者，以平均碳含量×100 表示

含量表示方法同合金结构钢，但特意在钢中加入的 Nb、Ti、Zr、N 等合金元素，虽然含量很低，也应在牌号中标出（易切削不锈钢前冠以"Y"）

(3) 用途

① 不锈钢的用途　见图 2-16 和表 2-36。

(a) 食品输送流水线

(b) 耐蚀蒸发罐

图 2-16　不锈钢的用途举例

表 2-36　不锈钢的用途

类型	牌号	应用举例
奥氏体型	1Cr18Ni9Ti	使用最广泛,适用于食品、化工、医药、原子能工业
	0Cr25Ni20	炉用材料,汽车排气净化装置用材料
	1Cr18Ni9	经冷加工有高的强度,用于建筑装饰部件
	0Cr18Ni9	作为不锈耐热钢使用最广泛,用于食品用设备、一般化工设备、原子能工业
	00Cr19Ni10	用于抗晶间腐蚀性要求高的化学、煤炭、石油产业的野外露天机器、建材、耐热零件及热处理有困难的零件
	0Cr17Ni12Mo2	在海水和其他介质中,主要作为耐点蚀材料,用于照相、食品工业、沿海地区设施、绳索、螺栓、螺母
	00Cr17Ni14Mo2	为 0Cr17Ni12Mo2 的超低碳钢,用于对抗晶间腐蚀性有特别要求的产品
	1Cr18Ni12Mo2Ti 0Cr18Ni12Mo2Ti	用于抗硫酸、磷酸、甲酸、乙酸的设备,有良好的抗晶间腐蚀性
	0Cr18Ni10Ti	添加 Ti 提高抗晶间腐蚀性,制作在 400～900℃腐蚀条件下使用的部件、高温用焊接结构部件

类型	牌号	应用举例
奥氏体型	0Cr16Ni14	无磁不锈钢,制作电子元件
	1Cr20Ni14Si2	具有较高的高温强度及抗氧化性,对含硫气氛较敏感,适用于制作承受应力的各种炉子构件
	1Cr17Ni7	适用于高强度构件,火车、客车车厢用材料
奥氏体-铁素体型	00Cr18Ni5Mo3Si2	耐应力腐蚀破裂性能良好,具有较高的强度,适用于含氯离子的环境,用于炼油、造纸、石油、化工等工业,制造热交换器、冷凝器等
铁素体型	0Cr17(Ti)	用于洗衣机内桶冲压件,可作装饰用
	00Cr12Ti	用于汽车消声器管,可作装饰用
	0Cr13Al	从高温下冷却不产生显著硬化,常用于汽轮机叶片、退火箱、淬火台架等
	1Cr17	耐蚀性良好的通用钢种,用于建筑内装饰品、重油燃烧部件、家庭用具、家用电器部件
	0Cr13	制作要求韧性较高及承受冲击载荷的零件,如汽轮机叶片、结构架、螺栓、螺母等
马氏体型	1Cr13	具有良好的耐蚀性、机械加工性,用于石油精炼装置及螺栓、螺母、泵杆、餐具等
	2Cr13	淬火状态下硬度高,耐蚀性良好,用于汽轮机叶片、餐具

② 耐热钢的用途　见图 2-17 和表 2-37。

(a) 汽轮机叶片　　　　　　　　　　　　　(b) 燃烧器喷嘴

图 2-17　耐热钢的用途举例

表 2-37　耐热钢的用途

牌号	适用温度范围及其主要应用
00Cr12	抗氧化温度 600～700℃,用于高温、高压阀体,燃烧器
0Cr13Al	适用温度范围 700～800℃,用于汽轮机、压缩机叶片
1Cr17	在 900℃ 以下温度抗氧化,用于炉用高温部件、喷嘴
1Cr12	在 600～700℃ 温度范围内,具有一定的抗氧化性和较高的高温强度,可用于汽轮机叶片、喷嘴、锅炉燃烧器阀门的高温部件
1Cr13	抗氧化温度为 700～800℃,其用途与 1Cr12 相同
0Cr18Ni9 1Cr18Ni9Ti	抗氧化温度为 870℃ 以下,可用于锅炉受热面管子、加热炉零件、热交换器、马弗炉、转炉、喷嘴
0Cr18Ni10Ti 0Cr18Ni11Nb	在 400～900℃ 温度范围内,抗高温腐蚀氧化,可用于工作温度 850℃ 以下的管件
0Cr23Ni13	抗氧化温度可至 980℃,用于燃烧器火管、汽轮机叶片、加热炉体、甲烷变换装置、高温分离装置
0Cr25Ni20	抗氧化温度可至 1035℃,用于加热炉部件、工作温度 950℃ 以下的输气系统部件

牌号	适用温度范围及其主要应用
0Cr17Ni12Mo 20Cr19Ni13Mo2	抗氧化温度不低于870℃，用于工作温度600～750℃的化工、炼油设备的热交换器管子，炉用管件
0Cr17Ni7Al	工作温度550℃以下的高温承载部件

2.1.15　粉末冶金材料

粉末冶金材料，是以金属粉末作为主要原料（可加少量非金属粉末），经过成型和烧结制得的新材料或制品，具有组织均匀、无宏观偏析、孔隙度可控（多孔、半致密或全致密）、可一次成型等特性。所有的含油轴承和某些齿轮、凸轮、导杆、刀具（图2-18）等，都可以用这类材料制造。

(a) 含油轴承　　　　　　(b) 齿轮　　　　　　(c) 刀具

图2-18　粉末冶金制品

(1) 分类

① 按用途和特征，可分为九大类：结构材料类（F0）、摩擦材料类和减摩材料类（F1）、多孔材料类（F2）、工具材料类（F3）、难熔材料类（F4）、耐蚀材料和耐热材料类（F5）、电工材料类（F6）、磁性材料类（F7）、其他材料类（F8）。

② 各大类又分为若干小类。例如：结构材料类（F0）分为铁及铁基合金（F00）、碳素结构钢（F01）、合金结构钢（F02）、铜及铜合金（F06）、铝合金（F07）。F03、F04、F05、F08、F09为空位。

(2) 牌号

牌号表示方法：采用由汉语拼音字母和数字组成的五位符号体系。

示例："F00××"表示铁基合金结构材料。

2.1.16　硬质合金

硬质合金是以难熔的金属碳化物（碳化钨、碳化钛等）为基体，钴、镍等金属为黏结剂，用粉末冶金的方法制成的一种合金材料。

(1) 分类

可分为钨钴类、钨钴钛类和通用类（以碳化钽或碳化铌取代部分碳化钛）三类。

(2) 牌号和用途（见图 2-19 和表 2-38）

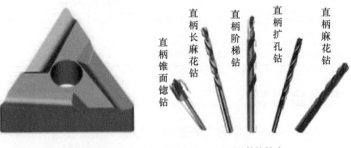

(a) 硬质合金刀片 　　　　　　　　(b) 整体钻头

图 2-19　硬质合金用途举例

表 2-38　常用硬质合金的用途

类别	牌号	应用举例
钨钴类	YG3X、YG6	制造精车铸铁和有色金属的刀片
	YG6X、YG6A	制造精车、半精车铸铁、耐热钢、高锰钢、淬火钢和有色金属的刀片
	YG8	制造精车铸铁和有色金属的刀片
	YG15	制造冲击工具
钨钴钛类	YT5、YT15	制造对碳钢、合金钢进行粗车、半精车、粗铣、钻孔、粗刨、半精刨的刀具
	YT30	制造精加工刀具
通用类	YW1、YW2	制造加工各种材料的刀具

2.1.17　耐磨钢

耐磨钢是为防止或减轻机械零件在运动中产生磨损，而生产的耐磨损性能强的钢铁材料。

机械零件在工作时难免产生摩擦磨损。为了节约金属材料，延长这些零件的寿命，必须使用适当的材料，确保钢材表面磨损不会导致零件损坏。例如铁路上的道岔，挖掘机的铲斗，拖拉机、坦克的履带板（图 2-20），以及各种碎石机颚板、衬板、磨板等。

(a) 铁路上的道岔　　　　　(b) 挖掘机的铲斗　　　　　(c) 坦克的履带板

图 2-20　耐磨钢应用实例

耐磨钢目前还没有形成专门钢种系列。在机械工程中，根据使用条件和工艺要求的不同，也常选用其他适当的钢种来作为耐磨钢使用。其主要有五类。

① 高锰钢　是指锰含量在 10% 以上的合金钢。这类钢锰含量为 10%～15%，碳含量较

高（一般为 0.90％～1.50％）。其熔点低（约为 1400℃），钢水流动性好，易于浇注成型，因此铸造性能较好。

高锰钢是典型的耐磨钢，铸态组织为奥氏体加碳化物，经 1000℃ 左右水淬处理后，组织转变为单一的奥氏体或奥氏体加少量碳化物，韧性反而提高。高锰钢最重要的特点是在强烈的冲击、挤压条件下，表层迅速发生加工硬化现象，使其在心部仍保持奥氏体良好的韧性和塑性的同时硬化层具有良好的耐磨性，为其他材料所不及。

在选矿、水泥、耐火材料、化肥、玻璃陶瓷等生产行业，破碎用球磨机上，有很多要求耐磨的零件，如球磨机衬板、齿板（图 2-21），都是用高锰钢制作的。

图 2-21　球磨机及其使用的衬板、齿板

② 低合金高强度钢　这类钢的碳含量较低，可焊性好，可通过正火或淬火＋回火，达到适当的硬度和一定的抵抗磨料磨损的能力，主要用于制造矿用载重车的翻斗、输矿槽（图 2-22）以及洗煤设备等。

(a) 载重车翻斗　　　　　　　　　　(b) 输矿槽

图 2-22　低合金高强度钢应用举例

③ 中碳钢和中碳合金钢　这类钢经热处理后具有高的强度和较好的耐磨性，可用于制造犁铧、松土器（图 2-23）以及推土机上的易磨损零件等。

(a) 犁铧　　　　　　　　　　(b) 松土器

图 2-23　犁铧和松土器

(a) 耙片   (b) 磨球

图 2-24　耙片和磨球

④ 高碳钢和合金工具钢　这类钢经热处理后可获得高的耐磨性，可用于制造受冲击载荷不大的零件，如耙片、球磨机的磨球（图 2-24）、收割机刀片、磨煤机磨辊等。

⑤ 中铬钢和高铬钢　这类钢中含有铬，耐腐蚀，因此适于制造在水中或在一定腐蚀条件下的耐磨料磨损的易损零件，如泥浆泵叶轮和水轮机叶轮（图 2-25）等。

(a) 泥浆泵叶轮   (b) 水轮机叶轮

图 2-25　泥浆泵叶轮和水轮机叶轮

虽然在我国，耐磨钢还没有形成一个独立的钢种，但已经生产了好几种耐磨钢材，如 NM360、NM400 等。

2.1.18　统一数字代号

为了便于钢铁及合金产品的设计、生产、使用、标准化和现代化计算机管理，我国于 1998 年就颁布了 GB/T 17616《钢铁及合金牌号统一数字代号体系》，主要按钢铁及合金的基本成分、特性和用途，同时照顾到我国现有的习惯分类方法以及各类产品牌号实际数量情况，对钢铁及合金进行分类和编组。由于各类钢铁及合金材料的发展和新型材料的出现，2013 年又对原版标准进行了一些必要的修改，两种表示方法同时有效。

(1) 表示方法

统一数字代号由固定的六位字符组成，左边首位用大写的拉丁字母作前缀，后接五位数字，字母和数字之间不留间隙。每一个统一数字代号只对应于一个产品牌号，其结构形式如下：

□	□	□□□□
大写拉丁字母，代表不同的钢铁及合金类型（一般不用"I"和"O"）	第 1 位数字，代表各类型钢铁及合金细分类	第 2～5 位数字，代表不同分类内的编组和同一编组内的不同牌号的区别顺序号（各类型材料编组不同）

(2) 类型、代号与主要包含种类

钢铁及合金材料的类型与统一数字代号见表 2-39。

表 2-39　钢铁及合金材料的类型与统一数字代号

类型	前缀＋代号	主要种类
铁合金和生铁	F××××	铁合金包括锰铁及合金(包括金属锰)、硅铁及合金、铬铁及合金、钒铁、钛铁、铌铁及合金、稀土铁合金、钼铁、钨铁及合金、硼铁、磷铁及合金等;生铁包括炼钢生铁、铸造生铁、球墨基体锰含量较高的铸造生铁、铸造用磷铜钛低合金耐磨生铁、脱碳低磷粒铁、低碳铸造生铁、合金生铁等
非合金钢	U××××	非合金结构钢、非合金铁道用钢、非合金易切削钢(不包括非合金工具钢、电磁纯铁、原料纯铁、焊接用非合金钢、非合金铸钢等)
低合金钢	L××××	低合金一般结构钢、低合金专用结构钢、低合金钢筋钢、低合金耐候钢等
合金结构钢	A××××	合金结构钢和合金弹簧钢(但不包括焊接用合金钢、合金铸钢、粉末冶金合金结构钢)
轴承钢	B××××	高碳铬轴承钢、渗碳轴承钢、高温轴承钢、不锈轴承钢、碳素轴承钢、无磁轴承钢、石墨轴承钢等
工模具钢	T××××	非合金工模具钢、合金工模具钢、高速工具钢(不包括粉末冶金工具钢)
不锈钢和耐热钢	S××××	铁素体型钢、奥氏体-铁素体型钢、奥氏体型钢、马氏体型钢、沉淀硬化型钢五个分类(不包括焊接用不锈钢、不锈钢铸件、耐热钢铸件、粉末冶金不锈钢和耐热钢等)
耐蚀合金和高温合金	H××××	变形耐蚀合金和变形高温合金(不包括铸造高温合金和铸造耐蚀合金、粉末冶金高温合金和耐蚀合金、焊接用高温合金和耐蚀合金、弥散强化高温合金、金属间化合物高温材料)
电工用钢和纯铁	E××××	电磁纯铁、冷轧无取向硅钢、冷轧取向硅钢、无磁钢等
铸铁、铸钢及铸造合金	C××××	铸铁、非合金铸钢、低合金铸钢、合金铸钢、不锈耐热铸钢、铸造永磁钢和合金、铸造高温合金和耐蚀合金等
粉末及粉末冶金材料	P××××	粉末冶金结构材料、摩擦材料和减摩材料、多孔材料、工具材料、难熔材料、耐蚀材料和耐热材料、电工材料、磁性材料、其他材料和铁、锰等金属粉末等
快淬金属及合金	Q××××	快淬软磁合金、快淬永磁合金、快淬弹性合金、快淬膨胀合金、快淬热双金属、快淬精密电阻合金、快淬焊接合金、快淬耐蚀耐热合金等
焊接用钢及合金	W××××	焊接用非合金钢、焊接用低合金钢、焊接用合金钢、焊接用不锈钢、焊接用高温合金和耐蚀合金、钎焊合金等
金属功能材料	J××××	软磁合金、变形永磁合金、弹性合金、膨胀合金、热双金属、电阻合金等(不包括电工用硅钢和纯铁、铸造永磁合金、粉末烧结磁性材料)
杂类材料	M××××	杂类非合金钢(原料纯铁、非合金钢球钢等)、杂类低合金钢、杂类合金钢(锻制轧辊用合金钢、钢轨用合金钢等)、冶金中间产品(五氧化二钒、钒渣、氧化钼等)、杂类铸铁产品用材料(灰铸铁管、球墨铸铁管、铸铁轧辊、铸铁焊丝、铸铁丸和铸铁砂等)、杂类非合金铸钢产品用材料(一般非合金铸钢、含锰非合金铸钢、非合金铸钢丸等)、杂类合金铸钢产品用材料(合金钢、半钢、石墨钢、高铬钢、高速钢、半高速钢)等

2.2　有色金属材料

有色金属是指除铁、锰、铬和铁基合金以外的所有的金属及其合金,是国民经济、人民日常生活及国防工业、科学技术发展必不可少的基础材料和重要的战略物资。

(1) 有色金属分类

① 按特征　可分为轻金属 (如铝、镁、钠等)、重金属 (如铜、铅、锌等)、贵金属

（如金、银、铂等）、稀有金属（如钨、钼、锂、铀等）、半金属（性质介于金属和非金属之间，如硅、硒、碲、砷、硼等）五类。

② 按用途　可分为变形合金（压力加工用合金）、铸造合金、轴承合金、印刷合金、硬质合金、焊料、中间合金、金属粉末等。

（2）牌号表示方法

牌号表示方法见表 2-40。

表 2-40　有色金属的牌号表示方法

名称		牌号		名称		牌号	
纯金属 冶炼 产品	铜	Cu-1	1# 铜	合金加 工产品	镍合金	NMn3	3 镍锰合金
	铝	Al99.5	1# 铝			NCr10	10 镍铬合金
	镍	Ni-01	特号镍		铝合金	LF2、LF6	2#、6# 防锈铝
纯金属 加工 产品	铜	T1、T2	1#、2# 铜		钛合金	TC1	1# α+β 型钛合金
	铝	L1、L2	1#、2# 工业纯铝		其他 合金	PbSb2	2 铅锑合金
	镍	N2、N4	2#、4# 纯镍			CuSi25	25 铜硅中间合金
	锌	Zn1、Zn2	1#、2# 锌	铸造 合金	铸铜 合金	ZQSn6-6-3	6-6-3 铸造合金
	钛	TA1	1# 工业纯钛			ZQAl9-4	9-4 铸铝青铜
合金加 工产品	青铜	QSn4-3	4-3 锡青铜			ZHPb59-1	59-1 铸造黄铜
		QAl9-4	9-4 铝青铜		铸铝 合金	ZL101	101# 铸铝
	黄铜	H62	62 黄铜			ZL202	202# 铸铝
		H68	68 黄铜			ZL301	301# 铸铝
		HPb59-1	59-1 铅黄铜	专用 合金	轴承 合金	ZChSn1	1# 锡基轴承合金
		HFe58-1-1	58-1-1 铁黄铜			ZChSn3	3# 锡基轴承合金
	白铜	B19	19 白铜			ZChPb4	4# 铅基轴承合金
		BMn3-12	3-12 锰白铜		焊接 合金	HlSnPb50	50 锡铅焊料
		BZn15-20	15-20 锌白铜			DHlAgCu50	50 铜焊料

铝、铜、镍、镁、钛、铅、锌及其合金是常用的材料，下面分别予以介绍。

2.2.1　铝及铝合金

（1）分类

铝材可以分成纯铝和铝合金两大类。

① 纯铝　是一种具有银白色金属光泽的金属，其密度为 $2.7g/cm^3$（约为铁的 35%）；熔点为 660.4℃，沸点为 2467℃；耐蚀性好，成形性好；强度范围大，表面处理方法多，导热、导电性好；无毒、无磁。纯铝产品有板、箔和锭等多种形式（图 2-26）。

(a) 纯铝板　　　　　(b) 纯铝箔　　　　　(c) 纯铝锭

图 2-26　几种纯铝产品

② 铝合金　是工业中应用最广泛的一类有色金属结构材料，在航空、航天、汽车、机

械制造、船舶及化学工业中都得到大量应用。

　　根据铝合金的成分及加工方法，可将铝合金分为变形铝合金（图 2-27）和铸造铝合金（包括铝硅合金、铝铜合金、铝镁合金、铝锌合金和铝稀土合金）两大类。

图 2-27　变形铝合金型材举例

　　变形铝合金是铝与铜、锰、硅、镁、锌、铁、镍等合金元素组成的铝合金，具有较高的强度，能用于制作承受载荷的机械零件；铸造铝合金是用金属铸造（模铸、压铸）成型工艺直接获得零件的铝合金，一般用于制造形状较复杂的零件。

（2）牌号

　　① 变形铝及铝合金　用四位数字表示（表 2-41）：

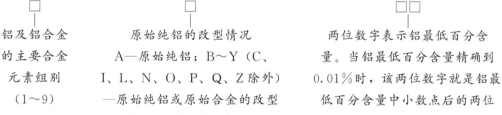

铝及铝合金
的主要合金
元素组别
（1～9）

原始纯铝的改型情况
A—原始纯铝；B～Y（C、
I、L、N、O、P、Q、Z 除外）
—原始纯铝或原始合金的改型

两位数字表示铝最低百分含
量。当铝最低百分含量精确到
0.01% 时，该两位数字就是铝最
低百分含量中小数点后的两位

表 2-41　变形铝合金牌号的四位数字体系表示法

类别	型别	四位数字体系
变形铝合金	非热处理型	纯铝—1×××，如 1000 Al-Cu 系合金—2×××，如 2024 合金 Al-Mn 系合金—3×××，如 3004 合金 Al-Si 系合金—4×××，如 4043 合金 Al-Mg 系合金—5×××，如 5083 合金
	热处理型	Al-Mg-Si 系合金—6×××，如 6063 合金 Al-Zn-Mg-Cu 系合金—7×××，如 7075 合金
	热或非热处理型	Al-其他合金—8×××，如 8089 合金 备用合金组—9×××

　　② 铸造纯铝　表示方法：铸造代号＋铝元素符号＋铝的名义含量。例如：ZAl99.5。

　　③ 铸造铝合金　表示方法：

ZL
铸造
铝合金

合金系列
1—铝硅系列；2—铝铜系列；
3—铝镁系列；4—铝锌系列

合金
顺序号

（A）
优质

　　④ 铸造铝合金锭　牌号采用三位数字（或三位数字加一位字母）加小数点再加数字的形式表示：

合金组别	合金	类型标	小数点	改型
（表2-42）	顺序号	识代号		序号

表 2-42　铸造铝合金锭的牌号系列

牌号系列	主要合金元素	牌号系列	主要合金元素
2××.×	铜	7××.×	锌
3××.×	硅、铜/镁	8××.×	钛
4××.×	硅	9××.×	其他元素
5××.×	镁	6××.×	备用组

（3）用途

① 变形铝合金　见表 2-43。

表 2-43　常用变形铝合金的牌号和用途

类别	牌号	应用举例
防锈铝合金	5A02	在液体中工作的中等温度的焊接件、冷冲压件、容器、骨架零件等
	5A05、5A11	中载零件、铆钉、焊接油箱、油管等
	3A21	要求高可塑性和良好焊接性、在气体和液体介质中工作的低载荷零件
	5A21	管道、容器、铆钉、轻载零件等
硬铝合金	2A01	中等强度、工作温度不超过 100℃的铆钉等
	2A11	中等强度构件和零件，如骨架、螺旋桨叶片、铆钉等
	2A12	高强度构件及 150℃以下工作的零件，如骨架、梁、铆钉等
	2B11	作为铆钉材料
超硬铝合金	7A04	结构中主要受力构件及高载荷零件，如飞机大梁、桁架、加强框、起落架等
	7A06	
锻造铝合金	2A50	形状复杂和中等强度锻件及模锻件
	2A70	高温下工作的复杂锻件和结构件、内燃机活塞等
	2A14	承受高载荷、形状简单的锻件和模锻件

② 铸造铝合金　见表 2-44。

（4）热处理方法

根据 GB/T 25745—2010，常用铸造铝合金的热处理方法见表 2-45。

表 2-44　常用铸造铝合金的牌号和用途

类别	牌号	应用举例
铝硅合金	ZL101	热处理后力学性能较高，可制作工作温度低于 150℃，承受动载和静载的气缸体、气缸盖、泵壳体、齿轮箱
	ZL102	共晶成分，铸造性能最好，用于薄壁、形状复杂、强度要求不高的铸件和压铸件，如各种仪表的壳体、发动机活塞等
	ZL104	可制作承受较大载荷而形状复杂的大型铸件，如气缸体、气缸盖、曲轴箱、增压器壳体、航空发动机压缩机匣、承力框架等
	ZL105	可制作在 225℃以下工作的发动机气缸盖、机匣和液压泵壳体

类别	牌号	应 用 举 例
铝硅合金	ZL107	用于承受中等载荷和工作温度低于250℃的零件,如汽化器零件、电气设备外壳、砂箱模具等。铸态力学性能较高,适于作压铸合金
	ZL111	力学性能较高,铸造性能、切削性能和焊补性能良好,用于高压下工作的大型零件,如气缸体、压铸水泵叶轮、大型军工件壳体
铝铜合金	ZL201	力学性能很高,可制作承受大的动载荷和静载荷及在低于300℃温度下工作的零件,用途很广
	ZL202	用于形状简单,对表面粗糙度要求较高的中等载荷零件
铝镁合金	ZL303	用于在大气和海水中承受大冲击载荷的零件,如雷达底座、发动机机闸、螺旋桨、起落架、船用舷窗等
铝锌合金	ZL401	在铸铝中比例大。用于制作在低于200℃的温度下工作的零件,如模具、型板和某些支架

表 2-45 常用铸造铝合金的热处理方法

热处理方法	代号	目 的
铸造后直接人工时效	T1	改善切削加工性,降低工件表面粗糙度值
退火	T2	消除铸造应力,稳定尺寸,提高铸件塑性
淬火+自然时效	T4	提高铸件强度与耐蚀性
淬火+不完全人工时效	T5	铸件部分强化,保持较好的塑性
淬火+人工时效	T6	达到最高强度、最大硬度
淬火+稳定化回火	T7	保证铸件在工作温度下,保持组织稳定性和尺寸稳定性
淬火+软化回火	T8	降低铸件硬度,提高铸件塑性
冷热循环处理	T9	充分消除高精度铸件的内应力及稳定尺寸

2.2.2 铜及铜合金

铜及铜合金具有优良的导电、导热、耐腐蚀性能和良好的成形性能,在电气、化工、机械、动力、交通等工业部门得到广泛的应用。

按其化学成分和颜色的不同,可分为工业纯铜(紫铜)和铜合金(黄铜、青铜和白铜);按其制造方法不同,可分为变形铜及其合金、铸造铜及其合金。

(1) 工业纯铜

工业纯铜(紫铜)呈紫红色,纯度高于99.70%,密度为8.96g/cm³,熔点为1083℃,具有极好的导电性(仅次于银)、导热性、延展性和耐蚀性,以及良好的低温性能。

① 分类 可分为纯铜、无氧铜、阴极铜、银铜等。

② 牌号 由字母和数字两部分组成:

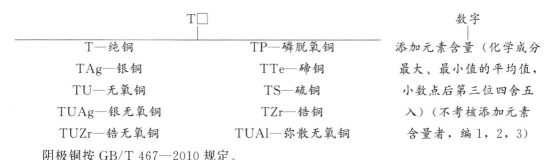

阴极铜按 GB/T 467—2010 规定。

③ 用途　见图 2-28 和表 2-46。

(a) 电气开关　　　　　(b) 裸线　　　　　　(c) 铜排

图 2-28　工业纯铜的用途举例

表 2-46　工业纯铜产品的用途

类别	牌号	应用举例
纯铜	T1、T2	用于制造电线、电缆、导电螺钉、爆破用雷管、化工用蒸发器和各种管道等
	T3	主要用作一般材料，如用于电气开关、垫片、油管、铆钉等
无氧铜	TU1、TU2	主要用于制造电真空器件
磷脱氧铜	TP1、TP2	多以管材供应，主要用于汽油管道、气体管道、排水管、冷凝器、热交换器等
银铜	TAg0.1	用于耐热、导电器件，如微电机整流子片、发电机转子用导体、电子管材料等
阴极铜	Cu-CATH-X	用电解法生产，通常供重熔用，质量极高，可以用来制作电气产品

(2) 铜合金

由于纯铜的力学性能不高，故在机械、结构零件中都使用铜合金。它是在纯铜基体中加入一种或几种其他元素所构成的合金，其导电、导热性好，对大气和水的抗蚀能力高；塑性好，容易成形；具有优良的减摩性和耐磨性（如青铜及部分黄铜），高的弹性极限和疲劳极限（如铍青铜等）。铜还是抗磁性物质。

① 分类　通常有以下三种方法。

a. 按合金系分，可分为黄铜（加入 Zn）、青铜（加入 Sn、Al、Si 等）和白铜（加入 Ni）。

b. 按功能分，可分为导电导热用、结构用、耐蚀用、耐磨用、易切削和弹性等铜合金。

c. 按材料形成方法分，可分为铸造铜合金和变形铜合金（许多铜合金既可以用于铸造，又可以用于变形加工）。

② 牌号和用途　黄铜与青铜的牌号和用途分别见表 2-47 和表 2-48。

表 2-47　常用黄铜的用途

类别	牌号	应用举例
普通黄铜	H95	用于导管、冷凝管、散热器管、散热片及导电零件等
	H90	用于供排水管、双金属片及工艺品等
	H85	用于冷凝和散热用管、虹吸管、蛇形管、冷却设备制件等
	H80	用于薄壁管、造纸网、皱纹管和房屋建筑装饰用品等
	H75	用于低载荷耐蚀弹簧
	H70 H68	用于复杂冷冲件和深冲件，如子弹壳、散热器外壳、波纹管、机械和电气零件等

类别	牌号	应 用 举 例
普通黄铜	H65	用于小五金、日用品、小弹簧、螺钉、铆钉和机械零件
	H63	用于螺钉、酸洗用的圆辊等
	H62	用于各种深冲和弯折制造的受力零件,如铆钉、垫圈、螺钉、螺母、导管、气压表弹簧、筛网、散热器零件、小五金等
	H59	用于一般机器零件、焊接件、热冲及热轧零件
铅黄铜	HPb63-3	用于切削加工要求极高的钟表零件及汽车、拖拉机零件
	HPb61-1	用于自动切削的一般结构零件
	HPb59-1	用于热冲压及切削加工零件,如螺钉、螺母、销子、垫圈、垫片、衬套、喷嘴等
锡黄铜	HSn90-1	用于汽车、拖拉机的弹性套管及其他耐蚀减摩零件
	HSn70-1	用于海轮上的耐蚀零件(如冷凝管),如与海水、蒸汽、油类接触的导管,热工设备零件
	HSn62-1	用于与海水或汽油接触的船舶铜套或其他零件
	HSn60-1	用于船舶焊接结构用的焊条
铝黄铜	HAl67-2.5	用于船舶一般结构件
	HAl60-1-1	用于齿轮、涡轮、衬套及耐蚀零件
	HAl59-3-2	用于船舶、电动机及在常温下工作的高强度、耐蚀结构件
锰黄铜	HMn58-2	应用较广,如船舶零件、精密电器
	HMn57-3-1	用于耐蚀结构件、弱电用的零件
	HMn55-3-1	
铁黄铜	HFe59-1-1	用于受海水腐蚀的结构件,如垫圈、衬套等
	HFe58-1-1	用于热压和高速切削件
硅黄铜	HSi80-3	用于船舶零件、蒸汽管和水管配件等

表 2-48　常用青铜的用途

类别	牌号	应 用 举 例
锡青铜	QSn4-3	用于弹簧及其他弹性元件,化工设备上的耐蚀零件以及耐磨零件(如衬套、圆盘、轴承等)和抗磁零件,如造纸工业用的刮刀
	QSn6.5-0.1	用于弹簧、导电性好的弹簧接触片,精密仪器中的耐磨零件和抗磁零件,如齿轮、电刷盒、振动片、接触器
	QSn6.5-0.4	用于电线、电缆、导电螺钉、化工用蒸发器、垫圈、铆钉、管嘴、金属网、耐磨及弹性元件
	QSn7-0.2	用于耐磨零件,如轴承、电气零件等
铝青铜	QAl5 QAl7	用于弹簧和其他要求耐蚀的弹性元件,齿轮、摩擦轮、蜗轮蜗杆传动结构等,可作为 QSn6.5-0.4、QSn4-3 和 QSn4-4-4 的代用品
	QAl9-2	用于高强度耐蚀零件以及在250℃以下蒸汽介质中工作的管配件和海轮上零件
	QAl9-4	用于在高负荷下工作的耐磨、耐蚀零件,如轴承、轴套、齿轮、蜗轮、阀座等,也用于双金属耐磨零件
	QAl10-4-4	用于高强度的耐磨零件和高温下(400℃)工作的零件,如衬套、轴套、齿轮、球形座、螺母、法兰盘、滑座等,以及其他各种重要的耐蚀、耐磨零件
	QAl10-3-1.5	用于高温下工作的耐磨零件和各种标准件,如齿轮、轴承衬套、圆盘、导向摇臂、飞轮、固定螺母等。可代替高锡青铜制作重要机件
	QAl11-6-6	用于高强度耐磨零件和500℃下工作的高温耐蚀、耐磨零件

类别	牌号	应用举例
硅青铜	QSi1-3	用于在300℃以下润滑不良、单位压力不大的工作条件下的摩擦零件(如发动机排气门和进气门的导向套)以及在腐蚀介质中工作的结构零件
	QSi3-1	用于在腐蚀介质中工作的各种零件,如弹簧以及蜗杆、蜗轮、齿轮、轴套、制动销和杆类耐磨零件;也可用于制作焊接结构中的零件,可代替重要的锡青铜,甚至铍青铜
	QSi3.5-3-1.5	用于高温下工作的轴套材料
锰青铜	QMn1.5 QMn5	用于蒸汽机零件和锅炉的各种管接头、蒸汽阀门等高温耐蚀零件

(3) 铸造铜及铜合金

① 分类　按铸造方法,可分为砂型铸造 (S)、金属型铸造 (J)、连续铸造 (La)、离心铸造 (Li) 和熔模铸造 (R) 五种。

② 牌号

合金化学元素含量小于1%时,一般不标注;优质合金在牌号后面标注大写字母"A"。例如:ZCuSn3Zn8Pb6Ni1。

③ 用途　铸造铜及铜合金的用途见表2-49。

表 2-49　铸造铜及铜合金的用途

类别	牌号	应用举例
铸造纯铜	ZCu99	在黑色金属冶炼中用于高炉风口、渣口小套,冷却板、壁;电炉炼钢用氧枪喷头、电极夹持器、熔沟;在非铁金属冶炼中用于闪速炉冷却件;大型电机中用于屏蔽罩、导电连接件等
铸造锡青铜	ZCuSn3Zn8Pb6Ni1	用于各种液体燃料以及海水、淡水和蒸汽(≤225℃)中工作的零件,压力≤2.5MPa的阀门和管配件
	ZCuSn3Zn11Pb4	用于海水、淡水、蒸汽中,压力≤2.5MPa的管配件
	ZCuSn5Pb5Zn5	用于在较高负荷、中等滑动速度下工作的耐磨、耐蚀零件,如轴瓦、衬套、缸套、活塞离合器、泵件压盖以及蜗轮等
	ZCuSn10P1	用于高负荷(≤20MPa)和高滑动速度(8m/s)下工作的耐磨零件,如连杆、衬套、轴瓦、齿轮、蜗轮等
	ZCuSn10Pb5	用于结构材料,耐蚀、耐酸的配件以及破碎机衬套、轴瓦
	ZCuSn10Zn2	用于在中等及较高负荷和小滑动速度下工作的重要管配件,以及阀、旋塞、泵体、齿轮、叶轮和涡轮等
铸造铅青铜	ZCuPb9Sn5	用于轴承和轴套,汽车用衬管轴承
	ZCuPb10Sn10	用于表面压力高、有侧压的滑动轴承,如轧辊、车辆用轴承、负荷峰值60MPa的受冲击零件,最高峰值达100MPa的内燃机双金属轴瓦、活塞销套、摩擦片等
	ZCuPb15Sn8	用于表面压力高、有侧压的轴承,可用来制造冷轧机的铜冷却管,承受冲击载荷达50MPa的零件,内燃机的双金属轴瓦,最大负荷达70MPa的活塞销套,耐酸配件

类别	牌号	应 用 举 例
铸造铅青铜	ZCuPb17Sn4Zn4	用于一般耐磨件、高滑动速度的轴承等
	ZCuPb20Sn5	用于高滑动速度的轴承,破碎机、水泵、冷轧机轴承,负荷达40MPa的零件,耐蚀零件,双金属轴承,负荷达70MPa的活塞销套
	ZCuPb30	用于要求高滑动速度的双金属轴承、减摩零件等
铸造铝青铜	ZCuAl8Mn13Fe3	用于制造重型机械用轴套,以及要求强度高、耐磨、耐压的零件,如衬套、法兰、阀体、泵体等
	ZCuAl8Mn13Fe3Ni2	用于要求强度高、耐腐蚀的重要铸件,如船舶螺旋桨、高压阀体、泵体,以及耐压、耐磨零件,如蜗轮、齿轮、法兰、衬套等
	ZCuAl8Mn14Fe3Ni2	用于要求强度高、耐蚀性好的重要铸件,是制造各类船舶螺旋桨的主要材料之一
	ZCuAl9Mn2	用于耐蚀、耐磨零件,形状简单的大型铸件,如衬套、齿轮、蜗轮;以及在250℃以下工作的管配件和要求气密性高的铸件,如增压器内气封
	ZCuAl8Be1Co1	用于要求强度高、耐腐蚀、耐空蚀的重要铸件,主要用于制造小型快艇螺旋桨
	ZCuAl9Fe4Ni4Mn2	用于要求强度高、耐蚀性好的重要铸件,是制造船舶螺旋桨的主要材料之一,也可用于耐磨和在400℃以下工作的零件,如轴承、齿轮、蜗轮、螺母、法兰、阀体、导向套筒
	ZCuAl10Fe4Ni4	用于高温耐蚀零件,如齿轮、球形座、法兰、阀导管及航空发动机的阀座;耐蚀零件,如轴瓦、蜗杆、酸洗吊钩及酸洗筐、搅拌器等
	ZCuAl10Fe3	用于要求强度高、耐磨、耐蚀的重型铸件,如轴套、螺母、蜗轮以及在250℃以下工作的管配件
	ZCuAl10Fe3Mn2	用于要求强度高、耐磨、耐蚀的零件,如齿轮、轴承、衬套、管嘴、耐热管配件等
铸造黄铜	ZCuZn38	用于一般结构件和耐蚀零件,如法兰、阀座、支架、手柄和螺母等
	ZCuZn21Al5Fe2Mn2	用于高强度、耐磨零件,小型船舶螺旋桨
	ZCuZn25Al6Fe3Mn3	用于高强度、耐磨零件,如桥梁支承板、螺母、螺杆、耐磨板、滑块和蜗轮等
	ZCuZn26Al4Fe3Mn3	用于要求强度高、耐腐蚀的零件
	ZCuZn31Al2	用于压力铸造,如电机、仪表等压力铸件,以及造船和机械制造业的耐蚀零件
	ZCuZn35Al2Mn2Fe1	用于管配件和要求不高的耐磨件
	ZCuZn38Mn2Pb2	用于一般用途的结构件,船舶、仪表等使用的外形简单的铸件,如套筒、衬套、轴瓦、滑块等
	ZCuZn40Mn2	用于在空气、淡水、海水、蒸汽(<300℃)和各种液体燃料中工作的零件和阀体、阀杆、泵、管接头,以及需要浇注巴氏合金和镀锡的零件等
	ZCuZn40Mn3Fe1	用于耐海水腐蚀的零件、在300℃以下工作的管配件,制造船舶螺旋桨等大型铸件
	ZCuZn33Pb2	用于煤气和给水设备的壳体,精密仪器和光学仪器的部分构件和配件等
	ZCuZn40Pb2	用于一般用途的耐磨、耐蚀零件,如轴套、齿轮等
	ZCuZn16Si4	用于海水中工作的管配件,如水泵、叶轮、旋塞,以及在空气、淡水、油、燃料中和工作压力1.5MPa、工作温度250℃以下蒸汽中工作的铸件
铸造白铜	ZCuNi10Fe1Mn1	用于耐海水腐蚀的结构件和压力设备,海水泵、阀和配件
	ZCuNi30Fe1Mn1	用于耐海水腐蚀的阀、泵体、凸轮和弯管等

2.2.3 镍及镍合金

镍合金一般按照其主要合金元素组成进行分类,其大量用于化工设备零部件。

(1) 牌号
表示方法:

N—纯镍或镍合金　　主添加元素符号　　纯镍用序号　　添加元素（百分含量）
NY—阳极镍　　　　　　　　　　　主添加元素用百分含量表示　　多个添加元素时,中间加"-"

镍及镍合金的牌号举例见表2-50。

表 2-50　镍及镍合金的牌号举例

组别	金属或合金牌号		组别	金属或合金牌号	
	名称	牌号		名称	牌号
纯镍	4# 镍	N4	镍铜合金	28-2-1 镍铜合金	NCu28-2-1
阳极镍	1# 阳极镍	NY1	镍铬合金	10 镍铬合金	NCr10
镍硅合金	0.19 镍硅合金	NSi0.19	镍钴合金	17-2-2 镍钴合金	NCo17-2-2
镍镁合金	0.1 镍镁合金	NMg0.1	镍铝合金	3-1.5-1 镍铝合金	NAl3-1.5-1
镍锰合金	2-2-1 镍锰合金	NMn2-2-1	镍钨合金	4-0.2 镍钨合金	NW4-0.2

(2) 用途
镍及镍合金的用途见表2-51。

表 2-51　镍及镍合金的用途

组别	牌号	应用举例
纯镍	N2、N4 N6、N8	用于机械及化工设备耐蚀结构件、电子管和无线电设备零件、医疗器械及食品工业器皿等
	DV	用于电子管阴极芯和其他零件
阳极镍	NY1	用于 pH 值小、不易钝化的场合
	NY2	用于 pH 值范围大、电镀形状复杂的场合
	NY3	用于一般的电镀场合
镍锰合金	NMn3、NMn5	用于内燃机火花塞电极、电阻灯泡灯丝和电子管的栅极等
镍铜合金	NCu40-2-1	用作抗磁性材料
	NCu28-2.5-1.5	用于高强度、耐腐蚀零件,如高压充油电缆、供油槽、加热设备和医疗器械等
电子用镍合金	NMg0.1 NSi0.19	主要用于生产中、短寿命无线电真空管氧化物阴极芯
	NW4-0.15	主要用于制作高寿命、高性能的无线电真空管氧化物阴极芯等
热电合金	NSi3	用作热电偶负极材料
	NCr10	用作热电偶正极和高电阻仪器材料

2.2.4 镁及镁合金

(1) 特点
镁最显著的特点是质量小(密度为 1.738g/cm^3,约为钢的 2/9),且比强度、比刚度高，减振性能好，抗辐射能力强，资源十分丰富（约占地壳质量的 2%，海水质量的 0.14%）。但是由于镁的晶体结构为密排六方，塑性加工困难，氧化膜（MgO）不致密，耐蚀性能差，产品成本高，所以至今主要应用于铸造产品。

（2）牌号

① 纯镁　以 Mg 加数字的形式表示，Mg 后的数字表示 Mg 的百分含量。例如：Mg99.95，Mg99.50，Mg99.00。

② 镁合金　以英文字母＋数字＋英文字母的形式表示。

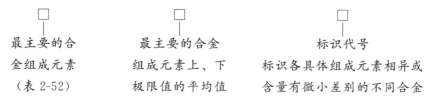

最主要的合	最主要的合金	标识代号
金组成元素	组成元素上、下	标识各具体组成元素相异或
（表 2-52）	极限值的平均值	含量有微小差别的不同合金

表 2-52　镁合金中最主要的合金组成元素

代号	名称	代号	名称	代号	名称	代号	名称
A	铝（Al）	G	钙（Ca）	N	镍（Ni）	V	钆（Gd）
B	铋（Bi）	H	钍（Th）	P	铅（Pb）	W	钇（Y）
C	铜（Cu）	J	锶（Sr）	Q	银（Ag）	Y	锑（Sb）
D	镉（Cd）	K	锆（Zr）	R	铬（Cr）	Z	锌（Zn）
E	稀土（RE）	L	锂（Li）	S	硅（Si）		
F	铁（Fe）	M	锰（Mn）	T	锡（Sn）		

例如：AZ41M 中，A 指 Al，Z 指 Zn，4 指 Al 的含量大致为 4%，1 指 Zn 的含量大致为 1%，M 为标识代号。

③ 铸造镁合金　例如：ZMgZn4RE1Zr。

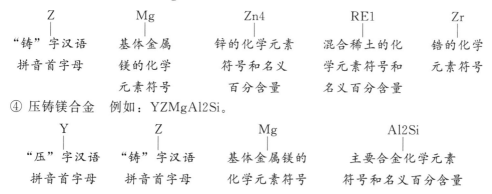

Z	Mg	Zn4	RE1	Zr
"铸"字汉语	基体金属	锌的化学元素	混合稀土的化	锆的化学
拼音首字母	镁的化学	符号和名义	学元素符号和	元素符号
	元素符号	百分含量	名义百分含量	

④ 压铸镁合金　例如：YZMgAl2Si。

Y	Z	Mg	Al2Si
"压"字汉语	"铸"字汉语	基体金属镁的	主要合金化学元素
拼音首字母	拼音首字母	化学元素符号	符号和名义百分含量

2.2.5　钛及钛合金

钛是一种强度高、耐蚀性好、耐热性好的结构金属，主要用于飞机发动机压气机部件，也用于火箭、导弹和高速飞机的骨架、蒙皮。其密度为 $4.5g/cm^3$。

（1）分类

按是否含有其他元素，分为纯钛（TA0～TA4，另有 TA5～TA34 为 α 型和近 α 型）和钛合金（TB2～TB17 为 β 型和近 β 型，TC1～TC4、TC6、TC8～TC32 为 α-β 型）。

按材料形成方法，可分为铸造钛合金和变形钛合金。

(2) 牌号

① 钛及钛合金

② 铸造钛合金　例如：ZTiMo0.3Ni0.8。

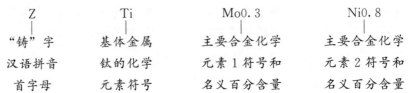

2.2.6　铅及铅合金

铅及铅合金熔点低，密度大，柔软可锻铸，耐蚀，防 X 射线和 γ 射线，有毒。

(1) 牌号

① 纯铅　在铅含量前冠以"Pb"，如 Pb99.90。

② 铅合金　按硬度高低分成三类，以铅锑合金为例。

a. 铅锑合金（PbSb0.5，PbSb1，PbSb2，PbSb4，PbSb6，PbSb8）。

b. 硬铅锑合金（PbSb1-0.1-0.05，PbSb2-0.1-0.05，PbSb3-0.1-0.05）。

c. 特硬铅锑合金（PbSb4-0.1-0.05，PbSb5-0.1-0.05，PbSb6-0.1-0.05，PbSb7-0.1-0.05，PbSb8-0.1-0.05，PbSb4-0.2-0.5，PbSb6-0.2-0.5，PbSb8-0.2-0.5）。

(2) 用途

广泛用于化工、电缆、蓄电池和放射性防护等工业部门。

2.2.7　锌及锌合金

金属锌熔点低，为第四种常见的金属（仅次于铁、铝和铜），防腐性能好，有极好的超塑性能和超高强度，且相对便宜，得到广泛应用。

(1) 牌号

① 纯锌　在锌含量前冠以"Zn"，如 Zn99.95。

② 铸造锌合金

a. 牌号　例如 ZZnAl6Cu1。

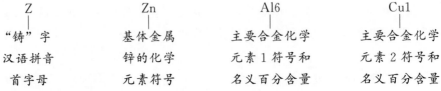

b. 代号　由字母"ZA"（锌、铝化学元素符号的首字母）及其后的数字组成。ZA 后面

的第一位或第一、二位数字代表锌的平均百分含量的修约化整数值，铜的平均百分含量修约化整数值放在代号末尾，数字之间用"-"隔开。

例1：牌号 ZZnAl4Cu1Mg 的合金代号为 ZA4-1（表2-53）。

例2：牌号 ZZnAl27Cu2Mg 的合金代号为 ZA27-2（当合金中铜的平均百分含量修约化整数值只有一种2%时，可简写成 ZA27）。

表2-53 铸造锌合金牌号和代号对照

牌　号	代号	牌　号	代号
ZZnAl4Cu1Mg	ZA4-1	ZZnAl9Cu2Mg	ZA9-2
ZZnAl4Cu3Mg	ZA4-3	ZZnAl11Cu1Mg	ZA11-1
ZZnAl6Cu1	ZA6-1	ZZnAl11Cu5Mg	ZA11-5
ZZnAl8Cu1Mg	ZA8-1	ZZnAl27Cu2Mg	ZA27-2

③ 压铸锌合金

a. 牌号　在合金牌号前面冠以字母"Y"，其余同铸造锌合金牌号。

b. 代号　由字母"YX"（"压""锌"两字汉语拼音的首字母）表示压铸锌合金。合金代号后面由三位数字及一位字母组成。"YX"后面前两位数字表示合金中化学元素铝的名义百分含量，第三个数字表示合金中化学元素铜的名义百分含量，末位字母用以区别成分略有不同的合金，见表2-54。

表2-54 压铸锌合金牌号和代号对照

牌号	代号	牌号	代号
YZZnAl4A	YX040A	YZZnAl8Cu1	YX081
YZZnAl4B	YX040B	YZZnAl11Cu1	YX111
YZZnAl4Cu1	YX041	YZZnAl27Cu2	YX272
YZZnAl4Cu3	YX043		

(2) 用途

锌及锌合金（锌含量大于50%）主要用于防护性镀层，保护钢铁件，特别是防止大气腐蚀，并用于装饰；也可用于各种机械的耐磨材料（如轴瓦）和青铜替代材料。Zn99.95 用于电镀用锌阳极板等。

第3章
金属材料性能

1. 金属材料的性能表现在哪几个方面？

2. 什么是应力？什么是应变？

3. 金属力学性能和工艺性能指标有哪些？

4. 如何在应力-应变图上找出缩颈点和断裂点？

5. 布氏硬度、洛氏硬度和维氏硬度是如何测定的？各应用在什么场合？

6. 疲劳破坏是怎样形成的？如何提高疲劳强度？

金属材料的性能，包括物理性能、力学性能、化学性能和工艺性能等，下面分别予以介绍。

3.1 物理性能

物理性能是从物理学的角度，阐述物体本身直观性质的参数，包括色泽、密度、热膨胀系数、比热容、热导率、电阻率和磁导率等。

3.1.1 色泽

金属材料的颜色，是阳光照射到其表面时，一部分波长的光被它吸收，而另一部分波长的光被它反射出来，被人的眼睛接收后得到的。被反射的光波波长是多少，人们肉眼见到的就是它所对应的颜色（图 3-1，表 3-1）。

图 3-1　视觉得到的色彩

表 3-1　光波波长和颜色的关系

波长/nm	颜色	波长/nm	颜色
625～780	红色	485～500	青色
590～625	橙色	440～485	蓝色
565～590	黄色	380～440	紫色
500～565	绿色		

绝大多数块状金属未被氧化时的光泽，一般都是银白色（只有金呈黄色、铜呈赤红、铯呈浅黄、铋呈淡红、铅呈淡蓝是例外）。而金属为粉末状态时，大部分金属都呈灰色或黑色（只有镁、铝金属粉末呈银白色）。

3.1.2 密度

密度是物质单位体积的质量，常用单位是 g/cm^3 或 kg/m^3（水在 4℃ 时的密度为 $1g/cm^3$）。根据密度的大小，可将金属分为轻金属（密度小于 $4.5g/cm^3$，如 Al、Mg 及其合金）和重金属（密度大于 $4.5g/cm^3$，如 Cu、Fe、Pb、Zn、Sn 及其合金）。一些材料的密度见表 3-2。

3.1.3 熔点

熔点是材料在缓慢加热时由固态转变为液态，并有一定潜热吸收或放出时的转变温度，常用单位是 ℃ 或 K。熔点低的金属（如 Pb、Sn 等）可以用来制造钎焊的钎料、熔丝和铅字等；熔点高的金属（如 Fe、Ni、Cr、Mo 等）可以用来制造高温零件等。

一般金属阳离子晶体所带电荷越多，半径越小，金属键越强，熔、沸点越高。例如：Al＞Mg＞Na（熔点由大到小）。

常用材料的熔点或软化温度见表 3-3。

表 3-2 一些材料的密度 g/cm³

名称		数值	名称	数值	名称	数值
灰铸铁	≤HT200	7.2	锌铜合金	7.2	铬	7.19
	≥HT250	7.35	铅板	11.34	铈	6.689
白口铸铁		7.4~7.7	铅箔	11.37	锑	6.697
可锻铸铁		7.2~7.4	锡	7.168	锆	4.574
工业纯铁		7.87	锇	22.59	碲	6.237
铸钢		7.8	铱	22.56	钒	5.87
钢材		7.85	铂	21.45	钛	4.507
碳钢	碳含量0.1%	7.85	金	19.32	钡	3.512
	碳含量0.4%	7.82	钨	19.35	铍	1.852
	碳含量1%	7.81	钽	16.6	镁	1.738
高速钢	钨含量9%	8.3	汞	13.55	钙	1.55
	钨含量18%	8.7	铊	11.72	钠	0.967
不锈钢	1Cr18Ni9	7.93	银	10.5	钾	0.862
	1Cr13	7.75	钼	10.22	砷	5.727
	1Cr17	7.7	铋	9.808	硒	4.809
纯铜(紫铜)		8.93	钴	8.832	硼	2.342
纯镍、NSi0.19		8.902	镉	8.642	硅	2.33
工业纯铝		2.702	铌	8.57		
锌板、锌阳极板		7.133	锰	7.47		

表 3-3 常用材料的熔点或软化温度 K

材 料	数 值	材 料	数 值
金刚石	4000	Cu	1356
W	3680	Au	1336
Ta	3250	Al	933
SiC	3110	Pb	600
MgO	3073	石英玻璃	1100
Mo	2880	钠玻璃	700~900
Nb	2740	聚酯	450~480①
BeO	2700	聚碳酸酯	400①
Al_2O_3	2323	聚乙烯(高密度)	300①
Si_3N_4	2173	聚乙烯(低密度)	360①
Cr	2148	聚苯乙烯	370~380①
Pt	2042	尼龙	340~380①
Ti	1943	玻璃纤维复合材料	340①
Fe	1809	碳纤维复合材料	340①
Ni	1726	聚丙烯	330①

① 为软化温度。

3.1.4 沸点

沸点是在一定压力下，某物质的饱和蒸气压与此压力相等时，液体发生沸腾时的温度。

不同液体的沸点不同，且浓度越高，沸点越高。纯净水在常压下的沸点通常被认为是 100℃；钢水的液相线温度随着成分的不同而有所波动，一般为 1600℃左右。一些单质的沸点见表 3-4。

表 3-4 一些单质的沸点　　　　　　　　　　　　　　　　　　　　　℃

物质	数值	物质	数值	物质	数值	物质	数值	物质	数值	物质	数值
铝	2467	镍	2732	镆	2970	锇	5027	硼	2550	钾	760
钡	1640	铌	4742	铋	1560	铂	3827	镉	765	硒	684.9
钙	1484	硅	2355	镓	2403	锡	2270	铅	1740	锑	1950
铯	669.3	钪	2836	锗	2830	钛	3287	锂	1342	汞	356.7
铬	2672	钠	882.9	银	2212	钨	5660	镁	1090	溴	58.78
钴	2870	硫	444.7	金	2808	铀	3818	锰	1962	氧	−183.0
铜	2567	钽	5425	铁	2750	锌	907	钕	3074	氮	−195.8

3.1.5 弹性模量和泊松比

弹性模量是衡量物体抵抗弹性变形能力大小的一个物理量，用单向应力状态下应力除以该方向的应变来表示，单位为 GPa。其值越大，说明它抵抗弹性变形的能力越强。弹性模量有正弹性模量（杨氏模量）和剪切弹性模量（切变模量）之分。一般所说的弹性模量是指正弹性模量。

金属材料通常是晶体结构，具有较高的弹性模量；复合材料的弹性模量比较容易提高，尤其是树脂基复合材料，基体本身的模量很低，但与高模量纤维复合后，就能使弹性模量提高几十倍乃至上百倍；陶瓷材料的比模量（弹性模量与密度之比）最高，聚合物的比模量最低。表 3-5 列出了一些材料的弹性模量。

弹性模量用弹性模量测量仪（图 3-2）测量。

材料沿载荷方向产生伸长（或缩短）变形的同时，在垂直于载荷的方向会产生缩短（或伸长）变形（图 3-3）。垂直于载荷方向上的应变与载荷方向上的应变之比的绝对值称为材料的泊松比 μ。

图 3-2　弹性模量测量仪

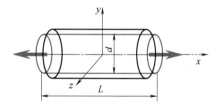

图 3-3　材料受拉时纵横方向尺寸变化

一些材料的弹性模量和泊松比列于表 3-5。

3.1.6 热膨胀系数

温度变化时，材料的长度或体积随温度的升高而增大的现象称为热膨胀。其数值分别用线胀系数和体胀系数表示。

普通铁路在两根铁轨的交接处都要留出缝隙（图 3-4）；高速铁路的铁轨虽然是无缝连接，但是铁轨要采用特殊的焊接方法、安置整体道床和用钢弹簧套筒支承（图 3-5）。这些都要掌握热膨胀系数的大小并经过计算。

表 3-5　一些材料的弹性模量和泊松比

类别	名称	正弹性模量 E/GPa	剪切弹性模量 G/GPa	泊松比 μ
金属材料	镍铬钢、合金钢	206	79.38	0.25～0.3
	低碳钢	200～210	79	0.24～0.28
	铸钢	172～202	—	0.3
	铁	214	84	—
	球墨铸铁	140～154	73～76	—
	可锻铸铁	152	—	—
	灰铸铁、白口铸铁	113～157	44	0.23～0.27
	铜	132.4	49.27	
	冷拔黄铜	89～97	34～36	0.32～0.42
	冷拔纯铜	127	48	
	轧制纯铜	108	39	0.31～0.34
	轧制磷青铜	113	41	0.32～0.35
	轧制锰青铜	108	39	0.35
	铸铝青铜	103	41	—
	镍	210	84	—
	钛	118	44.67	—
	镁	45	18	—
	铝	72	27	—
	轧制铝	68	25～26	0.32～0.36
	硬铝合金	70	26	—
	拔制铝线	69	—	—
	轧制锌	82	31	0.27
	铅	17	7	0.42
建筑材料	玻璃	55	22	0.25
	混凝土	14～23	4.9～15.7	0.1～0.18
	纵纹木材	9.8～12	0.5	—
	横纹木材	0.5～0.98	0.44～0.64	—
	大理石	55	—	—
	石灰石	41	—	—
高分子材料	橡胶	0.00784	—	0.47
	电木	1.96～2.94	0.69～2.06	0.35～0.38
	尼龙	28.3	10.1	0.4
	尼龙 1010	1.07	—	—
	夹布酚醛塑料	4～8.8	—	—
	石棉酚醛塑料	1.3	—	—
	高压聚乙烯	0.15～0.25	—	—
	低压聚乙烯	0.49～0.78	—	—
	聚丙烯	1.32～1.42	—	—

图 3-4　普通铁路铁轨的缝隙

图 3-5　高铁铁轨的固定

(1) 线胀系数

固态物质的温度变化 1℃ 时，其长度的变化量与它在 0℃ 时的长度之比称为线胀系数，用 α 表示。线胀系数有物质在某一温度和某一温度范围两种表示方法。

表 3-6 是不同材料在 25℃ 时的线胀系数。

表 3-6　不同材料 25℃ 时的线胀系数　　　　　$10^{-6}\mathrm{K}^{-1}$

材　料		数　值	材　料		数　值
陶瓷材料	β-锂辉石（$LiAlSi_2O_6$）	0.75	金属材料	W	4.6
	董青石	1.7		Mo	4.9
	Al_2TiO_5	1.4		Zn	39.7
	Si_3N_4	3.3～3.6		Pb	29.3
	SiC	5.1～5.8		Fe	12
	TiC	7.6		Cu	16.6
	Al_2O_3	8.5		Al	25
	BeO	8.0	高分子材料	硅胶	120
	MgO	13.5		尼龙 6	83
	NaCl	40.0		聚乙烯	120
	SiO_2 玻璃	0.5		聚酯	55～100
	金刚石	约 0		有机玻璃	50
				环氧树脂	55

表 3-7 是一些材料在不同温度范围的线胀系数。

表 3-7　一些材料在不同温度范围的线胀系数　　　　　$10^{-6}\mathrm{K}^{-1}$

材料名称	温度范围/℃					
	20～100	20～200	20～300	20～400	20～600	20～700
工程用铜	16.6～17.1	17.1～17.2	17.6	18～18.1	18.6	
紫铜	17.2	17.5	17.9			
黄铜	17.8	16.8	20.9			
锡青铜	17.6	17.9	18.2			
铝青铜	17.6	17.9	19.2			
碳钢	10.6～12.2	11.3～13	12.1～13.5	12.9～13.9	13.5～14.3	14.7～15
铬钢	11.2	11.8	12.4	13	13.6	
镍铬合金	14.5					
40CrSi	11.7					
30CrMnSiA	11					
3Cr13	10.2	11.I	11.6	11.9	12.3	12.8
1Cr18Ni9Ti[①]	16.6	17	17.2	17.5	17.9	18.6
铸铁[②]	8.7～11.1	8.5～11.6	10.1～12.2	11.5～12.7	12.9～13.2	
铝合金	22.0～24.0	23.4～24.8	24.0～25.9			
赛璐珞	100					
有机玻璃	130					

注：铸铝合金在 20℃ 时的线胀系数为 18.44～24.5；玻璃为 4～11.5。

① 1Cr18Ni9Ti 在 20～900℃ 时的线胀系数为 19.3。

② 铸铁在 20～1000℃ 时的线胀系数为 17.6。

(2) 体胀系数

固体物质的温度变化 1℃ 时，其体积的变化量与它在 0℃ 时体积之比称为体胀系数，用

β 表示。体胀系数约是其线胀系数的 3 倍。

聚合物与大多数金属材料和陶瓷材料相比，热膨胀系数较大，在升温和降温时不易开裂。选择陶瓷材料考虑抗热冲击性能时，需同时考虑陶瓷的热膨胀系数与热导率，热膨胀系数越小，热导率越大，抗热冲击性能越高。

3.1.7 比热容

比热容是单位质量物质的热容量，即单位质量物体改变单位温度时吸收或释放的内能，通常用符号 c 表示，常用单位是 J/(kg·℃) 或 J/(kg·K)。

物质吸收（或放出）热量的多少，除了与物质的质量和温度变化有关外，还与物质的种类（即其比热容大小）有关。所以，在同样的日照情况下，正午沙滩上的沙子温度要比海水温度高，而到傍晚正好相反（图 3-6）。

(a) 中午   (b) 傍晚

图 3-6　沙滩上的沙子温度和海水温度的变化

例如水的比热容为 4.18×10^{3} J/(kg·℃)，那么，要烧开 1L 20℃的水（设热效率为75%），所需要的热量为 1000g×4.18×10^{3} J/(kg·℃)×(100−20)℃/0.75≈446kJ。

表 3-8 为一些金属单质的比热容。

表 3-8　一些金属单质的比热容　　　　　　　　　　　　kJ/(kg·K)

名称	数值	名称	数值	名称	数值	名称	数值
铋	0.122	铈	0.192	锆	0.276	钒	0.486
金	0.129	锑	0.207	铷	0.360	钪	0.567
铅	0.130	锡	0.222	镓	0.372	钙	0.658
铂	0.134	镉	0.230	铜	0.385	钾	0.757
钨	0.134	银	0.236	锌	0.385	铝	0.903
铱	0.134	钌	0.238	钴	0.414	镁	1.025
铼	0.138	钯	0.243	镍	0.444	钠	1.222
汞	0.140	铑	0.247	铁	0.447	铍	1.886
钽	0.144	钼	0.251	铬	0.460	锂	3.570
钡	0.192	铌	0.267	锰	0.477	钛	9.523

3.1.8 热导率

热导率是材料传导热量的能力，常用单位是 W/(m·℃) 或 W/(m·K)。其数值越大，材料导热性越好。对同一金属而言，纯金属的导热性比合金好；在所有金属中，银、铜的导热性极好，铝次之；在所有非金属中，碳（金刚石）的导热性最好。

在各种材料中，金属材料的热导率最大，陶瓷材料的热导率较小，复合材料的热导率变化很大，聚合物的热导率几乎为零。所以，在设计导热设备时，尽可能选择热导率大的材料；而选择保温材料时，尽可能选择热导率小的材料。这就是暖气片都用金属材料，而冷库里的管道都要包上一层玻璃纤维（图3-7）的原因。

(a) 暖气片

(b) 冷库管道

图 3-7 暖气片和冷库管道

表3-9列出了常用材料的热导率。

表 3-9 常用材料的热导率

材　料		热导率/[W/(m·K)]	材　料		热导率/[W/(m·K)]
金属材料	钢、铁	60.2	非金属材料	金刚石	约 2000
	金	315		硅	150
	银	428		碳化硅	60～270
	铜	398		氧化铍	250
	黄铜	120		氮化铝	60～250
	铱	147		三氧化二铝	40
	铝	247		氧化镁	25.1
	镍	90		四氮化三硅	15～20
	钨	178		碳化钛	15～20
	铋	11.2		玻璃	0.84
	钛	17.2		石英玻璃	约 1
	铂	70		钠钙玻璃	15.0
	铅	35		石棉	0.084
	汞	8.34		混凝土	0.084
高分子材料	聚乙烯	0.38		耐火材料	0.25
	聚丙烯	0.12		矿渣棉	0.04～0.046
	聚苯乙烯	0.13		红砖	0.23～0.58
	聚氯乙烯	0.15		尖晶石	1.7
	聚四氟乙烯	0.25		木材	0.12
	苯酚树脂(电木)	0.15	其他	空气	0.024
	尼龙 66	0.24		氢气	0.14
	PMMA(有机玻璃)	0.16		氧气	0.024

3.1.9 电阻率

电阻率是用来表示物体电阻大小的物理量，即长度 1m、横截面积 $1mm^2$ 的某种材料在常温（20℃）下的电阻值，用符号 ρ 表示，单位是 $\Omega\cdot m$（常用 $\Omega\cdot cm$）。它与温度有关，而与导体的长度、横截面积等因素无关。

电阻率越小，导电性越好。纯金属中银的导电性最好，其次是铜、铝。工程中为减少电能损耗，常采用纯铜或纯铝作为输电导体，而将导电性差的材料作为加热元件。

对于长度是 L、横截面积是 S 的导线，计算其电阻 R 的公式为

$$R = \rho L / S$$

电阻温度系数，表示当电阻温度改变 1℃ 时，电阻值的相对变化。

表 3-10 列出了常用材料的电阻率和电阻温度系数。

表 3-10　常用材料电阻率 ρ 和平均电阻温度系数 α

材料	$\rho(20℃)$ /$10^{-8}\Omega\cdot m$	α (0～100℃) /$10^{-3}℃^{-1}$	材料	$\rho(20℃)$ /$10^{-8}\Omega\cdot m$	α (0～100℃) /$10^{-3}℃^{-1}$
金	2.40	3.24	镍铬合金	108	1.3
银	1.60	3.65	铁铬铝合金	120	80
铜	1.72	4.02	钨	5.48	5.2
黄铜	2～6	2.0	铂	2.66	2.47
康铜	44	5.0	钴	6.64	6.04
锰铜	42	5.0	铱	5.3	3.925
钢	13	5.77	镍	6.84	—
铁	9.71	6.51	锌	5.196	4.19
铸铁	50	1.0	汞	96	0.57
锡	11.0[①]	4.7	镉	6.83[①]	4.2
铝	2.76	4.25	铬	12.9[①]	3
镁	4.45	16.5	铍	4.0	25
钼	5.2[①]	—	钙	3.91[①]	4.16[①]
铂	10.6	3.74[②]			

① 测量时的温度为 0℃；②测量时的温度为 0～60℃。

3.1.10　磁导率

物体在不均匀的磁场中会受到磁力的作用。把铁靠近磁铁时，原磁体在磁铁的作用下，整齐地排列起来，使靠近磁铁的一端具有与磁铁极性相反的极性而相互吸引（图 3-8）。具有显著磁性的材料称为磁性材料。

图 3-8　磁场和磁性材料

磁导率表示磁场中的线圈流过电流后，产生磁通的阻力或者是其在磁场中导通磁力线的能力，常用符号 μ 表示，常用单位是 H/m，一些常用材料的相对磁导率见表 3-11。

设磁感应强度为 B，磁场强度为 H，则磁导率的计算公式为

$$\mu = B / H$$

表 3-11　一些常用材料的相对磁导率

物质名称	相对磁导率 μ_r	物质名称	相对磁导率 μ_r
银	0.999974	硅钢片	7000～10000
铜	0.99990	变压器钢片	7500
铅	0.999982	镍锌铁氧体	10～1000
镍	1120	坡莫合金	20000～200000
钴	174	C形坡莫合金	115000
软铁	2180	镍铁合金	60000
铸铁	200～400	锰锌铁氧体	300～5000
未经退火的铸铁	240	金刚石	0.999979
已经退火的铸铁	620	软钢	2180
已经退火的铁	7000	铂	1.00026
电解铁	12950(真空中熔化)	汞	0.999971
空气	1.00000004		

3.2　力学性能

材料的力学性能，包括硬度、拉伸性能、压缩性能、剪切性能、挤压性能、弯曲性能、扭转性能、冲击性能和疲劳性能等。

3.2.1　硬度

硬度是材料抵抗变形的能力，它与强度之间存在一定关系，所以零件图样上一般只标出所要求的硬度值，来综合体现零件所要求的全部力学性能。应当注意的一点是，硬度和"结实"是有差别的。例如，玻璃很硬，却不结实；橡胶不硬，却很结实。

根据测量对象的不同，其测量仪器有多种，常用的有布氏硬度计、洛氏硬度计和维氏硬度计。

(1) 硬度计结构

三种硬度计的结构略有不同，见图 3-9。

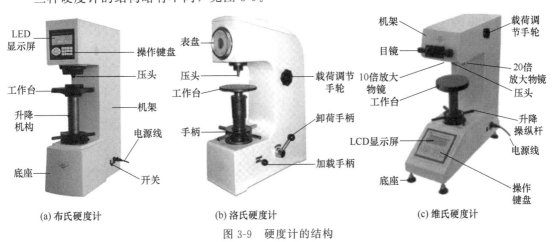

(a) 布氏硬度计　　　　(b) 洛氏硬度计　　　　(c) 维氏硬度计

图 3-9　硬度计的结构

(2) 布氏硬度 HB

布氏硬度有 HBS 或 HBW 两种表示方法，适用于未经淬火的钢、铸铁、有色金属或质地轻软的轴承合金。

HBS 表示压头为淬硬钢球，用于测定布氏硬度值在 450 以下的材料，如软钢、灰铸铁和有色金属等。

HBW 表示压头为硬质合金球，用于测定布氏硬度值在 650 以下的材料。

布氏硬度计的压头和测量尺寸见图 3-10。

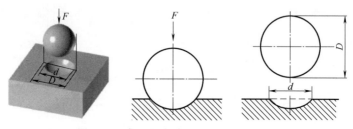

图 3-10　布氏硬度计的压头和测量尺寸

布氏硬度的表示方法：HBS 或 HBW 之前的数字为硬度值，后面按顺序用数字表示试验条件，即压头的球体直径/试验载荷/试验载荷保持时间（10~15s 不标注）。HBS 的计算公式为

$$HBS = \frac{0.204F}{\pi D(D - \sqrt{D^2 - d^2})}$$

例如：170HBS10/1000/30 表示用直径 10mm 的钢球，在 1000kgf（9807N）的试验载荷作用下，保持 30s 时测得的布氏硬度值为 170；530HBW5/750 表示用直径 5mm 的硬质合金球，在 750kgf（7355N）的试验载荷作用下，保持 10~15s 时测得的布氏硬度值为 530。

(3) 洛氏硬度 HR

洛氏硬度是材料抵抗通过硬质合金或钢球压头，或对应某一标尺的金刚石圆锥体压头，施加试验力所产生永久压痕变形的度量单位，其值没有单位。洛氏硬度多达 15 种，不同类型的材料或不同的热处理状态下的同种材料都有最适宜的试验标尺（含 4 种塑料标尺）。各种标尺都有相应的测量有效范围，超出这一范围可能使测量精度明显下降或使硬度计的机件造成损坏。

① 试验原理　洛氏硬度试验采用 120°金刚石圆锥或淬火钢球作为压头，在初试验力 F_0 及主试验力 F_1 先后作用下，将规定的压头压入试样表面，保持一定的时间后卸除主试验力 F_1，在保留初试验力 F_0 下测量压痕残余深度 e。用 100（或 130）减去 e 值即为洛氏硬度值（图 3-11）。

② 种类　最常用的洛氏硬度有下列三种。

a. HRA（120°金刚石圆锥压头，图 3-12），适用对象为硬质合金，表面淬硬层，渗碳层，测量范围为 20~88。

b. HRB（ϕ1.588mm 钢球压头，图 3-13），适用对象为非铁金属，退火、正火钢等，测量范围为 20~100。

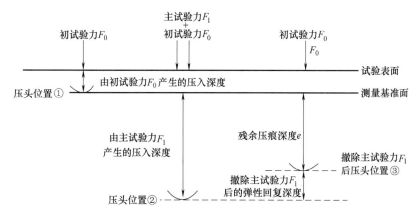

图 3-11　洛氏硬度试验原理

c. HRC（120°金刚石圆锥压头，图 3-12），适用为对象为淬火钢、调质钢等，测量范围为 $20\sim70$。

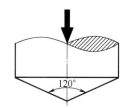

图 3-12　120°金刚石圆锥压头

图 3-13　$\phi1.588$mm 钢球压头

③ 硬度测量　在洛氏硬度计中，压痕深度已经换算成标尺刻度，根据具体试验时指针所指的位置，可直接读出硬度值，免去了布氏硬度需先人工测量，再计算或查表的麻烦，十分方便。

测残余压痕深度 e 时，要按照规定的初试压力、主试压力、保持时间和操作要领进行。

（4）维氏硬度 HV

维氏硬度是材料抵抗通过金刚石正四棱锥体压头（图 3-14），施加试验力所产生永久压痕变形的度量单位。

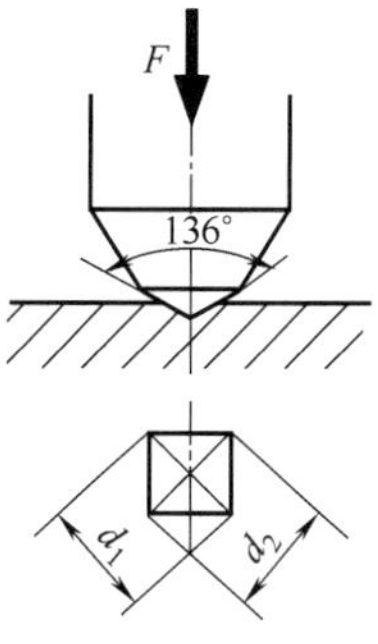

计算公式：

$$HV=\frac{0.756F}{(d_1+d_2)^2}$$

图 3-14　金刚石正四棱锥体压头

这种方法适用对象是薄金属材料，表面层硬度测量范围为 $5\sim1000$。例如 640HV30/20 表示用 30kgf（294.2N）保持 20s，测定的维氏硬度值为 640。它具有布氏法、洛氏法的主要优点，并克服了它们的基本缺点，但不如洛氏法简便。

维氏硬度的压力一般可选 5kgf、10kgf、20kgf、30kgf、50kgf、100kgf、120kgf 等；小于 10kg 的压力可以测定显微组织硬度。

金属材料布氏、洛氏和维氏三种硬度之间有一定的换算关系，详见 GB/T 33362。

3.2.2 拉伸性能

材料的拉伸性能，是它最基本的力学性能，包括抗拉强度和屈服强度，均通过材料试验机上的试验结果得出。

图 3-15 物体承受拉力

物体承受拉力，就好比人拉绳子一样（图 3-15）。不过，在材料试验机上试验，要按照 GB/T 228 进行。该标准按试验条件分为室温、高温、低温和液氦四部分。

（1）试样的制作

拉伸试验前要先制作试样，其形状与尺寸取决于要被试验的金属产品的形状与尺寸，试样横截面可以为圆形、矩形、多边形、环形或其他形状，其中以圆形和矩形最为常用（图 3-16）。

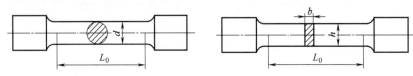

图 3-16 圆形和矩形试样

（2）试验方法

将试样安装在试验机（图 3-17）的夹头中，然后开动试验机，使试样受到缓慢增加的拉力，直到拉断为止。现代的拉伸试验机，都带自动绘图装置，可绘出材料的应力-应变曲线（图 3-18）。应力-应变曲线表示施加到材料上的载荷与该载荷引起的材料变形之间的关系。通过拉伸试验数据，可以算出材料的弹性模量、抗拉强度、上/下屈服极限和塑性（伸长率和断面收缩率）等。下面以塑性材料的拉伸试验为例说明。

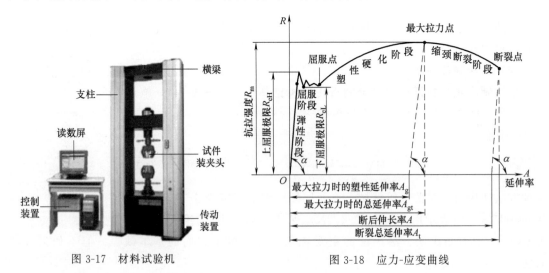

图 3-17 材料试验机   图 3-18 应力-应变曲线

（3）拉伸过程分析

由图 3-18 可见，材料的拉伸过程分为四个阶段：弹性阶段、屈服阶段、塑性硬化阶段和缩颈断裂阶段。

① 弹性阶段　随着荷载的增加，应变随应力成正比增加。若此时卸去全部载荷，试件将恢复原状（即为弹性变形），其弹性模量 $E = R/A = \tan\alpha$。

② 屈服阶段　以普通碳素结构钢为例，超过弹性阶段后，进入屈服阶段。此时载荷几乎不变（仅在某一小范围内上下波动），而试样的伸长量急剧地增加。若此时卸去全部载荷，试样不会恢复原状（产生永久形变）。

屈服强度分上屈服强度和下屈服强度。上屈服强度是试样发生屈服而力首次下降前的最大应力；下屈服强度是当不计初始瞬时效应时，屈服阶段中的最小应力。

③ 塑性硬化阶段　试样经过屈服阶段后，若继续加大拉伸力，曲线会上升，发生硬化现象。此时即使卸去全部载荷，变形也不会完全消失。拉伸长度达到一定程度时，载荷读数反而逐渐降低（这一点便对应于总延伸率）。

④ 缩颈断裂阶段　拉伸达到一定程度时，材料发生缩颈并断裂。

当然，各种不同材料的拉伸过程并非完全一样，例如对于铝材，其塑性硬化阶段的曲线就比较平坦；而对于高锰钢和铸铁一类的脆性材料，就没有硬化阶段（图 3-19）。

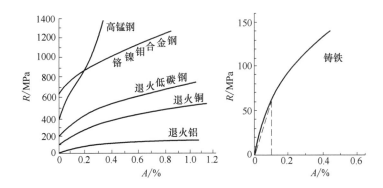

图 3-19　几种金属材料的应力-应变曲线

（4）强度计算

① 对于碳钢之类屈服现象明显的材料，设最大拉力点对应的拉力为 $F_{\max}$，上屈服点对应的拉力为 F_{eH}，下屈服点对应的拉力为 F_{eL}（单位均为 N），试样原始横截面积为 S_0（mm^2），则强度（单位均为 MPa）计算公式为

抗拉强度　　　　　　　　　$R_m = F_{\max}/S_0$

上屈服强度　　　　　　　　$R_{eH} = F_{eH}/S_0$

下屈服强度　　　　　　　　$R_{eL} = F_{eL}/S_0$

一般认为，$R_{eL} < 250\text{MPa}$ 属于低强度金属材料，它的应用极为广泛。首先是价格便宜、工艺简单；其次是塑性、成形性好，可进行各种冷冲压、冷锻；最后是各种小型、轻负荷和大批量生产的零件多数可用易切削钢制造，对要求表面耐磨的轻载零件可用低碳钢进行渗碳处理。

一般情况下，抗拉强度大的材料韧性差，抗拉强度小的材料韧性好。

金属材料的抗拉强度和硬度有一定的对应关系，见表 3-12。

表 3-13 是常用材料的屈服强度。

表 3-12　碳钢和合金钢的硬度与抗拉强度换算 （GB/T 1172—1999）

硬度				抗拉强度/MPa								
洛氏		维氏	布氏	碳钢	铬钢	铬钒钢	铬镍钢	铬钼钢	铬镍钼钢	铬锰硅钢	超高强度钢	不锈钢
HRC	HRA	HV	HBS									
20.0	60.2	226	225	774	742	736	782	747	—	781	—	740
20.5	60.4	228	227	784	751	744	787	753	—	788	—	749
21.0	60.7	230	229	793	760	753	792	760	—	794	—	758
21.5	61.0	233	232	803	769	761	797	767	—	801	—	767
22.0	61.2	235	234	813	779	770	803	774	—	809	—	777
22.5	61.5	238	237	823	788	779	809	781	—	816	—	786
23.0	61.7	241	240	833	798	788	815	789	—	824	—	796
23.5	62.0	244	242	843	808	797	822	797	—	832	—	806
24.0	62.2	247	245	854	818	807	829	805	—	840	—	816
24.5	62.5	250	248	864	828	816	836	813	—	848	—	826
25.0	62.8	253	251	875	838	826	843	822	—	856	—	837
25.5	63.0	256	254	886	848	837	851	831	850	865	—	847
26.0	63.3	259	257	897	859	847	859	840	859	874	—	858
26.5	63.5	262	260	908	870	858	867	850	869	883	—	868
27.0	63.8	266	263	919	880	869	876	860	879	893	—	879
27.5	64.0	269	266	930	891	880	885	870	890	902	—	890
28.0	64.3	273	269	942	902	892	894	880	901	912	—	901
28.5	64.6	276	273	954	914	903	904	891	912	922	—	913
29.0	64.8	280	276	965	925	915	914	902	923	933	—	924
29.5	65.1	284	280	977	937	928	924	913	935	943	—	936
30.0	65.3	288	283	989	948	940	935	924	947	954	—	947
30.5	65.6	292	287	1002	960	953	946	936	959	965	—	959
31.0	65.8	296	291	1014	972	966	957	948	972	977	—	971
31.5	66.1	300	294	1027	984	980	969	961	985	989	—	983
32.0	66.4	304	298	1039	996	993	981	974	999	1001	—	996
32.5	66.6	308	302	1052	1009	1007	994	987	1012	1013	—	1008
33.0	66.9	313	306	1065	1022	1022	1007	1001	1027	1026	—	1021
33.5	67.1	317	310	1078	1034	1036	1020	1015	1041	1039	—	1034
34.0	67.4	321	314	1092	1048	1051	1034	1029	1056	1052	—	1047
34.5	67.7	326	318	1105	1061	1067	1048	1043	1071	1066	—	1060
35.0	67.9	331	323	1119	1074	1082	1063	1058	1087	1079	—	1074
35.5	68.2	335	327	1133	1088	1098	1078	1074	1103	1094	—	1087
36.0	68.4	340	332	1147	1102	1114	1093	1090	1119	1108	—	1101
36.5	68.7	345	336	1162	1116	1131	1109	1106	1136	1123	—	1116
37.0	69.0	350	341	1177	1131	1148	1125	1122	1153	1139	—	1130
37.5	69.2	355	345	1192	1146	1165	1142	1139	1171	1155	—	1145
38.0	69.5	360	350	1207	1161	1183	1159	1157	1189	1171	—	1161
38.5	69.7	365	355	1222	1176	1201	1177	1174	1207	1187	1170	1176
39.0	70.0	371	360	1238	1192	1219	1195	1192	1226	1204	1195	1193
39.5	70.3	376	365	1254	1208	1238	1214	1211	1245	1222	1219	1209
40.0	70.5	381	370	1271	1225	1257	1233	1230	1265	1240	1243	1226
40.5	70.8	387	375	1288	1242	1276	1252	1249	1285	1258	1267	1244
41.0	71.1	393	380	1305	1260	1296	1273	1269	1306	1277	1290	1262
41.5	71.3	398	385	1322	1278	1317	1293	1289	1327	1296	1313	1280
42.0	71.6	404	391	1340	1296	1337	1314	1310	1348	1316	1336	1299
42.5	71.8	410	396	1359	1315	1358	1336	1331	1370	1336	1359	1319
43.0	72.1	416	401	1378	1335	1380	1358	1353	1392	1357	1381	1339

硬 度				抗拉强度/MPa								
洛 氏		维氏	布氏	碳钢	铬钢	铬钒钢	铬镍钢	铬钼钢	铬镍钼钢	铬锰硅钢	超高强度钢	不锈钢
HRC	HRA	HV	HBS									
43.5	72.4	422	407	1397	1355	1401	1380	1375	1415	1378	1404	1361
44.0	72.6	428	413	1417	1376	1424	1404	1397	1439	1400	1427	1383
44.5	72.9	435	418	1438	1398	1446	1427	1420	1462	1422	1450	1405
45.0	73.2	441	424	1459	1420	1469	1451	1444	1487	1445	1473	1429
45.5	73.4	448	430	1481	1444	1493	1476	1468	1512	1469	1496	1453
46.0	73.7	454	436	1503	1468	1517	1502	1492	1537	1493	1520	1479
46.5	73.9	461	442	1526	1493	1541	1527	1517	1563	1517	1544	1505
47.0	74.2	468	449	1550	1519	1566	1554	1542	1589	1543	1569	1533
47.5	74.5	475	—	1575	1546	1591	1581	1568	1616	1569	1594	1562
48.0	74.7	482	—	1600	1574	1617	1608	1595	1643	1595	1620	1592
48.5	75.0	489	—	1626	1603	1643	1636	1622	1671	1623	1646	1623
49.0	75.3	497	—	1653	1633	1670	1665	1649	1699	1651	1674	1655
49.5	75.5	504	—	1681	1665	1697	1695	1677	1728	1679	1702	1689
50.0	75.8	512	—	1710	1698	1724	1724	1706	1758	1709	1731	1725
50.5	76.1	520	—	—	1732	1752	1755	1735	1788	1739	1761	—
51.0	76.3	527	—	—	1768	1780	1786	1764	1819	1770	1792	—
51.5	76.6	535	—	—	1806	1809	1818	1794	1850	1801	1824	—
52.0	76.9	544	—	—	1845	1839	1850	1825	1881	1834	1857	—
52.5	77.1	552	—	—	—	1869	1883	1856	1914	1867	1892	—
53.0	77.4	561	—	—	—	1899	1917	1888	1947	1901	1929	—
53.5	77.7	569	—	—	—	1930	1951	—	—	1936	1966	—
54.0	77.9	578	—	—	—	1961	1986	—	—	1971	2006	—
54.5	78.2	587	—	—	—	1993	2022	—	—	2008	2047	—
55.0	78.5	596	—	—	—	2026	2058	—	—	2045	2090	—
55.5	78.7	606	—	—	—	—	—	—	—	—	2135	—
56.0	79.0	615	—	—	—	—	—	—	—	—	2181	—
56.5	79.3	625	—	—	—	—	—	—	—	—	2230	—
57.0	79.5	635	—	—	—	—	—	—	—	—	2281	—
57.5	79.8	645	—	—	—	—	—	—	—	—	2334	—
58.0	80.1	655	—	—	—	—	—	—	—	—	2390	—
58.5	80.3	666	—	—	—	—	—	—	—	—	2448	—
59.0	80.6	676	—	—	—	—	—	—	—	—	2509	—
59.5	80.9	687	—	—	—	—	—	—	—	—	2572	—
60.0	81.2	698	—	—	—	—	—	—	—	—	2639	—

注：本表不适用于低碳钢。

表 3-13 常用材料的屈服强度 　　MPa

材　料	屈服强度	材　料	屈服强度
Q235	235	铜	60
35 钢	314	铜合金	60～960
45 钢	353	黄铜及青铜	70～640
低碳钢	240～280	无氧 99.95% 退火铜	70
碳钢(淬-回火)	260～1300	无氧 99.95% 冷拉铜	280

材　料	屈服强度	材　料	屈服强度
16Mn	343	99.45%退火铝	28
高碳淬火钢	700～1300	99.45%冷拉铝	170
低合金钢(淬-回火)	500～1980	铝	40
压力容器钢	1500～1990	铝合金	120～627
奥氏体不锈钢	286～500	经热处理铝合金	350
马氏体时效钢	2000	碳纤维复合材料	640～670
铁素体不锈钢	240～400	玻璃纤维复合材料	100～300
镍合金	200～1600	尼龙	52～90
钼及其合金	560～1450	聚苯乙烯	34～70
钛及其合金	180～1320	聚乙烯(高密度)	6～20
铸铁	220～1030	聚碳酸酯	55
可锻铸铁	310	天然橡胶	3
SiC	10000	泡沫塑料	0.2～10
Si_3N_4	8000	有机玻璃	60～110
WC	6000	石英玻璃	7200
Al_2O_3	5000	钠玻璃	3600
TiC	4000	金刚石	50000
MgO	3000	钢筋混凝土	410
W	1000	木材(纵向)	35～55

② 对于屈服现象不明显的材料，规定以产生0.2%残余变形的应力值为其屈服极限，称为条件屈服极限或屈服强度。

(5) 断裂韧性

材料在工作过程中难免会受到振动或者冲击，因此就必须考虑断裂韧性。在所有材料中，金属材料中的淬火＋回火中碳钢的断裂韧性最高；陶瓷基复合材料和玻璃纤维增强型塑料有较高的断裂韧性；高分子材料的断裂韧性普遍较低。表3-14列出了常用材料的断裂韧性。

表3-14　常用材料的断裂韧性　　　　　$MN \cdot m^{1.5}$

材　料	断裂韧性	材　料	断裂韧性
纯塑性金属(Cu、Ni、Al等)	96～340	木材(纵向)	11～14
压力容器钢	约155	木材(横向)	0.5～0.9
高碳工具钢	约19	聚丙烯	约2.9
高强度钢	47～149	聚乙烯	0.9～1.9
中碳钢	约50	尼龙	约2.9
低碳钢	约140	聚苯乙烯	约1.9
钛合金(Ti6Al4V)	50～118	聚碳酸酯	0.9～2.8
铝合金	22～43	有机玻璃	0.9～1.4
铸铁	6～19	聚酯	约0.5
硬质合金	12～16	玻璃纤维复合材料	19～56
钠玻璃	0.6～0.8	碳纤维复合材料	31～43
钢筋混凝土	9～16	Si_3N_4	3.7～4.7
水泥	约0.2	SiC	约2.8
MgO陶瓷	约2.8	Al_2O_3	2.8～4.7

(6) 塑性计算

试件变形达到其弹性极限后，如果继续加载，将发生不可恢复的变形，称为塑性变形。表示塑性的指标有断后伸长率和断面收缩率等。

① 断后伸长率　是指金属材料受拉力作用断裂时，试样标距部分所增加的长度，与拉伸前标距长度之比。

设试样试验前的标距部分长度为 L_0［图 3-20（a）］，拉伸后标距长度［将断裂部分仔细地对合在一起，使之处于一直线上的标距长度，图 3-20（b）］变为 L，则伸长率 A（%）的计算公式为

$$A = (L - L_0)/L_0$$

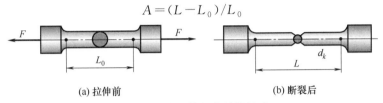

(a) 拉伸前　　　　　　　(b) 断裂后

图 3-20　断后伸长率计算尺寸

对于比例试样，若原始标距不为 $5.65\sqrt{S_0}$（S_0 为平行长度的原始横截面积），符号 A 应附以下脚注，说明所使用的比例系数。例如，$A_{11.3}$ 表示原始标距（L_0）为 $11.3\sqrt{S_0}$ 的断后伸长率。对于非比例试样，符号 A 应附以下脚注，说明所使用的原始标距，以 mm 表示。例如 A_{80mm} 表示原始标距（L_0）为 80mm 的断后伸长率。

② 断面收缩率　是试样拉断前后截面积之差与原始截面积的比。设试样试验前的截面积为 S_0，拉伸断裂后的最小截面积为 S（图 3-21），则断面收缩率 Z（%）计算公式为

图 3-21　试样试验前的截面积 S_0 和断裂后的截面积 S_1

$$Z = (S_0 - S)/S_0$$

断面收缩率 Z 数值越大，说明其塑性越好。

工业纯铁的 A 可达 50%，Z 可达 80%，可拉成细丝、轧成薄板；Q235 钢的塑性指标 A 为 20%～30%，Z 约为 60%，由于其碳含量适中，综合性能较好，可广泛用于制作钢筋、高压输电铁塔、桥梁、车辆、锅炉、容器、船舶等，也大量用于对性能要求不太高的机械零件；白口铸铁的 A、Z 几乎为零，不能进行塑性变形加工，只能铸造成型。

3.2.3　压缩性能

材料两端承受压力时的状态称为受压缩（图 3-22），其压缩性能试验也是在材料试验机上进行的。

(1) 试验曲线

塑性材料（以低碳钢为例）压缩时的比例极限、屈服极限、弹性模量均与拉伸时相同。过了屈服极限后，试件越压越扁，不能被压坏，因此测不出压缩强度极限（图 3-23）。

脆性材料（以铸铁为例）压缩时的 R-A 曲线没有明显的直线段，在应力很小时可以近

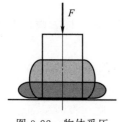

图 3-22 物体受压

似地认为符合胡克定律。曲线没有屈服阶段，变形很小时沿轴线成 $45°\sim50°$ 的斜面发生破坏。把曲线最高点的应力称为抗压强度（此极限有时比拉伸时的强度极限高 $4\sim5$ 倍）。

（2）强度计算

压缩强度是在压缩试验中试样破裂（脆性材料）或产生屈服（塑性材料）时所承受的最大压缩应力。设 P 为最大破坏力（单位 N），S_0 为试件原始横截面积（单位 mm^2），则压缩强度 R（MPa）的计算公式为

$$R = P/S_0$$

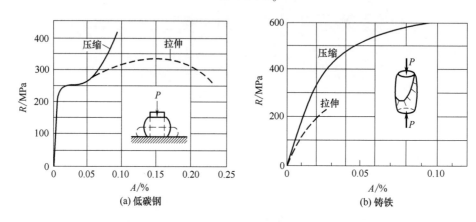

(a) 低碳钢 (b) 铸铁

图 3-23 金属材料压缩与拉伸性能对比

在工程上，当一个较长工件受压时，不仅要考虑其压缩强度是否足够，同时还要考虑其刚度，即在此状态下，是否会产生失稳。

3.2.4 剪切性能

材料受到与截面平行、大小相等、方向相反，但不在一条直线上的两个外力作用，称为剪切。剪切有单剪、双剪和周边剪切（冲压）三种形式（图 3-24）。

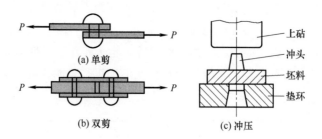

(a) 单剪

(b) 双剪

(c) 冲压

上砧
冲头
坯料
垫环

图 3-24 剪切的形式

（1）剪切过程分析

材料在剪切力的作用下，受剪面或剪切面要发生相对错动（图 3-25）。这种错动对于正常工作状态的零件而言，处于弹性工作范围；而对于冲压而言，则会发生一部分材料分离。

(2) 剪切应力计算

单位面积上所承受的剪切负荷称为剪切应力。计算时假设剪切应力在整个剪切面上均匀分布，若剪切面上的内力为 P（N），剪切面积为 S（mm^2），则剪切应力（MPa）的计算公式为

$$R_\tau = P/S$$

各种金属材料的剪切强度见表 3-15。

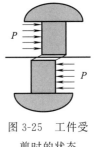

图 3-25　工件受
剪时的状态

3.2.5　挤压性能

挤压是构件局部面积的承压现象。在上述单剪和双剪的性能分析中，铆钉的两侧面上实际就有挤压存在。如果挤压力过大，软的材料表面就被压陷（塑性变形）。

表 3-15　各种金属材料的剪切强度　　　　　　　　　　　　　　MPa

材料			剪切强度		材料	剪切强度	
			软质	硬质		软质	硬质
钢板	碳含量	0.1%	250	320	铅	20～30	—
		0.2%	320	400	锡	30～40	—
		0.3%	360	480	铝	70～90	130～160
		0.4%	450	560	硬铝	220	380
		0.6%	560	720	锌	120	200
		0.8%	720	900	铜	180～220	250～300
		1.0%	800	1050	黄铜	220～300	350～400
硅钢板			450	560	轧延青铜	320～400	400～600
不锈钢板			520	560	白铜	280～360	450～560

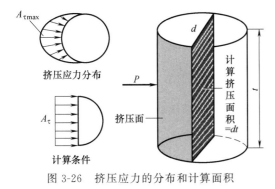

图 3-26　挤压应力的分布和计算面积

(1) 挤压分析

挤压力是在接触面上的压力，它引起挤压应力。挤压应力的分布十分复杂，在工程上假定挤压应力在挤压面上均匀分布（图 3-26）。

(2) 挤压强度计算

设挤压力为 P（N），挤压面宽度为 d（mm），长度为 t（mm），则挤压应力 A_τ（MPa）的计算公式为

$$A_\tau = P/(dt)$$

3.2.6　弯曲性能

当工件受到与杆的轴线垂直的外力 [图 3-27 (a)]，或在轴线平面内的力偶作用时 [图 3-27 (b)]，杆的轴线由原来的直线变成曲线，这种变形称为弯曲。弯曲性能主要通过弯曲试验测定，并用来评定材料的弯曲强度和塑性变形的大小。

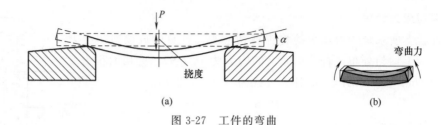

图 3-27　工件的弯曲

（1）弯曲受力分析

工件弯曲时，内表面纤维受到挤压，外表面纤维受到拉伸，所以内表面产生压应力，外表面产生拉应力，同时产生挠度。

（2）对弯曲工件的要求

发生弯曲时，工件外表面承受的最大拉应力，不能大于材料的最大许用拉应力，产生的挠度不能大于允许值，同时端部转角也不能大于允许值。

由于弯曲的情况很多，计算公式比较复杂，在此不作详细介绍。

3.2.7　扭转性能

工程上转动零部件比比皆是，各种传动轴都要受到扭矩作用，产生扭转。所谓扭转，就

图 3-28　物体受扭

是外力的合力为一力偶，且力偶的作用面与直杆的轴线垂直。直杆在扭转中发生的变形称为扭转变形，其特点是杆件各横截面绕杆的轴线发生相对转动（图 3-28）。

扭转试验在扭转试验机上进行，其型式多种多样（图 3-29、图 3-30）。试样的制作也有相应的标准。

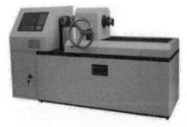

图 3-29　扭转疲劳试验机

图 3-30　钢丝绳扭转试验机

（1）扭转轴的受力分析

杆件在受到轴线平面内的力偶作用时，其横截面间发生相对转动的变形，即产生扭转角 φ 和切应变 γ（图 3-31）。

扭转角 φ：任意两截面绕轴线转动而发生的角位移。切应变 γ：直角的改变量。

对于塑性材料杆件，扭转可分为小变形、屈服、强化和剪断四个阶段；对于脆

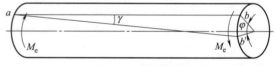

图 3-31　轴的扭转

性材料，当斜截面上的最大拉应力达到一定值时即被拉断。

（2）切应力计算

① 为简化计算，假设（图 3-32）：

a. 同一截面上，切应力 τ_p 与半径 ρ 成正比，即 τ_p 沿半径线性分布；

b. 同一截面上，τ_p 在同一圆周上的大小相同；

c. 整个轴只有相对转动，长度不变，横截面上的点只沿圆周位移，切应力 τ_p 的方向与半径垂直，且方向与扭矩一致。

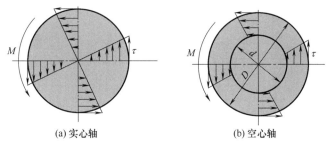

(a) 实心轴　　　　　　　　(b) 空心轴

图 3-32　扭转轴上切应力的分布

② 外表面上的切应力计算公式　设所加外力矩为 M（N·m），抗扭截面模量为 W（mm^3），则

$$\tau_{max} = M/W$$

对于实心轴　　　　　　　　$$W = \pi D^3/16$$

对于空心轴　　　　　$$W = \pi D^3(1-\alpha^4)/16 \quad \alpha = d/D$$

(3) 相对扭转角

两个一定距离的截面在外力偶作用下产生的扭转变形，即相对转过的角度，用 φ 表示。

设所加外力矩为 M（N·m），轴长为 L（mm），钢的剪切弹性模量 $G = 2.1 \times 10^5 MPa$，$I = \pi D^4/32$（实心轴）或 $I = \pi D^4/32(1-\alpha^4)$（空心轴），则

$$\varphi = \frac{ML}{GI}$$

3.2.8　冲击性能

冲击试验是根据能量守恒原理（通常假定冲击能全部转换为机件内的弹性能），将具有一定形状、尺寸的带有 V 形（或 U 形）缺口的试样，在冲击载荷作用下冲断，以测定其吸收能量的一种试验方法（图 3-33）。该试验用于检验材料本身的缺陷和工件质量的好坏。

冲击试验的对象，各行各业有所不同，从试样、零件到整机都有。根据试验的目的，可以是有缺口的，也可以是无缺口的。对于金属材料试样，一般都在冲击试验机上进行。

试样上开缺口的目的，是使试样在承受冲击时，在缺口附近造成应力集中，使塑性变形局限在缺口附近不大的体积范围内，并保证试样一次就被冲断。缺口愈深、愈尖锐，冲击吸收功愈低。

(1) 试验分析

① 弹性变形　弹性变形在金属中传播速度很快（接近声速）。普通冲击试验时变形速度只有 5~5.5m/s，高速冲击试验的变形速度也在 10m/s 以下。所以，变形速度对金属的弹性形变行为及性能基本无影响。

② 塑性变形及断裂　由于加载时间及载荷持续时间非常短，作用于位错上的力很大，

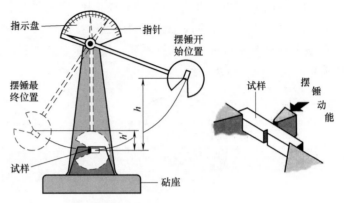

图 3-33 冲击试验机及其原理

集中于某一局部区域，所以塑性变形不均匀，试样很容易断裂。

(2) 冲击韧性计算

冲击韧性是指材料在冲击载荷作用下吸收塑性变形功和断裂功的能力，常用标准试样的冲击吸收功 A_k 表示。

用试样缺口处的截面积 S_N（cm^2）去除 A_{kV}（A_{kU}），即可得到试样的冲击韧度。

$$\alpha_k = A_k / S_N$$

α_k 并无明确的物理意义，只是材料抗冲击断裂的一个参考性指标，只能用在规定条件下进行相对比较，而不能替换到具体零件上进行定量计算。

下面是几种金属材料（图 3-34）和高分子材料（图 3-35）的冲击试验结果。

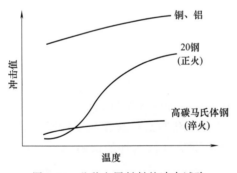

图 3-34 几种金属材料的冲击试验

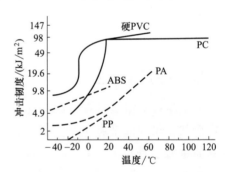

图 3-35 几种高分子材料的冲击试验

冲击韧度 α_k 或冲击功 A_k 是衡量材料冲击韧性的力学性能指标。几种材料的冲击功或冲击韧度见表 3-16。

表 3-16 几种材料的冲击功或冲击韧度

材　料	冲击功/J	冲击韧度/(kJ/m^2)	试　样
退火态工业纯铝	30		
退火态黑心可锻铸铁	15		
灰铸铁	3		V 形试样
退火态奥氏体不锈钢	217		
热轧 0.2% 碳钢	50		

材 料	冲击功/J	冲击韧度/(kJ/m²)	试 样
高密度聚乙烯		30	
聚氯乙烯		3	缺口尖端半径 0.25mm，
尼龙 66		5	缺口深度 2.75mm
聚苯乙烯		2	
ABS 塑料		25	

3.2.9 疲劳性能

轴、齿轮、叶片、弹簧等机械零件，在工作过程中各点会承受交变应力，虽然它们所承受的应力低于材料的屈服点，但经过长期工作后，会产生裂纹甚至突然断裂，出现"疲劳"，这也是机械零件失效的主要原因之一。材料在无限多次交变载荷作用后，不会产生破坏的最大应力称为疲劳强度。

(1) 疲劳产生的原因和后果

大多数机械产品在工作的过程中，都承受着交变载荷，有的零件设计上还有高度的应力集中缺陷。据统计，在汽车零部件的破坏中 85% 属于疲劳破坏；在航空、航天领域，$60\% \sim 80\%$ 的断裂属于疲劳破坏。世界上第一代喷气式客机的代表"慧星"，由于 1954 年 1 月 10 日和 4 月 8 日的两起坠机事故，使它从无比风光走向了无奈的谢幕。通过水池疲劳试验得出的结论，是由于其方形舷窗设计不当，引起应力集中，造成结构的应力集中疲劳而破坏。图 3-36 是喷气式客机"彗星"的照片，图 3-37 是它在专为它设计的水池中进行疲劳试验时的情景。

图 3-36　喷气式客机"彗星"

图 3-37　疲劳试验进行中

(2) 疲劳失效分析

零件疲劳失效的过程可分为疲劳裂纹产生、疲劳裂纹扩展和瞬时断裂三个阶段。疲劳断口一般可明显地分成三个区域，即疲劳源、疲劳裂纹扩展区和瞬时断裂区（图 3-38）。

疲劳试验在疲劳试验机上进行。根据试验，可得出在各种循环作用次数 N 下的极限应力，即材料的疲劳曲线（S-N 曲线）。图 3-39 表示的是几种金属材料零件的疲劳曲线，其应力循环次数可达 10^8，甚至 10^9。

(3) 设计上的措施

零件的疲劳寿命不仅与零件的应力、应变水平有关，而且与其结构、生产工艺、装配和应力集中等很多因素有关，何况并不能对每一个零件都进行疲劳试验。所以在设计时，应该考虑采取一定的措施。

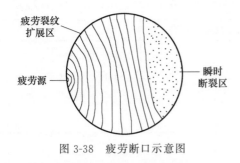

图 3-38　疲劳断口示意图

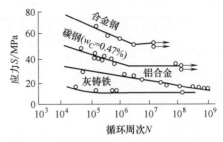

图 3-39　几种金属材料零件的疲劳曲线

① 选用屈服强度高或屈服强度和抗拉强度比值高，无裂纹、疵点和伤痕等缺陷的原材料。

② 采用能提高表面质量的制造工艺。

③ 对零件表面进行磨削、强压、抛丸和滚压等。

④ 在设计中，尽量减少可能产生应力集中的因素，如有截面突变时，采用较大的过渡圆角等。

（4）常用材料的疲劳强度

常用材料的疲劳强度见表 3-17。

表 3-17　常用材料的疲劳强度　　　　　　　　　　　　　　　　MPa

材　料	疲劳强度	材　料	疲劳强度
25 钢（正火）	176	Ti 合金（Ti6Al4V）	627
45 钢（正火）	274	LY12（时效）	137
30CrNi3（调质）	480	LC4（时效）	157
40CrNiMo（调质）	529	ZL102	137
35CrMo（调质）	470	ZL301	49
超高强度钢（淬火回火）	784～882	电解铜	118
60 弹簧钢	559	H68	147
GCr15	549	ZQSn10-1	274
18-8 不锈钢	196	聚乙烯	12
1Cr13 不锈钢	216	聚苯乙烯	10
HT450	49	聚碳酸酯	10～12
HT400	118	聚酯	16
QT400-17	196	尼龙 66	14
QT500-5	176	酚醛树脂	26
QT700-2	196	玻璃纤维复合材料	88～147

3.3　化学性能

金属材料的化学性能，主要是指工作条件下，抵抗各种介质侵蚀，防止其不良效果的能力，具体来说包括抗氧化性能和耐腐蚀性能两个方面。

3.3.1　抗氧化性能

金属在空气中接触氧气，从而在其表面上生成一层氧化膜。如果这种氧化物层比较疏松（如钢铁材料），那么外界氧气便可以进一步与内层金属作用，使其破坏；反之，若能牢固地覆盖在金属表面上（如铝材），那么就会形成一层保护层，使氧气不能再继续与内层金属接触，从而阻止金属的氧化，金属就得到了保护，这样的金属抗氧化性能好。

高温下的金属氧化尤为剧烈，工业领域常见的高温氧化场合见图 3-40。

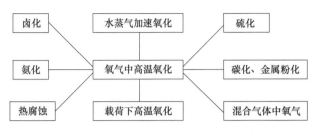

图 3-40　工业领域常见的高温氧化场合

要提高金属材料的抗氧化性能，可以采用物理方法，如在其表面涂油、喷漆、喷丸、电镀和搪瓷等；也可以采用化学方法，如改变其化学成分（如增加 Cr 含量）、进行发蓝、阳极化处理等。

3.3.2　耐腐蚀性能

金属在工作环境下，会受到各种介质（大气、酸、碱、盐）的侵蚀，从而遭到破坏，耐腐蚀性能就是材料自身抵抗这种侵蚀的能力。

按腐蚀机理，腐蚀可分为物理腐蚀、化学腐蚀和电化学腐蚀。

① 物理腐蚀：由物理作用引起的冲刷、磨损、碰撞、辐射等［图 3-41（a）］。

② 化学腐蚀：金属与非电解质氧化和还原的纯化学过程，反应过程中没有电流产生，并且腐蚀产物直接在金属表面产生［图 3-41（b）］。

③ 电化学腐蚀：金属与电解质同时存在，过程中有电流产生，性质比化学腐蚀更严重，更普遍［图 3-41（c）］。

(a) 物理腐蚀　　　　　(b) 化学腐蚀　　　　　(c) 电化学腐蚀

图 3-41　按腐蚀机理分类

显然，要提高金属材料的耐腐蚀性能，仅仅用上述抗氧化性能中的方法还不够，此时必须改用耐腐蚀材料，如不锈钢、耐热钢、聚四氟乙烯（特氟隆）、复合材料甚至碳纤维等新材料；或者采用化学镀、离子镀、热喷涂、气相沉积、真空蒸镀和激光强化等手段。

3.4　工艺性能

材料加工方法，离不开切削、铸造、锻造、冲压、焊接和热处理等（图 3-42）。而材料工艺性能的好坏，决定了零件加工的难易程度，同时也会影响零件的质量、生产率和成本。材料的工艺性能，包括可切削性、可铸性、可锻性、可冲压性、可焊性和可热处理性等。

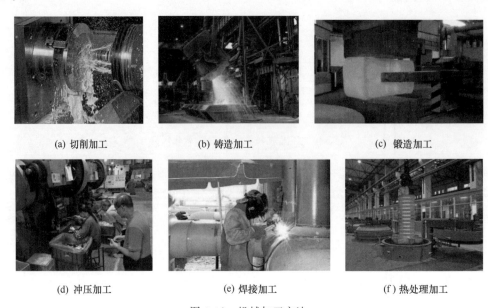

(a) 切削加工   (b) 铸造加工   (c) 锻造加工

(d) 冲压加工   (e) 焊接加工   (f) 热处理加工

图 3-42　机械加工方法

3.4.1　可切削性

可切削性是指金属材料被刀具切削加工后，成为合格工件的难易程度。其指标有加工后工件的表面粗糙度、允许的切削速度以及刀具的磨损程度等（图 3-43）。

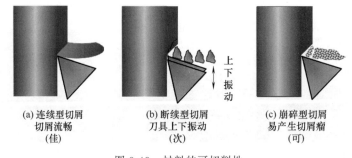

(a) 连续型切屑　　　(b) 断续型切屑　　　(c) 崩碎型切屑
切屑流畅　　　　刀具上下振动　　　易产生切屑瘤
(佳)　　　　　　　(次)　　　　　　　(可)

图 3-43　材料的可切削性

3.4.2　可铸性

可铸性是指金属材料用铸造的方法获得合格铸件的性能，主要包括材料的流动性、收缩性和偏析等。流动性不足易产生"缺浇""冷隔"（图 3-44 和图 3-45），收缩性不良则产生缩孔、缩松、疏松（图 3-46）。

3.4.3　可锻性

可锻性是指金属材料在压力加工（锤锻、轧制、拉伸和挤压等）时，材料能改变形状而不产生裂纹的性能。

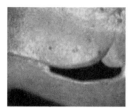
图 3-44 缺浇

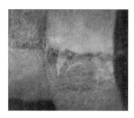
图 3-45 冷隔

图 3-46 缩孔、缩松、疏松

由原材料造成的锻件缺陷,有表面裂纹、折叠、层状断口、非金属夹杂、缩管残余等。

可锻性的好坏取决于材料的化学成分和加热温度。通常钢具有良好的可锻性,以低碳钢最好,中碳钢次之,高碳钢较差。锻温对金属可锻性的影响较大,温度升高时,其可锻性随之提高。

3.4.4　可冲压性

可冲压性是金属材料承受冲压变形加工而不破裂的能力。具体来说,可冲压性包括延性、展性和冷冲压性等,它们的含义是:延性,在外力作用下可以被拉伸的性能;展性,可以被锤击或碾压成薄箔的性能;冷冲压性,材料在冷态下受冲时,所表现出来的变形能力;拉伸强度,通过拉伸后表面无裂纹,毛刺等;折弯角度,通过冲压机械与冲压模具配合,将板材折弯后不断裂;卷圆度,可被冲压模具卷圆,而表面不出现皱纹,且圆弧度一致。

选用冲压材料时,要考虑冲压件的使用要求、工艺要求及经济性等因素。可冲压性好的材料不仅有低碳钢,还有不锈钢、铝及铝合金、铜及铜合金等。一般以碳含量小于 0.25% 及抗拉强度小于 650MPa 的材料为主。

3.4.5　可焊性

可焊性主要是指在一定的焊接工艺条件下,获得优质焊接接头的难易程度。它包括焊接后材料的结合性能(不易产生裂纹、气孔等缺陷)和使用性能(承受拉伸、弯曲、冲击的情况)。材料的碳含量越高,可焊性越差:低碳钢的可焊性较好,高碳钢较差,铸铁则更差。另外,可焊性也与材料的种类有关,低碳钢的可焊性要优于不锈钢。

3.4.6　可热处理性

可热处理性是指通过对金属材料的加热、保温和冷却,达到改变固态金属的组织结构,得到所需性能的难易程度。可热处理性的主要指标有淬透性、二次硬化和回火脆性等。

热处理有常规热处理和化学热处理两大类,只改变材料的使用性能和工艺性能,而几乎不改变零件的形状和尺寸。

关于热处理方面的内容,还要在第 7 章中详细介绍。

第4章
钢铁材料的组织

> 1. 什么是单晶体？什么是多晶体？各有哪些特性？为什么？
>
> 2. 常见的金属晶体结构有几种？它们的原子排列和晶格常数各有什么特点？
>
> 3. 晶粒的大小对材料的力学性能有什么影响？用什么方法可使液态金属结晶后得到细晶粒？
>
> 4. 固溶体和金属间化合物的主要性能特点是什么？
>
> 5. 实际金属晶体存在哪些缺陷？对材料性能有什么影响？
>
> 6. 铸造生产中，如何控制铸件晶粒度的大小？
>
> 7. 铁碳合金中常见的金属组织有哪几种？平衡相图中的特征点和特征线有哪些？

在第 1 章中，我们已经叙述了工程材料在国民经济发展中的重要性，所以为了更好地利用它，了解其内部组织、结构和性能之间的关系，并善于选择材料也就成了理所当然的事。

金属材料的化学成分不同，其性能也不同。对于同一种成分的金属材料，通过不同的加工工艺处理，改变材料内部的组织结构，也可以使其性能发生很大的变化。可见，除了化学成分以外，金属的内部结构和组织形态也是决定金属材料性能的重要因素。

4.1　金属的内部结构

金属是由原子组成的，金属的内部结构就是原子的排列方式和结合方式，它们一起作用，决定了金属的理化性能（如光泽、熔点、导电性、导热性和延展性等）。

（1）化学键

化学键包括金属键、离子键和共价键。

金属键是由金属中的自由电子与金属正离子相互吸引构成的键［图 4-1（a）］。

离子键是原子带相反电荷离子之间的静电相互作用所构成的键。例如活泼金属元素与活泼非金属元素之间，一般形成离子键［图 4-1（b）］。

共价键也称分子键，是原子之间电子对共享的化学键［图 4-1（c）］。

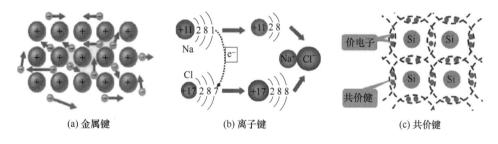

|（a）金属键|（b）离子键|（c）共价键|

图 4-1　化学键

（2）晶体和非晶体

金属和合金中的原子，一般都是晶体结构。但是，晶体结构不是金属的专利，很多非金属，如石墨烯、金刚石等，也都是晶体结构（图 4-2）。

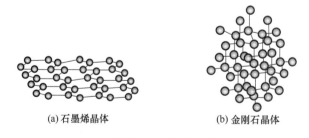

(a)石墨烯晶体　　　(b)金刚石晶体

图 4-2　石墨烯和金刚石的晶体结构

说到晶体结构，这里顺便说一下非晶体结构。它们的主要区别见表 4-1。

图 4-3 和图 4-4 所示分别为几种常见的晶体、非晶体物料及其典型原子排列结构。

表 4-1　晶体与非晶体的性质和典型物料

项　目	晶　体	非晶体
原子(离子或分子)排列	对称、有序、周期性	不对称、无序、无周期性
自范性(本质区别)	有	无
性能	各向异性	各向同性
固定熔点、沸点	有	无
熔化(或凝固)过程	固液态共存	只有软硬变化
内能	小而稳定	大而不稳定
能否发生 X 射线衍射	能	不能(能发生散射)
典型物料	石英、云母、明矾、食盐、硫酸铜、糖	玻璃、蜂蜡、松香、沥青、橡胶、塑料

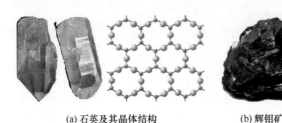

(a) 石英及其晶体结构　　　　　　(b) 辉钼矿

图 4-3　晶体物料

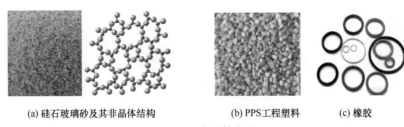

(a) 硅石玻璃砂及其非晶体结构　　(b) PPS工程塑料　(c) 橡胶

图 4-4　非晶体物料

晶体和非晶体在一定条件下可以相互转换。例如，把金属加热到液态，在冷却速度足够快时，就可以得到非晶体金属（第 11 章中要介绍的金属玻璃，就采用这种方法生成）；天然石英是晶体，熔融后却是非晶体；把晶体硫加热到 300℃以上熔化，再倒进冷水中，会变成柔软的非晶硫，再过一段时间又会转化为晶体硫。

4.1.1　晶体

前面已经讲了晶体的性质，下面再讲一下它的分类和晶粒大小。

(1) 分类

① 按组成　可分为单晶体和多晶体。

a. 单晶体是原子排列规律相同，晶格位向一致的晶体（如单晶硅）。

b. 多晶体是由很多具有相同排列方式，但位向不一致的小晶粒组成的集合体（如金属，见图 4-5）。

这就是金属晶体是各向异性，而金属材料却表现为各向同性的原因。

② 按类型　可分为离子晶体、原子晶体、分子晶体和金属晶体。

a. 离子晶体：在晶格结点上交替排列着阳离子和阴离子，两者之间通过离子键结合而形成的晶体，如氯化钠［图4-6（a）］。

b. 原子晶体：在晶格结点上排列着原子，原子间以共价键结合而形成的晶体。某些非金属单质如金刚石（C）、晶体硅（Si）、晶体硼（B）、晶体锗（Ge），某些非金属化合物如碳化硅（SiC）晶体、氮化硼（BN），某些氧化物如二氧化硅（SiO_2）、三氧化二铝（Al_2O_3），都是原子晶体［图4-6（b）］。这类晶体的特点是熔点和沸点高，硬度大，一般不导电，且难溶于一些常见的溶剂。

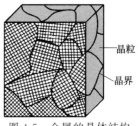

图 4-5 金属的晶体结构

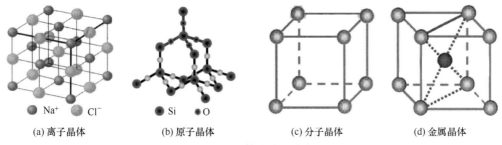

(a) 离子晶体　　　(b) 原子晶体　　　(c) 分子晶体　　　(d) 金属晶体

● Na⁺ ● Cl⁻　　　● Si ○ O

图 4-6　晶体按类型分类

c. 分子晶体：在晶格结点上排列着分子，以分子间作用力互相结合的晶体。所有非金属氢化物（H_2O、H_2S、NH_3、CH_4等）、部分非金属单质（O_2、H_2、S_8、P_4、C_{60}等）、部分非金属氧化物（CO_2、SO_2、NO_2、P_2O_3、P_2O_5等）、几乎所有的酸（H_2SO_4、HNO_3、H_3PO_4等）、绝大多数有机物（乙醇、冰醋酸、蔗糖等）的晶体都是分子晶体。这类晶体的特点是低熔点，易升华，硬度很小，一般都是绝缘体，熔融状态也不导电等［图4-6（c）］。

d. 金属晶体：原子间通过共价键相结合而形成空间网状结构的晶体［图4-6（d）］。

（2）晶粒的大小

金属晶粒的大小，用晶粒度表示。晶粒度越小，其强度和硬度越高，同时塑性和韧性也越好，这是通常人们所希望得到的（例如纳米材料）。但是，有时也不尽然，例如在高温环境工作的金属材料，晶粒度应当适中。而在有些情况下，如电动机和变压器的硅钢片，因为要求其磁滞损耗小、效率高，反而希望晶粒适当粗大。

冶金行业标准中，将钢材加热到（930±10）℃，保温3h后测定的晶粒度分为8级（图4-7），1～4级为钢材粗晶粒度，5～8级为细晶粒度。加热时奥氏体的晶粒大小，直接关系到其冷却后的力学性能好坏。

（3）晶体结构

为了宏观描述金属晶体的内部结构，人们把它的原子（离子）抽象为一个质点，这些质点按一定的方式在空间进行有规则的周期性分布。质点和质点之间的结合键用直线表示。

金属晶体结构有多种，其中最典型的有三种：体心立方、面心立方和密排六方，它们的表示方法见图4-8。

① 体心立方晶格　在立方体的8个顶点上各有1个原子，在立方体的中心还有1个原子。如Mn、Mo、W、Cr、V、α-Fe、δ-Fe等金属晶体。晶胞特征常数为$a=b=c$，$\alpha=\beta=\gamma=90°$。

② 面心立方晶格　在立方体的8个顶点上各有1个原子，在立方体6个面的中心还各

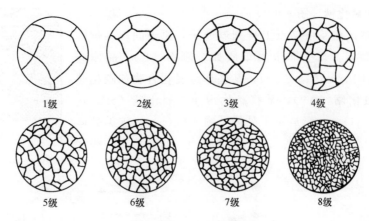

图 4-7 钢的晶粒度级别

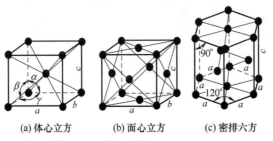

(a) 体心立方　　(b) 面心立方　　(c) 密排六方

图 4-8 典型的金属晶体结构

有 1 个原子。如 Cu、Ag、Pb、Ni、γ-Fe 等金属晶体。晶胞特征常数也是 $a=b=c$，$\alpha=\beta=\gamma=90°$［同图（a），未标出］。

③ 密排六方晶格　在晶胞的 12 个角上各有 1 个原子，构成六方柱体，上、下底面的中心各有 1 个原子，晶胞内还有 2 个原子。如 Mg、Zn、Be、Cd 等金属晶体。晶胞特征常数为 $c/a=1.633$，侧面夹角为 120°，侧面与底面夹角为 90°。

(4) 不同晶格对力学性能的影响

体心立方、面心立方和密排六方晶格的晶体力学性能是不同的。一般来说，前者强度较高而塑性较差，中者强度较低而塑性较好，后者的强度和塑性均较差。

同一种金属在不同温度范围，可能有不同的晶体结构。例如，Fe 就有 α、δ 和 γ 三种形态：在室温时为体心立方（α-Fe）；当温度升高到 912℃时，会转变为面心立方（γ-Fe）；而当温度继续升高到 1394℃时，又会变为体心立方（δ-Fe），并一直保持到铁熔点（1538℃）变为液体（图 4-9）。

4.1.2 晶格和晶胞

(1) 晶格

晶体中原子排列模型如图 4-10 所示，为了清楚地表示其中原子排列的规律，将原子简化为一个质点，再用假想线将它们连接起来，构成一个

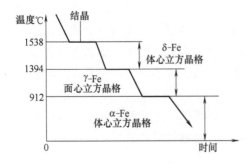

图 4-9 Fe 的三种晶体形态

能反映原子排列规律的三维空间格架，称为晶格（图4-11）。

（2）晶胞

从晶格中取出数个原子组成的，并能代表整个晶格几何结构特征的最小单元称为晶胞（图4-12）。晶胞一般都是平行六面体，它们无间隙并置构成晶体。

（3）晶胞的几何特征

不同晶格类型的晶胞，或同一类型的不同晶体的晶胞，其大小是不同的。晶胞的几何特征可以用它的三个棱长 a、b、c（晶格常数）和它们之间的夹角 α、β、γ 大小来表示（图4-12）。金属原子的直径愈大，其晶格常数愈大。

 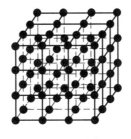 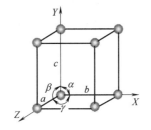

图4-10　晶体中原子排列模型　　　图4-11　晶格　　　　　图4-12　晶胞

4.1.3　晶体结构的缺陷

（1）缺陷种类

实际晶体结构在形成过程中，是有可能存在缺陷的，常见的三种形式是点缺陷、线缺陷和面缺陷。

点缺陷包括空位、间隙原子和置换原子三种情况［图4-13（a）］，线缺陷指原子的排或列存在缺损［图4-13（b）］，面缺陷指原子的排或列存在扭曲或断裂［图4-13（c）］。

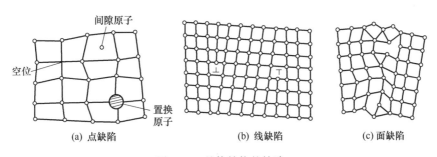

图4-13　晶体结构的缺陷

（2）对性能的影响

① 点缺陷的出现，使周围的原子发生靠拢或撑开，造成晶格畸变，使材料的强度、硬度增加，金属中点缺陷越多，它的强度、硬度越高。另外，点缺陷还会使材料的比体积、比热容和电阻率增大。

② 线缺陷（主要指位错），能产生材料的加工硬化，降低材料的强度，也与韧性、脆性密切相关。

③ 面缺陷对力学性能的影响是使金属塑性、硬度以及抗拉强度显著降低等。

4.2 二元合金和相图

把两种或两种以上的金属或金属与非金属熔合在一起，即可得到具有另一种金属特性的

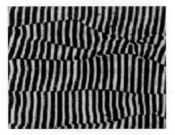

图 4-14 Al-Cu 二元合金

物质，这就是二元或多元合金。图 4-14 表示的是 Al-Cu 二元合金的形态。

4.2.1 二元合金

(1) 固溶体

当一个（或几个）组元的原子（化合物）溶入主组元的晶格中，而仍保持主组元的晶格类型的固态金属晶体时，这种合金称为固溶体。固溶体又有间隙固溶体和置换固溶体之分（图 4-15）。由于间隙固溶体使晶格发生畸变，所以金属的强度和硬度都会增大。

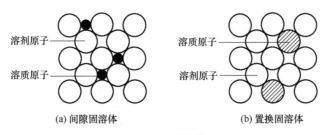

图 4-15 固溶体

固溶体的产生会使材料的强度和硬度增加，塑性降低，即固溶强化现象。强化的程度除了取决于它的成分外，还取决于它的类型、结构特点和固溶度。

(2) 金属间化合物

当金属元素与其他金属元素或非金属元素之间发生化合作用，生成一种具有金属性能的新的晶体固态结构时，这种合金称为金属间化合物。其晶体结构复杂，熔点高，塑性低，硬而脆，通常能提高合金的强度、硬度和耐磨性，是工具钢、高速钢等钢中的重要组成相。图 4-16 所示为金属间化合物 Fe_3C 的晶格结构和显微组织。

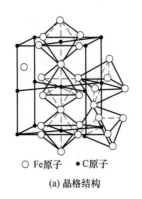

○ Fe原子 ●C原子

(a) 晶格结构

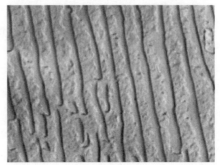

(b) 显微组织

图 4-16 金属间化合物 Fe_3C

当金属间化合物呈细小颗粒均匀分布在固溶体上时，可提高材料的强度、硬度和耐磨性，塑性随之降低，即弥散强化现象。

(3) 机械混合物

机械混合物是由两相或多相机械混合构成的组织。混合物中各个相仍保持各自的晶格和性能。而混合物的性能基本上取决于各组成相的性能和混合物构成的比例。在机械工程材料中使用的合金材料绝大多数是这种组织状态，它也是合金的重要组成相。

4.2.2　相图

(1) 相和显微组织

相是指系统中每一宏观的均匀部分，或体系内理化性质完全相同的部分。例如，容器内的多种气体混合物是一相，冰和水混合物是两相，水、盐水和盐混合物是三相，气体、冰、盐和盐水混合物是四相（图4-17）。

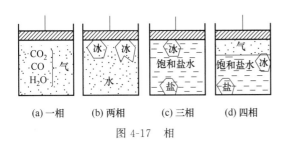

(a) 一相　　(b) 两相　　(c) 三相　　(d) 四相

图 4-17　相

图 4-18　显微组织

显微组织是指用肉眼或显微镜所观察到的材料的微观形貌（图4-18），包含合金中不同形态、大小、数量和分布的相。纯金属一般是一相组织，而合金组织可以是单相、两相或多相。

(2) 相图

相图（一般指平衡相图），是表示合金系中合金的状态与温度、成分、结构之间关系的图。相图分匀晶相图、共晶相图、包晶相图和共析相图四种。

① 匀晶相图　是两组元在液态时完全互溶，在固态时也能互溶，并形成无限固溶体的合金系的相图。匀晶合金与纯金属不同，它没有一个恒定的熔点，而是在液、固相线划定的温区内进行结晶。Cu-Ni、Fe-Ni、Fe-Cr 和 W-Mo 等合金的相图均是匀晶相图。

② 共晶相图　是两组元在液态时完全互溶，在固态时形成两种不同的固相，并发生共晶转变的合金系的相图。共晶合金熔点低，流动性好，易形成集中缩孔，不易形成分散缩孔，因此适用于铸造生产。Pb-Sn、Pb-Sb、Ag-Cu 和 Al-Si 等合金的相图均是共晶相图。

③ 包晶相图　是两组元在液态时完全互溶，在固态时形成有限固溶体，并发生包晶转变的合金系的相图。Pt-Ag、Sn-Sb、Cu-Sn 和 Cu-Zn 等合金的相图均是包晶相图。

④ 共析相图　是由某种均匀一致的固相中，同时析出两种化学成分和晶格结构完全不同的新固相的合金系的相图。Fe-C 合金中的珠光体（铁素体＋渗碳体）的相图就是共析相图。

后面第4.3节中将要介绍到的铁碳合金相图（图4-9）中，就有上面介绍的形式，现先将该图简化介绍如下（图4-19）。

二元合金相图的纵坐标为温度、横坐标为 B 组分含量，图中有两条曲线（图 4-20），上面的是液相线，下面的是固相线。相图被这两条曲线分为三个相区：液相线以上的液相区，固相线以下的固溶体区，两条线之间的两相（L＋α）共存区。

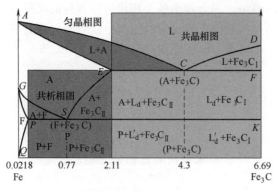

图 4-19　铁碳合金相图

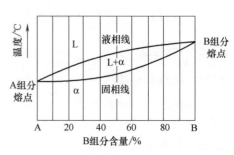

图 4-20　简化的二元合金相图

4.2.3　结晶过程分析

结晶过程是由液态（原子不规则排列）转变为固态晶体（原子有规则排列）的过程，其间形成晶核并不断长大，最后结晶（图 4-21）。

由于结晶时物质要放出潜热，所以实际结晶温度 T_1 要低于理论结晶温度 T_0，这个差值称为过冷度（图 4-22）。

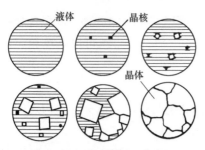

图 4-21　纯金属结晶过程

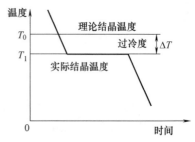

图 4-22　冷却曲线

（1）结晶过程和力学性能的关系

金属的晶粒越细小，其强度和硬度越高，塑性和韧性越好。这是因为金属晶粒越细小，晶界总面积越大，位错障碍越多，需要协调的具有不同位向的晶粒越多，使金属塑性变形的抗力越高。同时，晶粒越细小，单位体积内参与变形的晶粒数目也越多，变形越均匀，强度和塑性同时增加，其韧性也较好。

（2）细化晶粒的方法

细化晶粒是提高金属强度、硬度、塑性和韧性的方法之一，具体的方法有增大过冷度、变质处理和附加振动。

① 增大过冷度　液态金属结晶，当其他条件相同时，采用金属模浇注的铸件晶粒要比砂模浇注的晶粒更细小；低温浇注铸件晶粒要比高温浇注铸件晶粒更细小；铸件薄壁处的晶粒要比厚壁处的晶粒更细小。这是因为提高冷却速度，可促进其自身增加晶核数量，使晶粒更加细小。

② 变质处理　是在铸铁水中加入硅、钙等变质剂作为外来晶核，使晶粒细化并阻止其长大。

③ 附加振动　包括机械振动、超声波振动和电磁搅拌等，可使生长中的枝晶破碎，并增加晶核数量，达到细化晶粒的目的。

4.3　铁碳合金相图

铁碳合金相图示出了铁碳二元合金，在平衡状态下不同的合金成分，在不同温度下所形成的组织（相）。铁碳合金相图是研究铁碳合金最基本的工具，是研究碳钢和铸铁的成分、温度、组织及性能之间关系的理论基础，也是制定热加工、热处理、冶炼和铸造等工艺的依据，其重要性显而易见。

4.3.1　相图组织

① 铁素体（F，α相）　是碳在 α-Fe 中的体心立方晶格的间隙固溶体。由于其溶碳能力很低，故性能与纯铁相似，强度、硬度低，而塑性和韧性好。组织呈明亮的多边形晶粒，晶界曲折［图 4-23（a）］。

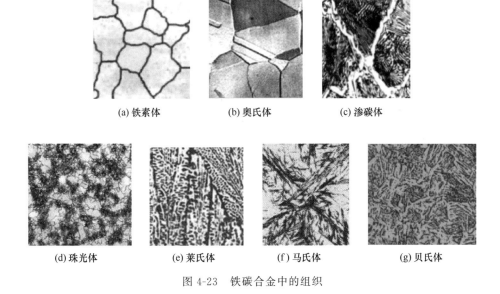

（a）铁素体　　　　（b）奥氏体　　　　（c）渗碳体

（d）珠光体　　　（e）莱氏体　　　（f）马氏体　　　（g）贝氏体

图 4-23　铁碳合金中的组织

② 奥氏体（A，γ相）　是碳在 γ-Fe 中的面心立方晶格的间隙固溶体。其强度、硬度不高，塑性好，适于锻压加工。组织与铁素体相似，多边形晶粒，但晶界较铁素体平直［图 4-23（b）］。

③ 渗碳体（Fe_3C）　是一种具有复杂斜方晶格的间隙化合物，抗拉强度很低，硬度很高，脆性很大，塑性几乎为零。常温下碳在铁碳合金中主要以 Fe_3C 或石墨的形式存在，在一定条件下可发生分解：$Fe_3C \Longrightarrow 3Fe + C$。组织常为片状、球（粒）状和网状等不同形态［图 4-23（c）］。

④ 珠光体（P）　是铁素体和渗碳体组成的机械混合物［图 4-23（d）］，强度较高，硬度

适中，塑性和韧性介于铁素体和渗碳体之间，综合性能良好。

⑤ 莱氏体（L） 常温下是珠光体、渗碳体和共晶渗碳体的混合物，由液态铁碳合金发生共晶转变形成的奥氏体和渗碳体组成 [图 4-23（e）]。因所含渗碳体的成分较多，故性能与渗碳体相似，硬度很高（>700HB），塑性差，脆性很大。

⑥ 马氏体（M） 是碳溶于 α-Fe 的过饱和的固溶体，其金相呈针状，由奥氏体急速冷却（淬火）形成 [图 4-23（f）]。由于其比体积大于奥氏体、珠光体，故易产生淬火应力，从而导致工件变形开裂。

⑦ 贝氏体（B） 是钢在奥氏体化后被过冷到珠光体转变温度区间以下，马氏体转变温度区间以上这一中温区间转变而成的，组织为铁素体加弥散的碳化物 [图 4-23（g）]。

铁碳合金相图见图 4-24，其中表示了各种组织的位置和各个特征点、特征线。

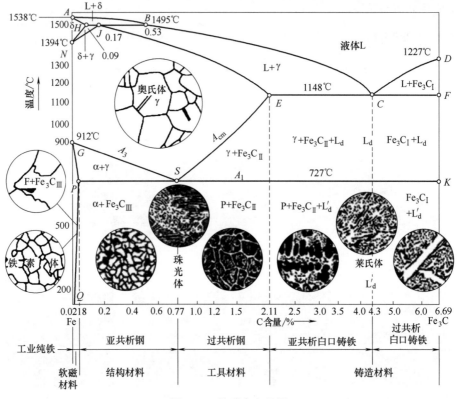

图 4-24　铁碳合金相图

4.3.2　特征点和特征线

铁碳合金相图中的特征点和特征线，均统一用规定的英文字母表示，见表 4-2 和表 4-3。

表 4-2　铁碳合金相图中的特征点

特征点	温度/℃	C 含量/%	说　　明
A	1538	0	纯铁的熔点
B	1495	0.53	包晶转变时液相成分
C	1148	4.3	共晶点 L_C，$\gamma_E + Fe_3C$
D	1227	6.69	渗碳体的熔点
E	1148	2.11	碳在 γ-Fe 中的最大溶解度
F	1148	6.69	渗碳体的成分
G	912	0	纯铁 α-Fe、γ-Fe 同素异构转变点

特征点	温度/℃	C 含量/%	说　　明
H	1495	0.09	碳在 δ-Fe 中的最大溶解度
J	1495	0.17	包晶点 $L_B + \delta_H, \gamma_J$
K	727	6.69	渗碳体的成分
N	1394	0	纯铁 γ-Fe、δ-Fe 同素异构转变点
P	727	0.0218	碳在 α-Fe 中的最大溶解度
S	727	0.77	共析点 $\gamma_S, \alpha_P + Fe_3C$
Q	室温	0.0008	室温下碳在 α-Fe 中的溶解度

表 4-3　铁碳合金图中的特征线

特征线	说　　明
ABCD	此为液相线，线以上为液态(L)。AC 以下结晶出奥氏体 A，CD 以下结晶出渗碳体 Fe_3C
AHJECF	此为固相线，线以下的铁碳合金为固体；ECF(1148℃)为共晶转变线，同时结晶出奥氏体 A 和渗碳体 Fe_3C 混合物，即莱氏体 Ld
HN、JN	分别是合金在冷却时，δ 固溶体向 γ 固溶体转变的开始线和终结线；或在加热时，γ 固溶体向 δ 固溶体转变的开始线和终结线
GS、GP	分别是合金在冷却时，从 γ 固溶体中析出 α 固溶体的开始线和终结线；或在加热时，α 固溶体向 γ 固溶体转变的开始线和终结线
PQ	是碳在 α 固溶体中的溶解度曲线
ES	是碳在 γ 固溶体中的溶解度曲线，E 点最高(1148℃)，S 点最低(727℃)，此时多余的碳以渗碳体的形式从奥氏体中析出
PSK	共析转变线（又称 A_1 线）。冷却到此线(727℃)发生共析转变，在奥氏体 A 中同时析出铁素体 F 和渗碳体 Fe_3C 混合物，即珠光体 P（或珠光体、渗碳体和共晶渗碳体的混合物，即莱氏体 L'_d）

4.3.3　铁碳合金相图的应用

（1）选材

铁碳合金相图表明了不同成分、组织与性能的钢和铸铁之间的关系，为合理选用钢铁材料提供了依据。

① 建筑结构、各种型钢和船体钢板等，要求塑性、韧性好，不要求切削性能，应选用碳含量较低的钢材（碳含量低的亚共析钢）。

② 各种机械零件（汽车轴等），要求强度高，切削性能好，塑性及韧性都较好，应选用碳含量适中的中碳钢（碳含量中等的亚共析钢）。

③ 各种工具（锯、锉等），要求硬度高、耐磨性好，不要求切削性能，应选用碳含量高于 0.55% 的高碳钢（共析钢、过共析钢）。

④ 承受冲击不大、形状复杂、切削加工量少，但要求耐磨的铸件（拉丝模、冷轧辊、床身、球磨机的磨球），应选用白口铸铁。

⑤ 电磁铁的铁芯等，要求磁导率高、矫顽力低，应选用纯铁软磁材料。

（2）铸造

铁碳合金相图是制定铸造工艺的依据（其他热加工亦然，参见图 4-25）。

① 确定合金的浇注温度：一般在液相线以上 100℃ 左右。

② 获得致密的铸件：铸铁成分选在共晶成分附近，由于其凝固温度区间小，流动性好，分散缩孔少，可使缩孔集中在冒口内。

③ 铸钢的碳含量一般为 0.15%～0.6%，这是由于其凝固温度区间较大，铸造性能较好。但由于流动性较差，所以现在多以球墨铸铁代替铸钢。

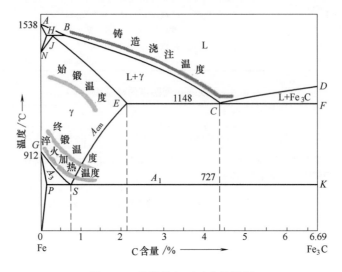

图 4-25 各种热加工工艺的温度

（3）热锻、热轧

锻造或热轧选在单相奥氏体区内进行，一般始锻、始轧温度控制在固相线以下 100～200℃ 范围内，终锻、终轧温度不能过低。

① 亚共析钢热加工终止温度，多控制在 GS 线以上一点，以免形成带状组织，降低钢的韧性。

② 过共析钢变形终止温度，应控制在 PSK 线以上一点，以便打碎网状二次渗碳体。一般始锻温度为 1150～1250℃，终锻温度为 800～850℃，否则再结晶后奥氏体晶粒粗大，热加工后的组织也粗大。

③ 随着碳含量增加，钢的锻造性能下降，所以亚共析钢的锻造性能好于共析钢和过共析钢。

④ 白口铸铁不能锻造，因为它无论在高温或低温，都是以共晶渗碳体为基体相。

（4）焊接

① 按焊接性能要求，碳含量小于 0.25% 的低碳钢和低合金钢，焊接性良好，塑性和冲击韧性优良，焊后的焊接接头塑性和冲击韧性也很好，焊接时不需要预热和焊后热处理，焊接过程简便。随着碳含量增加，大大增加焊接的裂纹倾向，焊接性变差，必须预热，甚至需要预热到较高温度。

② 焊接过程中，各区域受到焊缝热影响的程度不同。可以根据铁碳合金相图来分析不同温度对应的区域，在随后的冷却过程中，可能会出现的组织和性能变化情况，从而采取措施，保证焊接质量。此外，一些焊接缺陷往往采用焊后热处理的方法加以改善。

（5）热处理

通过铁碳合金相图可知，在钢铁加热或冷却的过程中，产生了相组织的变化，这就是热处理的原理。其方式主要有退火、正火、淬火和回火等。根据不同的要求，还可以进行表面热处理等其他方式。这里只简述高温回火和低温回火。

① 高温回火　是指把零件淬火后，再加热到 $500\sim650℃$ 回火，保温一段时间后，以适当的速度冷却（通常称为调质）。得到的组织为铁素体＋细粒状渗碳体的混合物，硬度一般在 $25\sim35HRC$ 之间。主要应用于碳含量为 $0.3\%\sim0.5\%$ 的碳钢和合金钢制造的各类连接和传动的结构零件，如连杆、螺栓、齿轮及轴。

② 低温回火　又称消除应力回火，回火温度范围为 $150\sim250℃$，回火后的组织为回火马氏体，具有高硬度（$58\sim64HRC$）和高耐磨性，内应力和脆性降低。主要用于高碳钢和高碳合金钢制造的工具模和滚动轴承，以及经渗碳和表面淬火的零件。

更加详细的内容，将在第 7 章中介绍。

第 5 章
合金元素的作用

> 1. 为什么说P和S在一般情况下总是有害元素？有什么例外？
>
> 2. 哪些元素能显著提高钢的淬透性？提高钢的淬透性有什么好处？
>
> 3. 哪些元素能强烈阻止奥氏体晶粒长大？阻止奥氏体晶粒长大有什么好处？
>
> 4. 哪些元素能明显提高回火稳定性？提高回火稳定性的作用是什么？
>
> 5. 如何提高钢的韧性？
>
> 6. 钢的强化机制有哪些？为什么一般钢的强化工艺都采用淬火+回火？

合金元素在钢中的存在方式有四种：碳化物、固溶体、游离态和化合物。

金属材料的组织、性能及热处理方法，是由合金元素的种类和含量多少而决定的。了解它们的作用，便可以进行适量增减，以达到某种特定性能，从而满足工程的需要。

金属中的合金元素很多，既有金属元素，如 Mn、Cr、Ni、Cu、As、Nb、Ti、Al、Mo、Pb、Co、W；也有非金属元素，如 C、Si、P、S、N、V、B、Si。它们的作用各不相同。一般来说，可以将它们分为有害元素（如 P、S 和 H 等）和有益元素（如 Mn、Cr、Ni 等）。当然这也不绝对，例如通常认为是有害元素的 P 和 S，在易切削钢中却成了有益元素；C 在钢中，也要随钢种不同而有所增减，没有不行，太多也不行。

下面分别介绍这些元素在金属材料中所起的作用。

5.1 合金元素在碳钢中的作用

5.1.1 定性分析

通常，人们都希望得到晶粒细、淬透性好、回火稳定性高的碳钢，因为它们的力学性能好，热处理工艺简单。

① 碳钢的碳含量不大于 0.8% 时，其基本组织为铁素体和珠光体；碳含量增大时，珠光体的含量增大，铁素体则相应减少，因而强度、硬度随之提高，但塑性和冲击韧性则相应下降。

② 形成奥氏体的元素有 C、N、Mn、Ni、Cu、Co 等。

③ 形成铁素体的元素有 Cr、Ti、Zr、Ta、Nb、V、W、Mo、Al、Si 等。

④ 提高钢的回火稳定性的元素有 Cr、Mo、W、V、Nb 和 Si。回火稳定性好，可以使合金钢在相同的温度下回火时，比同样碳含量的碳钢具有更高的硬度和强度；或者在保证相同强度的条件下，可在更高的温度下回火，从而使韧性更好些。

⑤ 产生二次硬化的元素有 Mo、W、V 和 Ti，在 500～600℃ 回火时硬度升高。

⑥ 细化晶粒的元素有 Ti、Nb、V 等，它们是强碳化物形成元素，能使钢具有良好的强韧度配合，提高了钢的综合力学性能。

⑦ 提高马氏体淬透性的元素有（按其作用从大到小排列）Mn、Mo、Cr、Si、Ni 等。淬透性高，一方面可以使工件得到均匀而良好的力学性能，满足技术要求；另一方面，在淬火时，可选用比较缓和的冷却介质，以减小工件的变形与开裂倾向。

表 5-1 是合金元素在碳钢中的作用定性分析汇总。

表 5-1 合金元素在碳钢中的作用定性分析汇总

元素	晶粒	塑性韧性	过热敏感性	高温抗氧化性	强化基体	硬度与强度	高温强度	热处理温度
Mn	倾向↑	①	敏感↑	□	很大	↑	□	↓
Si	□	略有↑	□	↑	↑	↑	↑↑	↑
Cr	细化	略有↑	有所↓	↑	↑	↑	有所↑	↑

续表

元素	晶粒	塑性韧性	过热敏感性	高温抗氧化性	强化基体	硬度与强度	高温强度	热处理温度
Ni	□	↑	□	↑		↑	↑	↓
Cu	□	②	□	□	↑	略有↑	○	有所↓
Co	□	↓	□	有所↑		略有↑	↑	□
W	细化	↓	↓	□		有所↑	↑	↑
Mo	细化	↓	↓	□	↑	↑微	显著↑	↑
V	强烈细化	↑	显著↓	有所↑	↑	↑	有所↑	
Al	强烈细化	③	显著↓	↑		↑微	略有↑	↑↑
Ti		有所↑	↓	略有↑		□	↑	↑↑
Nb	细化	有所↑	↓	↑	↑	↑	↑	
B	略有↑倾向	微量时不↓	有所↓	微量时↑		微量时↑	微量时↑	
P		↓↓			↑↑	↑		
C		↓			↑	↑		

元素	淬透性	脱碳	回火脆性	耐热耐蚀	γ区	其他
Mn	↑↑↑	↑	低含量↑	↑	高含量↑	耐磨性↑
Si	↑	↑	↑		↓	焊接性↓,回火温度↑
Cr	↑		↑	↑↑	↓	
Ni	↑		↑	↑↑	↑	
Cu	↑		↑	↑	↑	
Co	↓			↑	↓	↑回火温度
W	↑	↑	④		↓	↑回火温度
Mo	↑	↑	↓		↓	改善高温高压抗氢腐蚀
V	⑤		↑微	↑	↓	⑥⑦⑧
Al	□		↑微		↓	在渗氮钢中形成渗氮层
Ti	略↓		略↓		↓	改善焊接性,⑨⑩
Nb	↑		○	⑪	↓	改善焊接性
B	微量时↑↑	○	↑		↓	
H				应力腐蚀↑		在钢中导致钢的氢脆
P	↑				↓	⑫
C	↑	↓			↑	耐磨性↑,大于0.23%焊接性↓,耐大气腐蚀性↓,冷脆倾向↑

元素	淬透性	脱碳	回火脆性	耐热耐蚀	γ区	其他
S	↓	切削性↑	↑		↓	产生热脆性,焊接性↓,韧性↓
N	略↑		↑	○	↑	提高晶界高温强度,增加钢的蠕变强度,易产生缩孔

注：1. ○—无影响，□—影响不大，↑—提高、增大、增加（↑的个数表示程度），↓—降低、减小、减少。

2. Sn、Sb、As 元素的作用是提高淬透性，但会引起回火脆性。

3. 稀土元素的作用是提高材料耐磨性，改善焊接性，提高综合力学性能。

① 在低碳钢中，其质量分数不超过 1%～5% 时不降低，而在中、高碳钢中降低。

② 其质量分数在 0.5% 以下时增大，含量再高时，则减小。

③ 含量低时提高，含量高时降低（加入质量分数为 1% 的 W 可以消除）。

④ 降低，加入质量分数为 0.5% 的 Mo 可以消除。

⑤ 高温溶于固溶体时提高淬透性，形成碳化物降低淬透性。

⑥ 增加淬火钢的回火稳定性，并产生二次硬化效应。

⑦ 在合金结构钢中，由于在一般热处理条件下会降低淬透性，故常和锰、铬、钼以及钨等联合使用。

⑧ 含量少时，细化晶粒，提高韧性；含量高时，形成 V_4C_3，提高高温强度和抗蠕变性能，但在常温下使韧性降低；形成碳化物时延迟回火温度，可在较高温度下回火；改善焊接性。

⑨ 提高抗氧化性能及抗酸类腐蚀的能力。

⑩ 形成碳化物时，提高回火温度，可在较高温度下回火。

⑪ 在不锈钢中改善抗晶间腐蚀性能；防止过热，减小晶粒长大倾向。

⑫ 钢中磷含量较高时，产生冷脆性；改善切削性能；恶化焊接性；抗大气腐蚀作用显著；增加回火脆性；作为合金元素，含量一般不大于 0.05%；作为有害元素，含量一般应不大于 0.035%。

5.1.2　定量分析

上面介绍了合金元素在碳钢中的定性作用，下面进行定量分析。

合金元素对铁素体硬度的影响见图 5-1，钼对 35 钢回火硬度的影响见图 5-2，合金元素对铁素体冲击韧性的影响见图 5-3，锰对非调质钢冲击韧性的影响见图 5-4，合金元素对碳钢力学性能的影响见图 5-5，合金元素对强度的影响见图 5-6，合金元素对渗氮层表面硬度的影响见图 5-7，合金元素对渗氮层深度的影响见图 5-8，钒、铌、钛对非调质钢屈服强度的影响见图 5-9，合金元素对断面收缩率的影响见图 5-10。

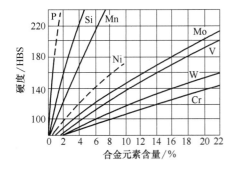

图 5-1　合金元素对铁素体硬度的影响

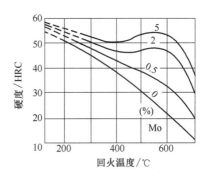

图 5-2　钼对 35 钢回火硬度的影响

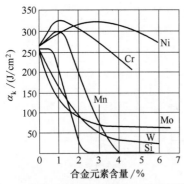

图 5-3 合金元素对铁素体冲击韧性的影响

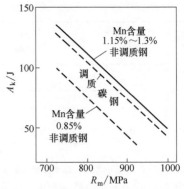

图 5-4 锰对非调质钢冲击韧性的影响

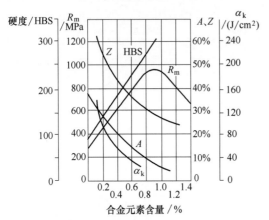

图 5-5 合金元素对碳钢力学性能的影响

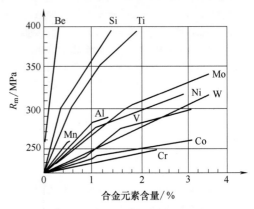

图 5-6 合金元素对强度的影响

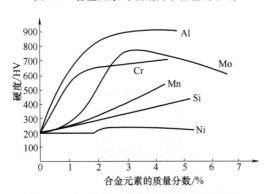

图 5-7 合金元素对渗氮层表面硬度的影响

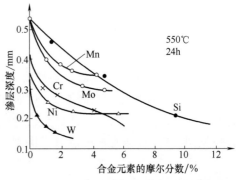

图 5-8 合金元素对渗氮层深度的影响

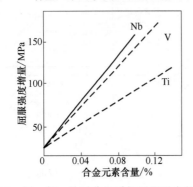

图 5-9 钒、铌、钛对非调质钢屈服强度的影响

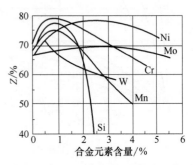

图 5-10 合金元素对断面收缩率的影响

合金元素对钢抗氧化性的影响见图 5-11，合金元素对残余奥氏体的影响见图 5-12，合金元素对 M_s 点的影响见图 5-13，合金元素对 A_s 点的影响见图 5-14。

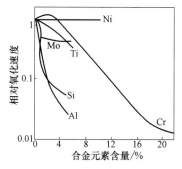

图 5-11　合金元素对钢抗氧化性的影响

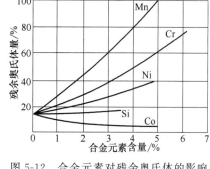

图 5-12　合金元素对残余奥氏体的影响

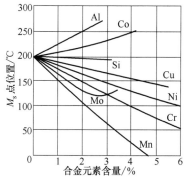

图 5-13　合金元素对 M_s 点的影响

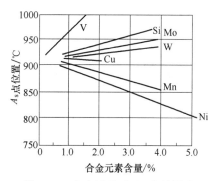

图 5-14　合金元素对 A_s 点的影响

Ni、Mn、Co、C、N、Cu 等元素的加入会使奥氏体相区扩大（特别是 Ni、Mn）。图 5-15（a）所示为 Mn 元素对扩大 A 区的影响。Cr、W、Mo、V、Ti、Al、Si 等元素的加入会使奥氏体相区缩小（特别是 Cr、Si），含量高时将限制 A 区，甚至完全消失。图 5-15（b）所示为 1Cr17Ti、0Cr13 为单相铁素体中 Cr 元素对缩小 A 区的影响。

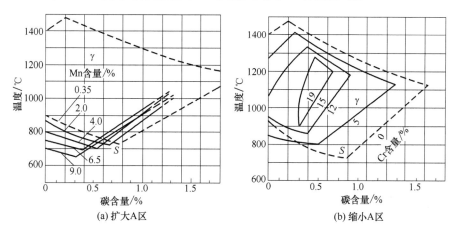

(a) 扩大A区　　　　　　　　(b) 缩小A区

图 5-15　对奥氏体相区的影响

合金元素对共析温度和共析成分的影响分别见图 5-16（a）、（b）。

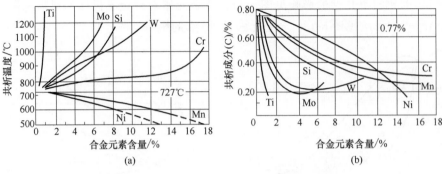

图 5-16　合金元素对共析温度和共析成分的影响

非（弱）碳化物形成元素（Ni、Si、Mn、Cu 等）溶入奥氏体，增大稳定性，使 C 曲线右移、M_s 点降低 [图 5-17（a）]；碳化物形成元素（V、W、Mo、Cr、Ti 等）不仅使 C 曲线右移，而且使其分离成两部分 [图 5-17（b）]。

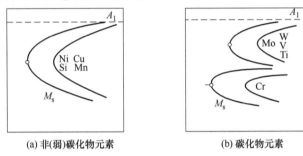

图 5-17　合金元素对 C 曲线的影响

5.2　合金元素在有色金属中的作用

5.2.1　在铝合金中的作用

合金元素在铝合金中的作用见表 5-2。

表 5-2　合金元素在铝合金中的作用

元素	主　要　作　用
Cu	铜是高强度铝合金及耐热铝合金的主要合金元素，通过固溶、沉淀强化，强烈提高合金的室温强度，提高耐热性
Mg	①固溶强化效果较好，可降低密度，具有良好的耐蚀性 ②沉淀强化效果小，需与其他元素配合加入
Mn	①固溶度较低 ②产生的 $MnAl_6$ 相与 Al 电位相近，耐蚀性好（防锈铝合金中常加 Mn）
Si	①固溶度较低，且沉淀强化效果不大，主要借助于过剩相强化 ②二元 Al-Si 系合金共晶点较低，易于铸造，是铸造铝合金基础成分 ③Si 和 Mg 可形成强化效果好的 Mg_2Si 沉淀相

元素	主 要 作 用
Zn	①在铝中溶解度很大,固溶强化能力强,少量锌即能提高铝合金强度及耐蚀性 ②在多元铝合金中易形成沉淀强化相,显著提高合金的沉淀强化效果
Li	①可显著降低铝合金密度,显著提高弹性模量 ②固溶强化能力有限,但时效甚至淬火中迅速形成的 Al_3Li 有序沉淀相,强化能力很强
其他	①Ti、Zr、Cr 和 V 等微量元素,可改善铝合金的综合性能 ②稀土在铝合金中可提高成分过冷度、细化晶粒、球化杂质相、降低熔体表面张力、增加流动性和改善工艺性能等

5.2.2 在镁合金中的作用

合金元素在镁合金中的作用见表 5-3。

表 5-3 合金元素在镁合金中的作用

元素	主 要 作 用
Ag	①在 Mg 中的固溶度最大可达到 15%,且溶入 Mg 中后,间隙式固溶原子造成非球形对称畸变,从而产生很强的固溶强化效果和时效强化效果 ②可优先与空位结合,阻碍时效析出相长大,有效提高合金的抗拉强度和屈服强度 ③与稀土元素一起,可提高合金高温抗拉强度和蠕变强度,但降低耐蚀性能
Al	①Al 在 Mg 中的固溶度大,不仅可以产生固溶强化作用,而且还可以进行淬火、时效热处理,产生沉淀强化 ②经过固溶处理得到的过饱和固溶体,在较低温度下时效将发生分解,不出现预沉淀和介稳相,直接析出平衡相 $Al_{17}Mg_{12}$。当 Al 含量和时效温度较高时,以连续沉淀为主 ③可以改善合金铸造性能,但有形成显微缩松的倾向
Be	浓度小于 30×10^{-6} 时,明显降低熔体表面氧化程度,但导致晶粒粗大
Ca	①有明显细化晶粒作用,还可以明显提高镁合金的熔点,形成 CaO 保护膜,起到阻燃作用 ②在 Mg-Al 系合金中加入 Ca,可改善合金的抗蠕变性能,但降低耐蚀性能
Li	①Mg-Li 合金是超轻合金;随着 Li 含量的增加,合金的塑性明显改善 ②Li 在 Mg 中基本上是固溶强化,耐蚀性能稍低,且性能不稳定,在稍高的温度(50~70℃)下,会发生过度蠕变
Mn	①在 Mg 中的固溶度小,不与 Mg 形成化合物 ②可以细化晶粒,提高合金的焊接性能,但是对合金的强化作用比较小 ③提高镁合金的耐蚀性能,以 Mn 为主要合金化元素的 Mg-Mn 系合金具有良好的耐蚀性能 ④在其他铸造镁合金或变形镁合金中,少量的 Mn 与严重损害镁合金耐蚀性能的杂质 Fe 形成高熔点化合物而沉淀出来,细化沉淀产物,增大蠕变强度,提高合金的耐蚀性能
Si	①不固溶于 Mg,可形成化合物 Mg_2Si(熔点为 1085℃),是有效的强化相 ②能与合金中的其他合金元素形成稳定的硅化物,改善合金的抗蠕变性能 ③可与 Al、Zn、Ag 等元素形成稳定的硅化物,是一种弱的晶粒细化剂,可改善抗蠕变性能,但耐蚀性能降低

元素	主要作用
Zr	①Zr 是最有效的晶粒细化剂,但是与 Al、Mn 等形成稳定化合物而沉淀,不能起到细化晶粒的作用,所以在 Mg-Al 和 Mg-Mn 系合金中不能添加 Zr 元素 ②能与合金中的 Fe、Si 乃至 H、O 元素形成化合物而净化熔体。因添加的 Zr 很容易从熔体中沉淀出去,能起到细化晶粒作用的只是固溶到 Mg 中的 Zr
Zn	①常与 Al、Zr 或者稀土元素一起使用。Zn 在 Mg 中的固溶度约为 6.2%(随着温度的降低而显著减小) ②可提高铸件的抗蠕变性能,但当含量超过 2.5%时会对合金的耐蚀性能有负面影响 ③可增加熔体流动性,是弱晶粒细化剂,有形成显微缩松倾向和沉淀强化作用
RE (稀土元素)	①具有净化合金熔液、改善合金组织、提高合金室温及高温力学性能,增强合金耐蚀性能等功能 ②其氧化膜较致密,具有保护性,并有助于降低金属熔体的氧化速度;同时在镁合金熔液中,会生成稀土化合物,从而起到去除氧化物夹杂的作用 ③加入镁合金熔液后,能与水和熔液中的氢反应,生成稀土氢化物和稀土氧化物,从而达到除氢的目的 ④提高镁合金的耐蚀性能并改善其阻燃性能 ⑤加入镁合金后,增加了合金的流动性,减小了缩松、热裂倾向 ⑥细化镁合金的晶粒。尽管它对铸态镁合金的室温力学性能影响较小,但却显著提高镁合金的高温拉伸性能和蠕变强度(特别是对低 Al 的 Mg-Al 系合金)
Fe	显著降低耐蚀性能,必须严格限制
Ni、Cu	严重影响镁合金的性能,必须严格限制

5.2.3 在钛合金中的作用

合金元素在钛合金中的作用见表 5-4。

表 5-4 合金元素在钛合金中的作用

元素	主要作用
Al	①主要起固溶强化作用(每添加 1%Al,室温抗拉强度增加 50MPa) ②在钛中的极限溶解度为 7.5%,超过后组织中会出现 $Ti_3Al(\alpha_2)$,影响合金的塑性、韧性及应力腐蚀,故一般加铝量不超过 7% ③改善抗氧化性,并显著提高再结晶温度(添加 5%Al 可使再结晶温度从纯钛的 600℃提高到 800℃) ④提高钛固溶体中原子间结合力,从而改善热强性。在可热处理 β 合金中加入约 3%的铝,可防止由亚稳定 β 相分解产生的 ω 相而引起的脆性 ⑤提高氢在 α-Ti 中的溶解度,降低由氢化物引起氢脆的敏感性
Sn、Zr	①为保证耐热合金获得单相 α 组织,除铝以外,还加入锡和锆进一步提高耐热性 ②对塑性的不利影响比铝小,使合金具有良好的压力加工性和焊接性能 ③能降低对氢脆的敏感性。钛锡系合金中,锡超过一定浓度后形成有序 Ti_3Sn 相,降低塑性和热稳定性,所以,合金中锡含量应小于 8%～9%

元素	主 要 作 用
Mo、V	①可固溶强化 β 相,并显著降低相变点,增加淬透性,从而增强热处理强化效果 ②含钼或钒的钛合金无共析反应,在高温下组织稳定性好(单独加钒,合金耐热性不高,其抗蠕变性能只能维持到 400℃) ③钼提高抗蠕变性能的效果比钒好,但密度大 ④可改善合金的耐蚀性能,尤其是提高合金在氧化物溶液中抗缝隙腐蚀能力
Mn、Cr	①强化效果大,稳定 β 相能力强,密度比钼、钨等小,故应用较多,是高强亚稳定 β 型钛合金的主要加入元素 ②它们与钛形成慢共析反应,在高温下长期工作时,组织不稳定,蠕变强度低 ③当同时添加 β 同晶型元素(特别是 Mo)时,有抑制共析反应的作用
Si	①共析转变温度较高(860℃),加硅可改善合金的耐热性能(一般为 0.25% 左右) ②可提高耐热性(硅与钛的原子尺寸差别较大,在固溶体中容易在位错处偏聚,阻止位错运动)
Cu	稳定 β 相,强化 α 相和 β 相,产生沉淀硬化效应
Ca	稳定 α 相
Fe	稳定 β 相,提高蠕变强度
Ni	提高耐蚀性能
RE (稀土元素)	①提高合金耐热性和热稳定性(稀土的内氧化作用,形成了一种细小稳定的颗粒,产生弥散强化) ②由于内氧化降低了基体中的氧浓度,并促使合金中的锡转移到稀土氧化物中,有利于抑制脆性 α_2 相析出 ③有强烈抑制 β 晶粒长大和细化晶粒的作用,从而改善合金的综合性能

5.2.4 在铜合金中的作用

(1) 在紫铜中的作用

合金元素在紫铜中的作用见表 5-5。

表 5-5 合金元素在紫铜中的作用

元素	主 要 作 用
O	①微量氧可氧化高纯铜中的痕量杂质 Fe、Sn、P 等,提高铜的电导率(杂质含量较多时的作用不明显) ②能部分削弱 Sb、Cd 对铜导电性的影响,但不改变 As、S、Se、Te、Bi 等对铜导电性的影响 ③某些情况下紫铜中特意保留一定量的氧(Cu_2O 可与 Bi、Sb、As 等杂质起反应,形成高熔点的球状质点,可消除晶界脆性) ④氧含量为 0.016%~0.036% 时,铜的抗拉强度随着氧含量的增加而增加,但铜的塑性和疲劳极限会降低 ⑤当氧含量为 0.003%~0.008%、铁含量为 0.06%~2.09% 时,随着两种元素含量的增加,铜的电导率和伸长率均显著下降,而抗拉强度和疲劳强度显著升高 ⑥氧和砷共存时,铜的电导率显著降低
H	①氢在固态铜中形成间隙固溶体,提高铜的硬度 ②含氧铜长时间在氢气中退火时,会产生"氢病"(200℃时可放置一个半月,400℃时为 70h);以 Mg 或 B 脱氧的铜无此现象
S	在铜中以 Cu_2S 的弥散质点存在,可显著改善铜的切削性能,降低铜的电导率与热导率,极大地降低铜的塑性

元素	主 要 作 用
Se	微量硒以 Cu_2Se 化合物形式存在,使固态铜塑性显著降低,并大幅度提高铜的切削性能
Te	①能显著改善铜的切削性能 ②含 0.06%～0.70%Te 的铜可在淬火和加工状态下使用(不必回火,以免材料变脆) ③含 0.003%的硒和 0.0005%～0.0030%的碲时,铜的可焊性显著降低
P	①可提高铜的力学性能与焊接性能,但显著降低其电导率及热导率 ②直接封装电子管用的无氧铜的磷含量最好不大于 0.0003%,否则硼化处理氧化膜易剥落,可引起电子管泄漏。Si、Mg 等也有相似的影响 ③常用 P 作为铜的脱氧剂,其含量达到 0.1%时,严重降低铜的电导率 ④能提高铜熔体的流动性
As	①少量砷可改善含氧铜的加工性能,显著提高铜的再结晶温度,降低铜的导电、导热性能 ②可与铜中的 Cu_2O 反应,形成高熔点的砷酸铜质点,从而提高铜的塑性 ③含量为 0.15%～0.50%时,可用于制造在高温还原气氛中工作的零部件,如发电厂低压给水加热器
Sb	①降低铜的耐蚀性、电导率与热导率。电工铜 Sb 含量不得大于 0.02% ②可与含氧铜中的 Cu_2O 反应形成高熔点的球状质点,分布于晶粒内,可消除晶界上的 $Cu+Cu_2O$ 共晶体,提高铜的塑性
Bi	①含量不得大于 0.002%,否则会严重降低铜的加工性能 ②真空开关触点铜可含 0.7%～1.0%Bi,不但电导率高,还能防止开关粘连
Pb	①能大幅度提高铜的切削性能 ②严重降低铜的高温塑性;高温脆性区也随着其含量的增加而扩大
Fe	①可细化铜的晶粒,延迟再结晶过程,提高其强度与硬度 ②会降低铜的塑性、电导率与热导率 ③在铜中呈独立的相时,铜具有铁磁性 ④含 0.45%～4.5%Fe 的铜合金,既有高强度又有良好的耐热性、导电性、可焊性与加工成形性 ⑤含铁的 C19400 及 C19500 合金,电导率、强度与抗氧化能力好,可作为引线框架材料
Ag	①银含量少时,铜的电导率与热导率的下降不多,对塑性的影响也甚微,并显著提高铜的再结晶温度与蠕变强度 ②含银的 C15500 合金,有高的电导率和相当高的强度与抗软化能力,可作为引线框架材料
Be	明显提高铜的抗高温氧化能力
Al	降低铜的电导率、热导率、钎焊可焊性与镀锡性等,提高铜的抗氧化能力
Mg	①含量达 2.5%～3.5%时,合金有沉淀硬化作用 ②含 0.3%～1.0%Mg 的铜合金,无时效作用,只能通过冷加工强化,用于加工导电线材 ③微量镁可提高铜的抗高温氧化能力,也有脱氧作用
Li B Mn Ca	①这些元素对铜都有脱氧作用,提高铜的高温塑性 ②含 0.005%～0.015%B 时,能细化铜晶粒,提高铜的力学性能与工艺性能 ③含 0.1%～0.3%Mn 时,可提高铜的软化温度,也有益于铜的力学性能与工艺性能 ④可与杂质 Bi 等形成高熔点化合物,提高铜的高温塑性

(2) 在黄铜中的作用

合金元素在黄铜中的作用见表 5-6。

表 5-6　合金元素在黄铜中的作用

元素	主 要 作 用
Fe	①细化铜晶粒,提高再结晶温度;抑制退火时再结晶晶粒长大,提高合金强度与硬度 ②降低铜的塑性、电导率与热导率 ③在铜中呈独立的相时,使铜具有铁磁性;当铜中含 0.1% 的铁时,铜的导电率约为常值的 70% ④与硅同时存在时,两者形成高硬度硅化铁质点,切削性能变差
Pb	①不固溶于铜,呈黑色质点分布于易溶共晶体中 ②对铜的电导率与热导率无显著影响 ③大幅度提高铜的切削性能 ④使铜的高温塑性大幅度降低,高温脆性区也随着铜含量的增加而扩大 ⑤单相铅黄铜一般只能冷轧或热挤,两相铅黄铜可热加工
P	①是良好的脱氧剂,要求有一定的残留量,以提高铜水的流动性 ②在单相黄铜中,含量超过 0.05% 时,就出现脆性相 Cu_3P,塑性降低
As	①与铜中 Cu_2O 反应形成高熔点的砷酸铜质点,消除了晶界上的 $Cu+Cu_2O$ 共晶体,从而提高了铜的塑性 ②加入 0.02%～0.05% 的砷,可防止黄铜脱锌,提高黄铜的耐蚀性能
Sn	少量溶于 α 相及 (α+β) 黄铜中,起抑制脱锌的作用,能提高材料的耐蚀性能,改善耐磨性,但锡可导致铸锭的反偏析
Mn	①在黄铜中的溶解度较大,可提高黄铜的强度、硬度 ②锰含量高的锰黄铜,可采用淬火与时效来提高强度和硬度
Al	①显著缩小黄铜的 α 区;铝含量增高时,将出现 γ 相,虽可提高硬度,但极易降低合金塑性 ②增加黄铜的流动性

(3) 在锡青铜中的作用

合金元素在锡青铜中的作用见表 5-7。

表 5-7　合金元素在锡青铜中的作用

元素	主 要 作 用
P	①是良好脱氧剂,增加锡青铜的流动性,但加大反偏析程度 ②适量时可提高锡青铜强度、硬度、弹性极限、弹性模量和疲劳强度 ③含量超过 0.3% 时,合金组织中出现铜和铜的磷化物所组成的共晶体,提高合金的硬度、耐磨性和研磨性
Zn	大量溶解于铜锡合金的 α 固溶体中,能改善流动性,减小结晶温度范围,减轻锡青铜的反偏析
Pb	以游离态存在于锡青铜中,分布不均匀;加镍可改善分布,并能细化组织
Mn	①降低锡在 α 相固溶体中的溶解度 ②熔化时容易产生氧化物,降低合金的流动性,降低铸锭性能
Al Mg Si	少量能溶入 α 固溶体,提高合金力学性能,但在熔化过程中,容易氧化产生难熔的氧化物,进而降低锡青铜的流动性和强度

(4) 在铝青铜中的作用

合金元素在铝青铜中的作用见表 5-8。

表 5-8　合金元素在铝青铜中的作用

元素	主 要 作 用
Fe	①含量过多,会析出针状 $FeAl_3$ 化合物,改变力学性能,耐蚀性能恶化 ②减慢原子扩散速度,增加 β 相稳定性 ③少量的铁能抑制变脆的自行退火现象,显著降低合金的脆性 ④含量 0.5%~1% 时可细化晶粒 ⑤锰铝青铜中加入一定量铁,可细化晶粒,提高力学性能和耐磨性,但削弱锰对 β 相的稳定作用
Mn	含 0.3%~0.5%Mn 的二元铝青铜,可减少热轧开裂
Sn	含量不大于 0.2% 时,可提高单相铝青铜在蒸汽和微酸性气氛中的耐蚀性能
Cr	在二元铝青铜中加入少量铬,可阻碍合金退火加热时的晶粒长大,并明显提高合金退火后的硬度

(5) 在白铜中的作用

合金元素在白铜中的作用见表 5-9。

表 5-9　合金元素在白铜中的作用

元素	主 要 作 用
Zn	大量溶于铜镍合金中,起固溶强化作用,提高强度、硬度,增强耐蚀性能
Fe	①超过 2% 时易引起合金腐蚀开裂,超过 4% 时加剧腐蚀 ②适量铁可提高海水中的耐冲击腐蚀性能
Mn	①与镍生成 $MnNi$,可细化晶粒,借助其沉淀强化作用,提高合金力学性能和耐蚀性能 ②铜镍铝系合金中加入 5% 的锰,可提高其塑性 ③铜镍合金加入锰,电阻值稳定,电阻温度系数很小
Si	可与镍形成化合物 Ni_2Si、Ni_3Si,当其从固溶体中析出后,能提高合金的强度和硬度,起到强化作用

(6) 稀土元素在各种铜合金中的作用

稀土元素在各种铜合金中的作用见表 5-10。

表 5-10　稀土元素在各种铜合金中的作用

元素	主 要 作 用
RE (稀土元素)	①在铜液中生成高熔点化合物,凝固过程中产生异质晶核,使凝固时间缩短,柱状晶区缩小,防止偏析 ②在熔体中起脱气、除杂、净化作用,改善力学性能,提高再结晶温度,改善冷加工性能,增强耐磨性等 ③消除晶界上有害杂质的影响,改善铜的导电、导热及加工性能与耐蚀性能 ④使表面氧化膜更加致密,并增加氧化膜与基体的结合强度,从而提高耐热、耐蚀性能并防表面变色

第 6 章
金属材料的加工

1. 金属材料的加工可分成哪两大类？各有什么特点？

2. 材料的理化性能对切削加工性有什么影响？

3. 改善材料切削加工性的基本方法有哪些？

4. 常用的铸造方法有几种？其特点和适用对象是什么？

5. 如何选择热加工工件的材料？

金属材料加工是指利用工具和设备，对原材料、半成品进行技术处理，使之成为产品的方法。按传统分类法，可分为冷加工（錾削、锯削、锉削、钻削、刮削、车削、铣削、刨削、磨削和冲压）和热加工（铸造、锻造、焊接和热处理）两大类。因为热处理的内容较多，故单独在第 7 章中叙述。

6.1 冷加工

机械冷加工，通常是指通过人力或者操纵机床，用切削工具从金属工件上切除多余的金属层，从而使工件获得一定形状、尺寸精度和表面粗糙度的加工方法，例如錾削、锯削、锉削、钻削、刮削、车削、铣削、刨削和磨削等。

6.1.1 錾削

錾削一般用于不便机械加工的场合，如去除毛坯上的凸缘、毛刺、浇口、冒口，分割材料，錾削平面、沟槽及异形油槽等。錾削工具主要是錾子和锤子。

(1) 錾子

錾子通常用碳素工具钢（T7A 或 T8A）锻造成形。錾身一般为六棱柱，用于防止錾削时錾子转动，长度为 125～150mm；头部有一定锥度，顶端略带球形，形成敲击点并容易控制力的方向；切削部分呈楔形，由前刀面、后刀面及切削刃组成，热处理硬度为 52～62HRC。

錾子的种类、特点和用途，见表 6-1。

表 6-1   錾子的种类、特点和用途

种类	图示	特点	用途
扁錾	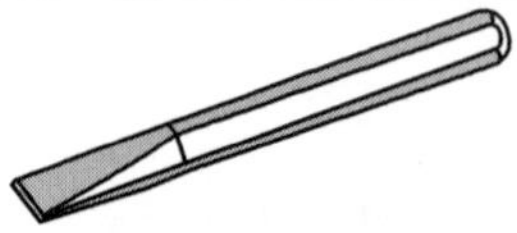	切削刃较长，略带圆弧，切削面扁平	常用于錾削平面、切割板料、去凸缘、去毛刺和倒角
窄錾		切削刃较短，两切削面从切削刃到錾身逐渐变得狭小	常用于錾削沟槽，分割曲面、板料，修理键槽等
油槽錾	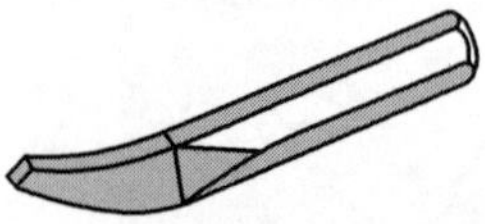	切削刃很短，呈弧形，切削部分为弯曲形状	主要用于錾削油槽

(2) 锤子

锤子由锤头、木柄和铁楔子组成，其材料和规格见表 6-2。

6.1.2 锯削

锯削是通过锯削工具旋转或往复运动，切断原料、工件，或把它们加工成所需形状的切削加工方法。锯削工具有手锯和机锯，这里重点介绍手锯，它由锯弓和锯条组成。

(1) 锯弓

锯弓用金属材料制成，其作用是安装和张紧锯条，有固定式和可调式两种，见表 6-3。

表 6-2　锤子的材料及规格

零件	材料	规格/kg	外形
锤头	由碳素工具钢经热处理(淬硬)制成		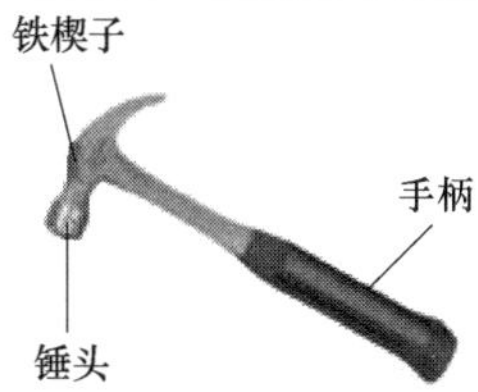
木柄	用 300~500mm 硬而不脆的木材(如檀木)制成	0.25,0.5,1	
铁楔子	是木柄装进锤头椭圆孔后的紧固件,防止木柄与锤头松动脱开		

表 6-3　锯弓的种类

种类	图示
固定式	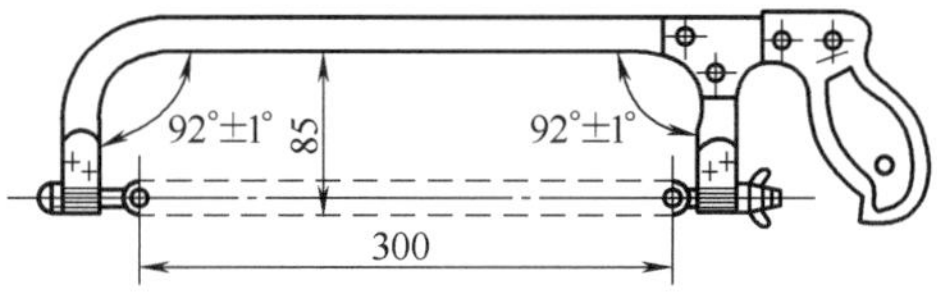
可调式	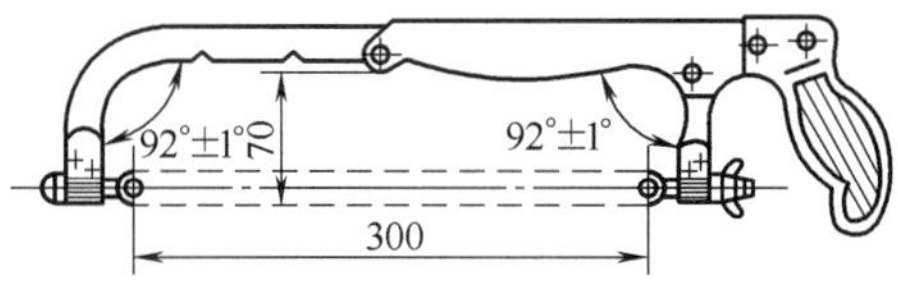

(2) 锯条

锯条是开有齿刃的钢片或钢丝,直接锯割材料和工件。

① 材料:一般由渗碳钢冷轧制成,也可用碳素工具钢或合金钢制成(经热处理淬硬)。

② 种类:有碳钢锯条、高速钢锯条、碳化砂锯条和双金属锯条等。

③ 规格:按其长度和锯齿粗细的不同划分,长度以锯条两端安装孔的中心距表示,常用的是 300mm;锯齿粗细以锯条每 25mm 长度内所包含的锯齿数表示,有 14、18、24 和 32 等几种。其规格和应用见表 6-4。

表 6-4　锯齿的粗细规格和应用

种类	齿数(25mm 长度内)	应用
粗	14,18	锯削软钢、黄铜、铝、铸铁、紫铜、人造胶质材料
中	24	锯削中等硬度钢、厚壁的钢管、铜管、硬度较高的轻金属、黄铜、较厚型材
细	32	锯削薄片金属、小型材、薄壁钢管、硬度较高的金属

6.1.3　锉削

用锉刀对工件表面进行切削加工的操作称为锉削,可加工平面、曲面、沟槽的内外表面、内孔和各种复杂表面,制作样板,修整工件,实现某些特殊形面和位置的加工。其加工精度可达 0.01mm,表面粗糙度可达 $Ra0.8\mu m$。

(1) 锉刀的材料与构造

① 材料:一般用 T13 或 T12A 制成,经热处理使切削部分硬度达 62~72HRC。

② 构造：见图 6-1。

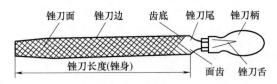

图 6-1　锉刀的构造

(2) 锉刀的编号

编号由类别代号＋型式代号＋规格＋锉纹号组成。

		规格	锉纹号
类别代号	型式代号	（圆锉刀为其直径；	（锉刀每 10mm
（表 6-5）	（表 6-5）	方锉刀为其边长；	轴向长度内主
		其他为锉身长度）	锉纹的条数）

表 6-5　锉刀的类别代号和型式代号

类别	类别代号	型式代号	型式	类别	类别代号	型式代号	型式
钳工锉	Q	01	齐头扁锉	锯锉	J	01	齐头三角锯锉
		02	尖头扁锉			02	尖头三角锯锉
		03	半圆锉			03	齐头扁锯锉
		04	三角锉			04	尖头扁锯锉
		05	方锉			05	菱形锯锉
		06	圆锉			06	弧面菱形锯锉
						07	弧面三角锯锉
整形锉	Z	01	齐头扁锉	异形锉	Y	01	齐头扁锉
		02	尖头扁锉			02	尖头扁锉
		03	半圆锉			03	半圆锉
		04	三角锉			04	三角锉
		05	方锉			05	方锉
		06	圆锉			06	圆锉
		07	单面三角锉			07	单面三角锉
		08	刀形锉			08	刀形锉
		09	双半圆锉			09	双半圆锉
		10	椭圆锉			10	椭圆锉
		11	圆边扁锉				
		12	菱形锉				

6.1.4　钻削

钻削是用钻床和钻头在实体工件上钻孔的方法。

(1) 分类

钻削方式主要有两种。

① 工件不动，钻头作旋转运动和轴向进给，这种方式一般在钻床、镗床、加工中心或

组合机床上应用。

② 工件旋转，钻头仅作轴向进给，这种方式一般在车床或深孔钻床上应用。

(2) 应用

① 钻削的精度较低，一般在 IT10 以下，表面粗糙度 Ra 值大于 $12.5\mu m$，生产效率也比较低。钻孔主要用于粗加工，例如精度和粗糙度要求不高的螺钉孔、油孔和螺纹底孔等。但精度和粗糙度要求较高的孔，也要以钻孔作为预加工工序。

② 单件、小批量生产中，中小型工件上的小孔（一般 $\phi 13mm$ 以下）常用台式钻床加工，直径较大的孔（一般 $\phi 50mm$ 以下）常用立式钻床加工；大中型工件上的孔应采用摇臂钻床加工；回转体工件上的孔多在车床上加工。

③ 在成批和大量生产中，为了保证加工精度，提高生产效率和降低加工成本，广泛使用钻模、多轴钻床或组合机床进行孔的加工。

(3) 设备与工具

一般的钻孔可在钻床上完成加工，刃具有麻花钻。

① 钻床　分台式钻床、立式钻床和摇臂钻床等，其结构都包含床身（含工作台）、操作手柄、主轴、电动机和传动机构等几部分。

② 麻花钻　组成见表 6-6。

表 6-6　标准麻花钻的组成

组成	作用	图示
柄部	柄部是麻花钻的夹持部分，它的作用是定心和传递动力	 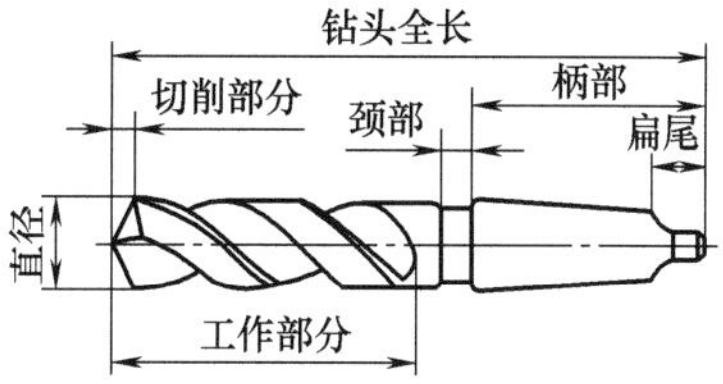
颈部	颈部是在磨削麻花钻时供砂轮退刀用的，钻头的规格、材料及商标常打印在颈部	
工作部分	工作部分分为导向部分和切削部分。导向部分的作用是保证钻头钻孔时的正确方向，修光孔壁，同时还是切削部分的后备（钻头重磨时，导向部分逐渐变为切削部分）。导向部分有两条螺旋槽，形成切削刃及容纳和排除切屑，切削液可沿螺旋槽流入。导向部分的外缘是两条刃带，略有倒锥，既可引导钻头切削时的方向，又可减少钻头与孔壁的摩擦。切削部分担负主要切削工作	

6.1.5　刮削

刮削是用刮刀刮除工件表面薄层而达到精度要求的方法。加工后的工件表面组织致密、精度较高、润滑性好，主要用于加工平板、平尺、工作台面等部分工具、量具的接触表面（单个平面）；V 形槽、燕尾槽和矩形导轨面等组合平面；圆孔、锥孔滑动轴承，圆柱导轨，锥形圆环导轨等的圆柱面、圆锥面；自位球面轴承的配合球面等球面；齿条、蜗轮的齿面等成形面。

(1) 刮刀

刮刀的种类见表 6-7。

表 6-7 刮刀的种类

种类	适用场合	图示
平面刮刀	适用于平面刮削,也可用来刮削外曲面	直头 弯头
曲面刮刀	用来刮削内曲面,如轴瓦类零件	三角刮刀 柳叶刮刀 蛇头刮刀

（2）校准工具

校准工具是用来研点和检验刮削表面准确情况的。常用的校准工具有标准平板 ［图 6-2
（a）］、标准直尺 ［图 6-2 （b）］、角度直尺 ［图 6-2 （c）］。曲面刮削常用检验轴或配合件校准
互研。

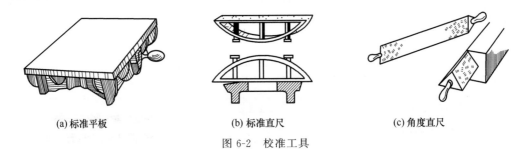

(a)标准平板   (b)标准直尺   (c)角度直尺

图 6-2　校准工具

6.1.6　车削

车削是在车床上,利用刀具对工件进行切削,去除多余材料来改变毛坯的尺寸和形状,
使它变成所需尺寸和形状的零件。

（1）车刀

① 分类　车刀可按用途、结构、刀杆截面形状和材料分类。

a. 按用途　可分为外圆车刀、内圆车刀（镗孔刀）、端面车刀、切断（切槽）车刀、成
形车刀和螺纹车刀等，见表 6-8。

表 6-8　车刀按用途分类

名称	示意图	用途	名称	示意图	用途
外圆车刀		主偏角为 75°和 90°,用于车削外圆表面和台阶	镗孔刀		用于车削工件的内圆表面,如圆柱孔、圆锥孔等
端面车刀		主偏角为 45°,用于车削端面和倒角,也可用来车削外圆	凹、凸成形车刀		用于车削台阶处圆角和圆槽或者各种特形面工件

名称	示意图	用途	名称	示意图	用途
切断 (切槽)车刀		用于切断工件或 车削沟槽	内、外 螺纹车刀		用于车削外圆表面 的螺纹和内圆表面的 螺纹
可转位车刀		用于装夹可转位 车刀刀片进行切削	特种车刀		专门用于车削有色金属、橡胶等材料的车 刀,对刀头的几何参数有要求

b. 按结构　可分为整体式车刀、焊接式车刀和机夹式车刀等。

c. 按刀杆截面形状　可分为正方形刀杆、矩形刀杆、圆形刀杆和不规则四边形刀杆四种车刀。

d. 按材料　可分为高速钢车刀和硬质合金车刀。

• 高速钢(锋钢)是以钨、铬、钒、钼为主要合金元素的高合金工具钢。高速钢淬火后的硬度为63~67HRC,其红硬温度为550~600℃,允许的切削速度为25~30m/min。

高速钢有较高的抗弯强度和冲击韧性,可以进行铸造、锻造、焊接、热处理和切削加工,有良好的磨削性能,刃磨质量较高,故多用来制造形状复杂的刀具,如钻头、铰刀、铣刀等,也常用于低速精加工车刀和成形车刀。

常用的高速钢牌号为 W18Cr4V 和 W6Mo5Cr4V2 两种。

• 硬质合金是用高耐磨性和高耐热性的 WC (碳化钨)、TiC (碳化钛) 和 Co (钴) 的粉末经高压成形后再进行高温烧结而制成的,其中 Co 起黏结作用,硬质合金的硬度为 89~94HRA (大致相当于 74~82HRC),有很高的红硬温度。硬质合金刀具切削一般钢件的切削速度可达 100~300m/min,在 800~1000℃ 的高温下仍能保持切削所需的硬度,可用这种刀具进行高速切削,其缺点是韧性较差,较脆,不耐冲击。硬质合金一般制成各种形状的刀片,焊接或夹固在刀体上使用。

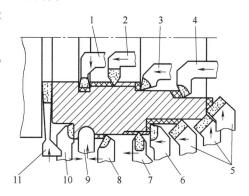

图 6-3　车刀的工作状态

1—内孔车槽刀；2—内螺纹车刀；3—盲孔镗刀；
4—通孔镗刀；5—45°弯头车刀；6—90°外圆
车刀；7—外螺纹车刀；8—75°外圆车刀；
9—成形车刀；10—90°左外圆车刀；11—车槽刀

常用的硬质合金有钨钴和钨钛钴两大类。

② 工作状态　如图 6-3 所示。

③ 车刀的特点和适用场合　见表 6-9。

表 6-9　不同结构车刀的特点和适用场合

名称	定义	特点	适用场合
整体式	直接在刀杆上刃磨出切削刃后 使用的车刀	用整体高速钢制造,刃口可磨得 较锋利	小型车床或加工非铁金属
焊接式	在碳钢刀杆上开出刀槽,焊上硬 质合金刀片,并刃磨后使用的车刀	焊接硬质合金或高速钢刀片,结 构紧凑,使用灵活	各类车刀特别是小刀具

名称	定义	特点	适用场合
机夹式	采用普通刀片或可转位刀片,用机械夹固的方法将刀片夹持在刀杆上使用的车刀	避免了焊接产生的应力、裂纹等缺陷,刀杆利用率高,刀片可集中刃磨。可转位刀片可快换转位,生产率高,断屑稳定,可使用涂层刀片	外圆、端面、镗孔、切断、螺纹车刀等;可转位刀片特别适于自动线、数控机床

机夹式结构中的可转位刀具,其切削效率高,辅助时间少,能极大提高工效;刀体可重复使用,节约钢材和制造费用,经济性好。它使用的刀片称为可转位刀片,随着数控技术的发展,可转位刀具越来越显得重要。

(2) 夹具

车床夹具按类型可分为通用夹具、可调夹具和专用夹具。这里只介绍通用夹具,如顶尖、夹头、卡盘、中心架和跟刀架。

① 顶尖 是车床用于定心并承受工件的重力和切削力的装夹工具,有前顶尖和后顶尖两种 (图 6-4)。

② 夹头 是一种用来固定刀具的筒形夹具,也是用来固定被加工零件的一种固定锁紧装置 (图 6-5)。

图 6-4 顶尖

图 6-5 夹头

图 6-6 卡盘

③ 卡盘 是利用均布在卡盘体上的活动卡爪的径向移动,把工件定位和夹紧的机床附件 (图 6-6)。

④ 中心架和跟刀架 当工件长度与直径之比大于 25 ($L/d>25$) 时,由于工件本身的刚性变差,在车削时,工件受切削力、自重和旋转时离心力的作用,会产生弯曲、振动,严重影响其圆柱度和表面粗糙度;同时,在切削过程中,工件受热伸长产生弯曲变形,车削很难进行,严重时会使工件在顶尖间卡住。此时需要用中心架(不随车刀移动)(图 6-7)或跟刀架(随车刀移动)(图 6-8)来支承工件。

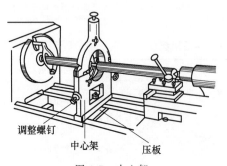

调整螺钉
中心架　压板

图 6-7 中心架

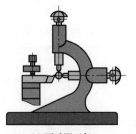

(a) 两爪跟刀架

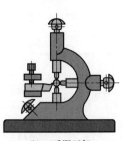

(b) 三爪跟刀架

图 6-8 跟刀架

6.1.7 铣削

铣削是指使用旋转的多刃刀具切削工件，工作时刀具旋转（主运动），工件移动（进给运动）；工件也可以固定，此时旋转的刀具还必须移动（同时完成主运动和进给运动）。

铣削加工的精度较高，可以完成加工平面、沟槽、螺旋面、成形面、台阶面、切断、型腔面等加工（图6-9）。在铣床上安上钻头、镗刀、铰刀后，还可加工工件上的孔。

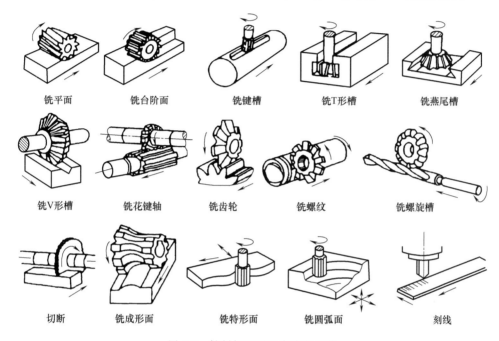

图6-9　铣削加工可以完成的工作

(1) 铣刀
① 按刀齿的方向，可分为直齿铣刀和螺线齿铣刀。
② 按齿背形式，可分为尖齿铣刀和铲齿铣刀。
③ 按结构，可分为整体式、焊接式、镶齿式、可转位式。
④ 按材料，可分为高速钢铣刀、硬质合金铣刀、陶瓷铣刀和可转位铣刀。
⑤ 按形状和用途，可分为圆柱铣刀、面铣刀、三面刃铣刀、角度铣刀、锯片铣刀、燕尾槽铣刀、立铣刀和键槽铣刀等（图6-10）。

(2) 铣床
铣床的种类很多，有卧式铣床、立式铣床和龙门铣床，其中应用最普遍的为卧式升降台铣床。这些机床可以是普通机床，也可以是数控机床。

6.1.8 刨削

刨削是在刨床上用刨刀对工件进行切削加工。刨削时，刨刀或工件的直线往复运动为主运动，工件的间歇移动为进给运动。刨削的特点是使用成本低、经济性好，缺点是生产效率低。

圆柱铣刀   面铣刀   三面刃铣刀

角度铣刀   锯片铣刀   燕尾槽铣刀

立铣刀   键槽铣刀

图 6-10 铣刀按形状和用途分类

(1) 功用

刨削主要用来加工各种平面、沟槽和成形面，可以完成的工作见图 6-11。

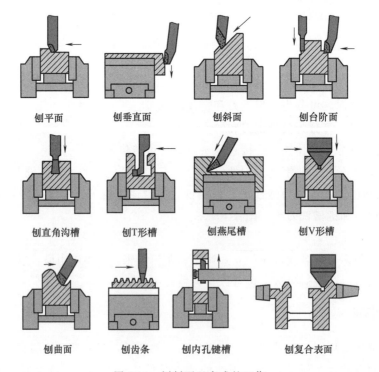

刨平面   刨垂直面   刨斜面   刨台阶面

刨直角沟槽 刨T形槽 刨燕尾槽 刨V形槽

刨曲面   刨齿条 刨内孔键槽 刨复合表面

图 6-11 刨削可以完成的工作

(2) 刨刀

刨刀的结构、几何形状均与车刀相似，一般制成弯头以增强刀具强度。常用刨刀有平面刨刀、偏刀、切刀、角度偏刀、弯切刀等（图 6-12）。

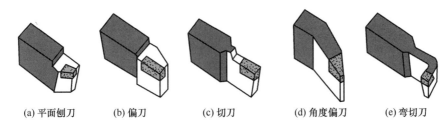

(a) 平面刨刀 　　(b) 偏刀 　　(c) 切刀 　　(d) 角度偏刀 　　(e) 弯切刀

图 6-12　常用刨刀

(3) 刨床

刨床分为牛头刨床、龙门刨床和刨插床（立式刨床）。牛头刨床适于加工中小型工件，刨削长度一般不超过 1000mm。龙门刨床适于加工大中型零件，或多个零件同时加工。刨插床适于单件、小批量生产厚度不太大的成形内表面（内键槽、方孔、花键孔、多边形孔）。

6.1.9　磨削

磨削是用磨料、磨具切除工件上多余材料的加工方法。

(1) 工具

磨削用的工具是砂轮。它是在磨料中加入结合剂，经压坯、干燥和焙烧而制成的多孔体，分普通砂轮和超硬砂轮两种。

① 普通砂轮　用结合剂将磨料（金刚砂和刚玉）固结成型，分外圆磨砂轮、内圆磨砂轮、周边磨砂轮、端面磨砂轮、切割机用砂轮等几种。其尺寸系列见表 6-10。

表 6-10　砂轮的尺寸系列　　　　　　　　　　　　　　　　　　mm

参数	尺寸系列
外径	6,8,10,13,16,20,25,32,40,50,63,80,100,115,125,150,180,200,230,250,300,350/356,400/406,450/457,500/508,600/610,750/762,800/813,900/914,1000/1015,1060/1067,1220,1250,1500,1800
厚度	0.5,0.6,0.8,1,1.25,1.6,2.5,3.2,4,6,8,10,13,16,20,25,32,40,50,63,80,100,125,150,160,200,250,315,400,500,600
孔径	1.6,2.5,4,6,10,13,16,20,22.23,25,32,40,50.8,60,76.2,80,100,127,152.4,160,203.2,250,304.8,400,508

② 超硬砂轮　超硬砂轮的磨料为金刚石或立方氮化硼，适用于磨削硬质合金及硬脆性金属材料。其直径系列从 2.5mm 至 900mm。

(2) 砂磨机械

砂轮机包括轻型台式砂轮机（图 6-13）、台式砂轮机（图 6-14）和落地式砂轮机（图 6-15）。另外，还有直向砂轮机、砂带机、模具电磨和干式喷砂机等（图 6-16～图 6-18）。

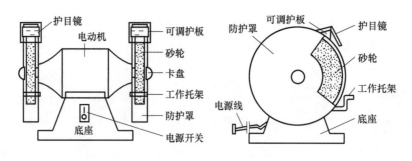

图 6-13　轻型台式砂轮机

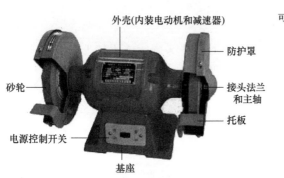

图 6-14　台式砂轮机

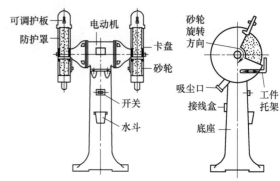

图 6-15　落地式砂轮机

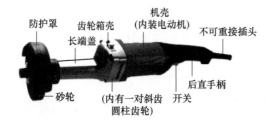

图 6-16　直向砂轮机

图 6-17　砂带机

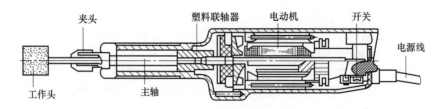

图 6-18　模具电磨

6.1.10　材料性能对切削加工性的影响

无论是锯、锉、钻、刮，还是车、铣、刨、磨，都是对金属材料进行切削加工，其难易程度，称为切削加工性。为了节省加工费用（刀具、材料、人工和设备等），人们总是希望这项性能越高越好。

(1) 材料性能与切削加工性之间的关系

现将材料的性能（硬度、塑性、韧性和强度等几项）指标，与切削加工性能之间的关系叙述如下。

① 硬度　一般来说，材料的硬度越高，切削力越大，促使切削温度增高和磨损加剧（硬度过高时甚至引起刀尖的烧损及崩刃），刀具越易磨损，允许的切削速度越低，因而切削加工性也就越差。例如，经淬火处理后的中碳钢，由于硬度较高，切削加工性就比正火状态差。特别是在高温下硬度较高的金属材料，其切削加工性就更差。

以钢材为例，硬度适中的钢材较好加工。此外，适当提高材料的硬度，有利于获得较好的加工表面质量。

② 塑性　材料的塑性通常以伸长率表示。一般情况下，塑性大的金属材料，其强度和硬度较低，但在切削过程中，加工变形和硬化、刀具表面的冷焊现象都比较严重，不易断屑，容易产生积屑瘤和鳞刺，因而不易获得较低的表面粗糙度值，切削加工性也会随之降低。

③ 韧性　材料的韧性以冲击值表示。韧性越高，则在切削过程中产生的切削力越大，消耗能量越多，切削温度也较高，且断屑困难，故加工性较差。有些合金结构钢不仅强度高于碳素结构钢，冲击值也较高，故较难加工。

④ 强度　根据经验，金属材料具有适当的硬度（170～230HBS）和足够的脆性时较易切削。所以铸铁比钢切削加工性好，一般碳钢比高合金钢切削加工性好。金属材料的强度和硬度之间存在一定的关系，强度高的材料通常比强度低的材料难加工，特别是高温强度大的材料，切削加工性更差。高温合金、不锈钢等，都属于难加工材料。

⑤ 线胀系数　材料的线胀系数大，加工时热胀冷缩，工件尺寸变化大，不易控制精度。

⑥ 弹性模量　材料的弹性模量小，在已加工表面形成过程中弹性恢复大，易与后刀面发生强烈摩擦。

⑦ 化学性质　在一定程度上材料的化学性质影响切削加工性。如切削镁合金时，粉末状的碎屑易与氧反应而燃烧。切削钛合金时，高温下易从大气中吸收氧、氮，形成硬而脆的化合物，使切屑成为短碎片，切削力和切削热都集中在切削刃附近，从而加速刀具的磨损。

(2) 加工性的分级

影响材料切削加工性分级的因素较多，且相互制约，评判起来十分困难。为此，不少学者做了大量工作，有人把它分成 8 级，有人把它分成 10 级，也有人把它分成 4 级，它们之间相互独立，没有对应关系（表 6-11～表 6-13）。

8 级制分级的基准是，把切削抗拉强度 $R_m = 0.735$ GPa 的 45 钢（刀具耐用度 $T = 60$ min 时的切削速度 $v = 60$ m/min）的相对加工性 K_r 作为 1。当 $K_r < 1$ 时，说明该材料比 45 钢难切削，切削加工性能差；当 $K_r > 1$ 时，说明该材料比 45 钢易切削，切削加工性好。

表 6-11　机械可切削性等级（8 级制）

等级	程度	材料类别	相对加工性 K_r	代表材料
1	很易	一般有色金属	>3.0	有色金属（如铝及铝合金、铜及铜合金等）
2	容易	易切削钢	2.5～3.0	退火 15Cr（R_m=370～440MPa） Y12（R_m=390～490MPa）
3		较易切削钢	1.6～2.5	30 钢正火（R_m=450～560MPa）
4	一般	一般钢及铸铁	1.0～1.6	45 钢 K_r=1（低碳钢、高碳钢 K_r<1）、灰铸铁（可锻铸铁和球墨铸铁更差）
5		稍难加工材料	0.65～1.0	2Cr13 调质（R_m=850MPa） 85 钢（R_m=900MPa）
6	难	较难加工材料	0.5～0.65	45Cr 调质（R_m=1050MPa） 65Mn 调质（R_m=950～1000MPa） 奥氏体不锈钢
7		难加工材料	0.15～0.5	50CrV 调质，α 相钛合金
8		很难加工材料	<0.15	β 相铁合金，铸造镍基高温合金

表 6-12　合金材料的加工性分级（10 级制）

切削加工等级代号		0	1	2	3	4	5	6	7	8	9	9_a
			易切削		较易切削		较难切削		难切削			
硬度	HB	≤30	>50～100	>100～150	>150～200	>200～250	>250～300	>300～350	>350～400	>400～480	>480～635	>635
	HRC					>14～24.8	>24.8～32.3	>32.3～38.1	>38.1～43	>43～50	>50～60	>60
抗拉强度 R_m/GPa		≤0.20	>0.20～0.44	>0.44～0.59	>0.59～0.78	>0.78～0.98	>0.98～1.18	>1.18～1.37	>1.37～1.57	>1.57～1.76	>1.76～1.96	>1.96～2.45①
伸长率 A/%		≤10	>10～15	>15～20	>20～25	>25～30	>30～35	>35～40	>40～50	>50～60	>60～100	>100
冲击韧度 α_k /(J/cm²)		≤196	>196～392	>392～588	>588～784	>784～980	>980～1372	>1372～1764	>1764～1962	>1962～2450	>2450～2940	>2940～3920
热导率 λ (W/m·K)		419～293	<293～168	<168～83.5	<83.5～62.8	<62.8～41.9	<41.9～33.5	<33.5～25.1	<25.1～16.8	<16.8～8.4	<8.4	

① >2.45 者为 9_b 级。

表 6-13　难切削金属材料的切削加工性比较（恶化顺序 1→2→3→4）

影响切削加工性的因素	难切削金属材料（淬火或析出硬化状态）											
	高锰钢	高强度钢			不锈钢							高温钛合金
		低合金	高合金	马氏体时效钢	沉淀强化型	奥氏体型	马氏体型	索氏体型	铁基	镍基	钴基	
硬度	1～2	3～4	2～3	4	1～3	1～2	2～3	1	2	2～3	2	2
高温强度	1	1	2	2	1	1～2	1	1	2～3	3	3	2
微观硬质点	1～2	1	2～3	1	1	1	1	1	2～3	2	1	1

影响切削加工性的因素	难切削金属材料（淬火或析出硬化状态）											高温钛合金
	高锰钢	高强度钢			不锈钢							
		低合金	高合金	马氏体时效钢	沉淀强化型	奥氏体型	马氏体型	索氏体型	铁基	镍基	钴基	
与刀具亲和性	1	1	1	1	1	2	2	2	2	3	3	4
导热性	4	2	2	2	3	3	2	2	3~4	3~4	4	4
加工硬化性	4	2	2	1	2	3	2	1	3	3~4	3	2
黏附性	2	1	1	1	1~2	3	1	1	3	3~4	2	1
相对切削加工性	0.2~0.4	0.2~0.5	0.2~0.45	0.1~0.25	0.3~0.4	0.5~0.6	0.5~0.7	0.6~0.8	0.15~0.3	0.8~0.2	0.05~0.15	0.25~0.38

(3) 几个难加工钢种的切削加工

① 淬火钢（或白口铸铁）、工具钢、模具钢等

特点：硬度高，大于 50HRC。

加工方法：一般磨削，切削力大、温度高、刀具磨损快。

加工刀具：YW 类、陶瓷、超细晶粒合金、涂层刀具等。

② 高强度钢、超高强度钢

a. 用这类材料制造的零件有连杆、曲轴、叶片、炮管等。它们的半精加工、辅加工和部分精加工，常在调质状态下进行，其金相组织一般为索氏体或托氏体，硬度 35~50HRC，抗拉强度 1GPa 左右，与切削正火状态下的 45 钢相比，其切削力仍高出 20%~30%，切削温度高，故刀具磨损快，耐用度低。

b. 切削时常采用的措施如下。

• 选用耐磨性好的刀具材料，如 YT 类硬质合金中添加钽、铌，提高耐磨性；或者选用 TiC 基、陶瓷、涂层刀具等。

• 前角应小：切削 38CrNiMoVA 时取 4°~6°，加工 35CrMnSiA 时取 0~−4°。

• 在工艺系统刚性允许的情况下，主偏角应选得小些，圆角选得大些，以提高刀尖的强度和改善散热条件。

• 切削用量应比加工中碳钢正火时适当降低些。

③ 高锰钢 用这类材料制造的零件有铁轨、挖掘机铲斗、履带等，这类钢的加工硬化严重，塑性变形会使奥氏体组织变为细晶粒的马氏体组织，硬度急剧增加，造成切削困难。其热导率低（仅为 45 钢的 1/4），切削温度高，刀具易磨损；其韧度大（约为 45 钢的 8 倍），其线胀系数大，伸长率也大，变形严重，导致切削力增加，并且不易断屑。

Mn12、40Mn18Cr4 等为高锰钢常用牌号，经过水韧处理，硬度不高，但塑性特别高，加工硬化特别严重。由于其热导率很低，因此切削温度很高，切削力约比切削 45 钢时增大 60%，所以加工性比高强度钢更差。

加工刀具：YW 类、陶瓷、涂层刀具等。

④ 不锈钢 不锈钢按金相组织，可分为铁素体、马氏体、奥氏体三种。前两者的成分以铬为主，经常在淬火＋回火或退火状态下使用，综合力学性能适中，切削加工一般不太难。而奥氏体不锈钢中的铬、镍含量较高，铬提高了其强度及韧性，使加工硬化严重，易粘

刀。产生的切屑在前刀面接触长度较短，刀尖附近应力较大，刀尖易产生塑性变形或崩刃。由于其导热性差，故切削温度高。另外，切削波动大，易产生振动，使刀具破损；断屑问题在车削中也突出。

车削不锈钢时，多采用韧性好的 YG 类硬质合金刀片，选择较大的前角和小的主偏角，较低的切削速度，较大的进给量和背吃刀量。

⑤ 高温合金　其中含有许多高熔点合金元素，如钛、铬、钴、镍、钒、钨、钼等。它们与其他合金元素构成纯度高、组织致密的奥氏体合金，故强度较高、硬度较高、热导率小，且合金中的高硬度化合物构成硬质点，在中、低切削速度下，易与刀具发生冷焊。

(4) 改善材料切削加工性的基本方法

① 在材料中适当添加化学元素　在钢材中添加适量的硫、铅等元素，能够破坏铁素体的连续性，降低材料的塑性，使切削轻快、屑容易断，大大地改善了材料的切削加工性。如在铸铁中加入合金元素铝、铜等能分解出石墨元素，利于切削。在黄铜中加入 $1\% \sim 3\%$ 的铅，切削时能起到很好的润滑作用，使刀具耐用度和表面质量得以提高。在碳钢中加入 MnS，它分布于珠光体中，也起到润滑作用，且增大脆性，使切屑易断。

② 采用适当的热处理方法　例如，正火处理可以提高低碳钢的硬度，降低其塑性，以减少切削时的塑性变形，改善加工表面质量；球化退火可使高碳钢中的片状或网状渗碳体转化为球状，降低钢的硬度；对于铸铁可采用退火来消除白口组织和硬皮，降低表层硬度，改善其切削加工性。

低碳钢通过正火处理后，晶粒细化，硬度提高，塑性降低，有利于减小刀具的粘着磨损，减小积屑，改善工件表面粗糙度；高碳钢球化退火后，硬度下降，可减小刀具磨损；不锈钢以调质到 28HRC 为宜，硬度过低，塑性大，工件表面粗糙度差，硬度高则刀具易磨损；白口铸铁可在 $950 \sim 1000℃$ 范围内长时间退火而成可锻铸铁，改善其加工性。

③ 采用新的切削加工技术　采用加热切削、低温切削、振动切削等新的加工方法，可以有效地解决一些难加工材料的切削问题。

6.1.11　冲压

冲压是利用装在冲床上的冲模使板料产生分离或变形，从而获得零件或毛坯的一种塑性成形方法。冲压件的大小可以相差很大，从汽车钣金件到民用小五金件，甚至钟表零件均可（图 6-19）。

(1) 板料冲压分类

按照冲压时工件的温度，可分为冷冲压和热冲压两种方式。

① 冷冲压　金属在常温下加工，一般适用于厚度小于 4mm 的坯料。

② 热冲压　将金属加热到一定的温度再进行加工，用于板料较硬或较厚的情况。

热冲压在近代汽车制造和军工行业中，影响和应用范围不断扩大，限于篇幅，这里暂不讨论。

(2) 冲压基本工序

冲压工艺按其变形性质，可以分为材料的分离与成形两大类。

① 分离工序　将冲压件与板料按要求的轮廓线分离，如切断、落料、冲孔等。落料和冲孔总称为冲裁（图 6-20）。

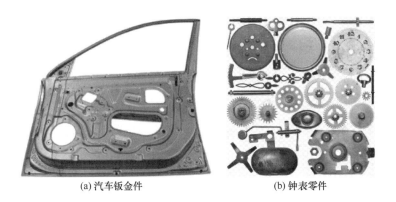

(a)汽车钣金件　　　　　　　　(b)钟表零件

图 6-19　汽车钣金件和钟表零件

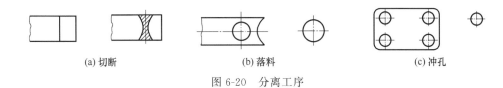

(a) 切断　　　　　　(b) 落料　　　　　　(c) 冲孔

图 6-20　分离工序

② 成形工序　是指使坯料在不破裂的条件下产生塑性变形，获得一定形状和尺寸（图 6-21）。成形工序主要包括弯曲、拉深、翻边、缩口、压肋、胀形等。

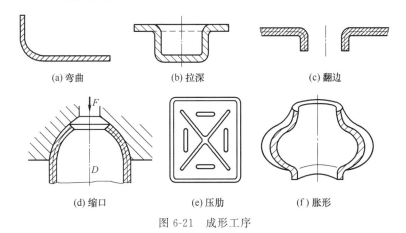

(a)弯曲　　　　　　(b)拉深　　　　　　(c)翻边

(d) 缩口　　　　　(e)压肋　　　　　(f)胀形

图 6-21　成形工序

(3) 常用设备

冲压常用设备有剪床和冲床（图 6-22）等。前者的主要用途是把板料切成一定宽度的

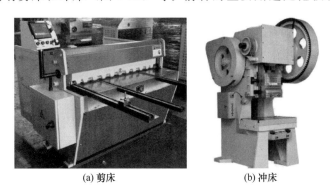

(a)剪床　　　　　　(b)冲床

图 6-22　剪床和冲床

第 6 章　金属材料的加工　　143

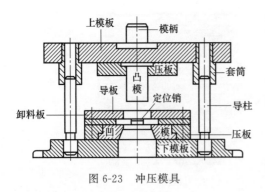

图 6-23 冲压模具

条料，为后续冲压备料。

（4）冲压模具

冲压模具的结构包括模板、导柱、套筒、导板、压板、模柄、凹模、凸模、定位销和卸料板等（图 6-23）。

（5）冲压材料

冲压材料的选用是冲压工艺中一个非常重要的工作，它直接影响冲压工艺过程设计、冲压件质量和产品使用寿命、成本。因此应根据工件的复杂程度和受力情况，选择具有合适的冲压成形性能的材料，在保证冲压件质量的同时，满足材料使用的经济性。

板材选用的要素包括牌号、轧制工艺（冷、热）、厚度、宽度、表面结构（超平滑、光亮、麻面）、表面质量（较高级、高级、超高级）。

冲压材料见表 6-14。

表 6-14 冲压材料

材质	牌号	规格/mm	表面质量	表面结构	边缘状态
冷轧低碳钢 钢板及钢带 （GB/T 5213—2019）	DC01[①]，DC03[①]，DC04[①]，DC05[①]，DC06[①]，DC07[①]	$t \leqslant 3.5$	较高级 FB 高级 FC 超高级 FD	光亮 B 麻面 D	—
碳素结构钢 冷轧钢板及钢带 （GB/T 11253—2019）	Q195，Q215，Q235，Q275，Q325	$t \leqslant 4$	较高级 FB 高级 FC	超平滑 b 光亮 B 麻面 D	
优质碳素结构钢 冷轧钢板和钢带 （GB/T 13237—2013）	08Al，08，10，15，20，25，30，35，40，45，50，55，60，65，70	$t \leqslant 4$ $b \geqslant 600$	较高级 FB 高级 FC 超高级 FD	断面不应有目视可见层，板带表面不应有结疤、裂纹、折叠、夹杂、气泡和氧化铁皮压入等对使用有害的缺陷	切边 EC 不切边 EM
碳素结构钢和低合金结构钢热轧钢板和钢带 （GB/T 3274—2017）	Q355，Q390，Q420，Q460，Q500，Q550，Q620，Q690	$t \leqslant 4$	—		
合金结构钢薄钢板 （YB/T 5132—2007）	②	$t \leqslant 4$	Ⅰ组Ⅱ组（冷轧）Ⅲ组（冷轧或热轧）Ⅳ组（热轧）		—

① DC01 一般用，DC03 冲压用，DC04 深冲用，DC05 特深冲用，DC06 超深冲用，DC07 特超深冲用。

② 优质钢 40B，45B，50B，15Cr，20Cr，30Cr，35Cr，40Cr，50Cr，12CrMo，15CrMo，20CrMo，30CrMo，35CrMo，12Cr1MoV，12CrMoV，20CrNi，40CrNi，20CrMnTi 和 30CrMnSi；高级优质钢 12Mn2A，16Mn2A，45Mn2A，50BA，15CrA，38CrA，20CrMnSiA，25CrMnSiA，30CrMnSiA 和 35CrMnSiA。

6.2 热加工

材料的热加工包括铸造、锻造、焊接和热处理。

6.2.1 铸造

铸造是将液态金属浇注到与零件形状、尺寸相适应的铸型型腔中，待其冷却凝固，获得毛坯或零件的生产方法（图 6-24 和图 6-25）。

图 6-24　出钢水

图 6-25　手工浇注现场

(1) 铸造的优缺点

① 优点

a. 可以生产出形状复杂，特别是具有复杂内腔的
零件毛坯，如各种箱体（图 6-26）、床身、机架等。

b. 生产适应性广，工艺灵活性大。工业上常用的
金属材料均可用来进行铸造，最小铸件仅为几克；
最大铸件可达几百吨，壁厚可由 0.5mm 至 1m 左
右。例如某 350MN 多向复合挤压机立柱和下横梁，
毛重分别为 565t 和 485t（图 6-27）。

图 6-26　机加工好的复杂铸件

c. 原材料来源广泛，价格低廉，并可直接利用废机件，故铸件成本较低。

② 缺点

a. 铸造组织疏松、晶粒粗大，内部易产生缩孔、缩松、气孔等缺陷，因此铸件的力学
性能，特别是冲击韧度低于同种材料的锻件。

(a) 立柱

(b) 下横梁

图 6-27　350MN 多向复合挤压机立柱和下横梁

b. 铸件质量不够稳定。

(2) 铸造方法

铸造方法很多，其特点和适宜铸造零件见表 6-15。

表 6-15　铸造方法、特点和适宜铸造零件

方法	简图	简述	特点	适宜零件
砂型铸造	砂芯　出气孔 上砂型　浇注系统 分型面　上砂箱 下砂箱 下砂型　型腔	在基本原材料为铸造砂和型砂黏结剂的砂型中生产铸件	成本低，钢、铁和大多数有色合金铸件都可用，尤其是形状复杂，具有复杂内腔的毛坯	汽车发动机的气缸体、气缸盖、曲轴等

方法	简图	简述	特点	适宜零件
压力铸造	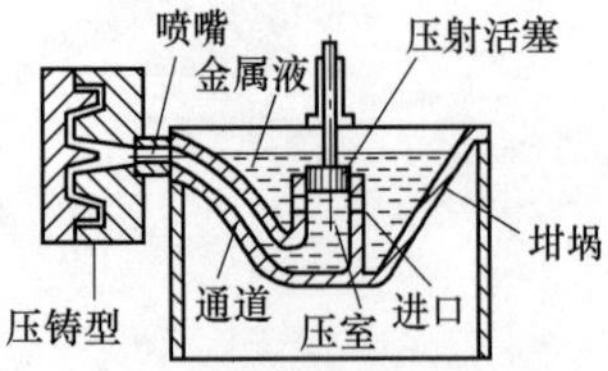	利用高压将金属液高速压入精密金属模具型腔内,在压力作用下冷却	产品质量好,尺寸稳定,互换性好;生产效率高,压铸模使用次数多;适合大批量生产,经济效益好	无冲击及振动的对称性零件,如套管、手轮和床身等
低压铸造	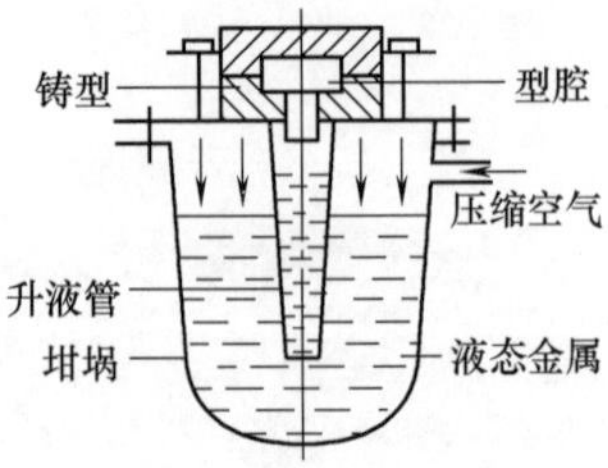	在熔融金属表面加低压(0.04~0.1MPa),底注式充型并在压力下结晶得到铸件	铸件组织致密,无缩孔,适宜铸造大型薄壁复杂的有色合金铸件;但设备费用较高,生产效率较低	汽车轮毂、气缸盖、气缸体等
离心铸造	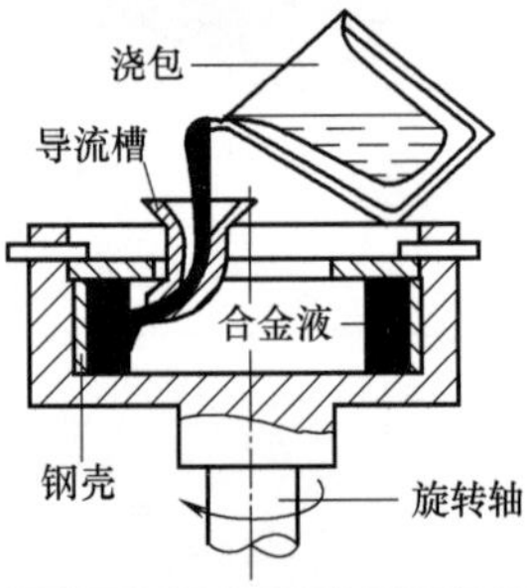	将金属液浇入旋转的铸型中,在离心力作用下填充铸型而凝固成型	成品率高,铸件致密度高,气孔、夹渣等缺陷少,力学性能高;但内径不准确,内孔表面比较粗糙,也不宜生产异形铸件	离心铸铁管、内燃机缸套、长管、筒、轴套类金属铸件
金属型铸造	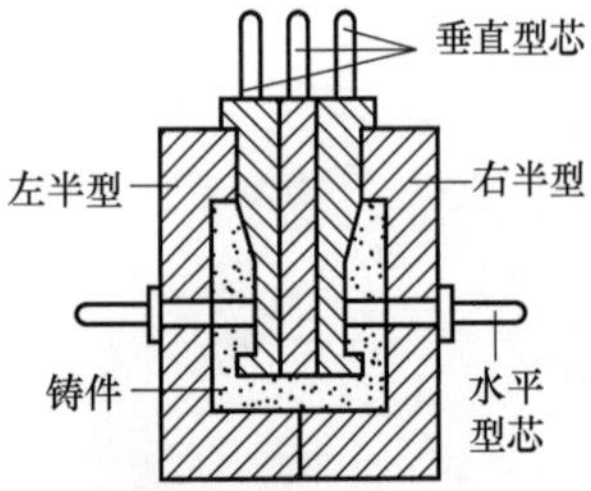	液态金属在重力作用下填充金属铸型并在型腔中冷却凝固	铸件组织致密,力学性能比砂型铸件好,尺寸精度较高,表面粗糙度较低,并且质量稳定性好,保护环境,劳动强度低	大批量生产形状复杂的非铁合金铸件,或钢铁铸件、铸锭
真空铸造	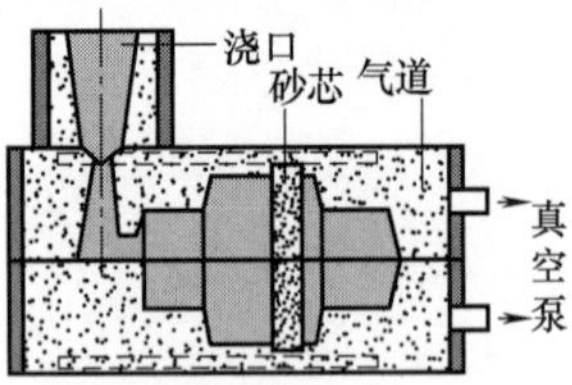	熔融的金属液在空气压力作用下流入铸模,并清除空气,形成真空,得到铸件	力学性能和表面质量高,填充条件好,可压铸较薄铸件;但模具密封结构复杂,制造及安装较困难,因而成本较高	主要用于具有精巧细节的小零件或珠宝
挤压铸造	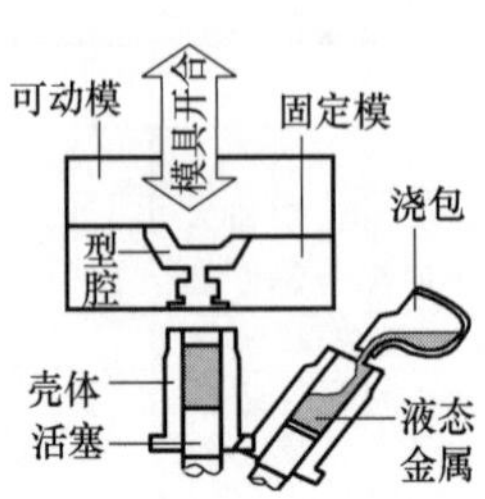	使液态或半固态金属在高压下流动、凝固成型,直接获得制件	金属利用率高、工序简化且质量稳定;便于实现机械化、自动化	各种有色金属合金、球墨铸铁等零件

方法	简图	简述	特点	适宜零件
熔模铸造	浇注口／型壳／砂／型腔	在易熔材料（蜡）制成的模样内生成型壳，获得铸型	可铸造各种合金材料的外形复杂、尺寸精度和表面粗糙度要求均高的铸件；但工序繁杂，费用较高	涡轮发动机的叶片等
实型铸造	浇包／压重／砂／型腔／液态金属	将易燃模型刷涂耐火涂料并烘干后，埋在干石英砂中振动造型；负压浇注时，模型气化，铸液凝固后形成铸件	不限合金种类和生产批量；铸件精度高，无砂芯，加工时间少；降低投资和生产成本；保护环境	结构复杂的各种大小较精密铸件，灰铸铁发动机箱体、高锰钢弯管等
连续铸造	盛钢桶／钢液分配器／铸模／铸坯／二次冷却区／引拔矫直／扁钢坯／大钢坯／切割机／分段	将熔融的金属，不断浇入一种特殊金属型中，结壳铸件可连续从结晶器的另一端拉出	铸件结晶致密，组织均匀，力学性能较好；长度不限；节约金属；减轻了劳动强度；生产面积大为减少；易于实现机械化和自动化	各种材料的断面形状不限的长铸件，如铸锭、板坯、棒坯、管子等

（3）铸件材料

铸件材料包括铸铁和铸钢，铸铁又分灰铸铁、可锻铸铁、球墨铸铁和蠕墨铸铁。

铸件材料及用途见表 6-16。

表 6-16　铸件材料及用途

名称	特点	用途举例
灰铸铁	石墨呈片状，耐磨性、抗压性、减振性、铸造性、切削加工性好，但抗拉强度低、塑性和韧性很差。其产量约占铸铁总产量的 80% 以上	用于制造承受压力和振动的零件，如机床床身，各种箱体、壳体、泵体和缸体
可锻铸铁	石墨呈团絮状，对基体破坏作用较小，所以相比灰铸铁具有较高的强度（为碳钢的 40%~70%，接近于铸钢）、塑性和冲击韧性（不能锻造）。生产周期长，工艺复杂，成本较高，已部分被球墨铸铁代替	用于制造形状复杂且承受振动载荷的薄壁小型件，如汽车、拖拉机的轮壳、管接头、低压阀门等
球墨铸铁	石墨呈球状，液态铁水经球化处理（球化剂为镁、稀土和稀土镁）和孕育处理得到球状石墨，强度是碳钢的 70%~90%。具有灰铸铁的优点（良好的铸造性、耐磨性、可切削性及低的缺口敏感性等），又具有与中碳钢相媲美的力学性能	用于承受振动、载荷大的零件，如曲轴、传动齿轮等。可部分代替铸钢、锻钢
蠕墨铸铁	液态铁水经蠕化处理（蠕化剂为稀土硅铁镁合金、稀土硅钙合金等）和孕育处理得到。其力学性能介于灰铸铁与球墨铸铁之间，并且具有优良的抗热疲劳性能。它的铸造性能和减振性能都比球墨铸铁优秀	常用于制造承受热循环载荷的零件和结构复杂、强度要求高的铸件。如钢锭模、玻璃模具、气缸、气缸盖、排气阀、液压阀的阀体、耐压泵的泵体等

名称	特点	用途举例
铸钢	具有高的强度和良好的韧性，在尺寸、重量和结构复杂程度等方面不受限制；具有可焊性，不仅有利于铸件缺陷的修补，而且能够采用铸焊结合的方法，以满足一些特殊零件的要求	主要用于制造形状复杂，承受重载荷及经受冲击和振动的机件。例如机车、船舶、重型机械齿轮、轴、轧辊、机座、缸体、外壳、阀体等

碳含量是影响铸钢件性能的主要元素，随着碳含量的增加，屈服强度和抗拉强度均增加，且抗拉强度比屈服强度增加得更快，但碳含量超过 0.45% 时，屈服强度很少增加，而塑性、韧性却显著下降。钢中的硫、磷应很好地控制，因为硫会提高钢的热裂倾向而磷则使钢的脆性增加。铸钢与铸铁相比，强度、塑性和韧性较高，但钢水的流动性差，收缩率较大。为了改善钢水的流动性，铸钢在浇注时应采取较高的浇注温度；为了补偿收缩必须采用大的浇冒口。

（4）铸钢牌号和用途

铸造碳钢的牌号和用途见表 6-17。

表 6-17　铸造碳钢的牌号和用途

牌号	特点	用途举例
ZG200-400	有良好的塑性、韧性和焊接性能	用于受力不大、要求高韧性的零件，如机座、变速箱壳体等
ZG230-450	有一定的强度和较好的韧性及焊接性能	用于受力不大、要求高韧性的零件，如砧座、轴承座、箱体等
ZG270-500	有较高的强韧性	用于受力较大且有一定韧性要求的零件，如连杆、曲轴、飞轮、机架、蒸汽锤、水压机工作缸、横梁等
ZG310-570	强度较高，韧性较低	用于载荷较高的零件，如大齿轮、制动轮、联轴器、气缸、齿轮、齿轮圈等
ZG340-640	强度、硬度和耐磨性高	重要的齿轮、棘轮、联轴器等

6.2.2 锻造

锻造是利用冲击力或压力，使金属在锤面和砧面之间（自由锻）或锻模中（模锻）产生变形，从而得到所需形状及尺寸的锻件（图 6-28）的加工方法。

图 6-28　几个锻件

锻造可分为自由锻和模锻（图6-29）。自由锻又有手工自由锻和机器自由锻两种。

(1) 自由锻

自由锻是指用简单的通用性工具，或在锻造设备的上、下砧铁之间直接对坯料施加外力，使坯料产生变形而获得所需的几何形状及内部质量的锻件的加工方法（图6-30）。

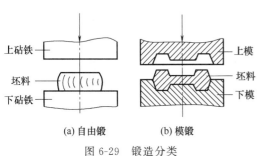

图 6-29　锻造分类

图 6-30　大件自由锻

① 特点　生产批量不大；锻造灵活性大（从不足100kg的小件到300t以上的重型件）；使用简单的通用工具；所需锻造设备的大小比模锻要小得多；对设备的精度要求低；生产周期短。缺点是生产效率低；锻件形状简单、尺寸精度低、表面粗糙；工人劳动强度高，而且要求技术水平也高；不易实现机械化和自动化。

② 基本工序　有镦粗、拔长、错开、冲孔、切割、弯曲、扭转和锻焊等（图6-31）。

a. 镦粗　变形时减少锭或坯的长度，增大其横截面积，可生产叶轮、齿轮和圆盘等锻件。

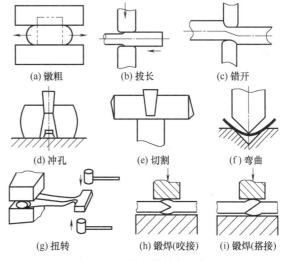

图 6-31　自由锻基本工序

b. 拔长　减小坯的横截面积，增加其长度，如生产轴、锻坯等。

c. 错开　使坯料的一部分对另一部分进行相对位移，互相错开，轴心线仍相互平行，多用于曲轴的生产。

d. 冲孔　在坯料上冲全通孔或半通孔。

e. 切割　将坯料切成几部分，如切去钢锭的冒口和底部的余料。

f. 弯曲　按工件要求把坯料各部分沿轴线弯曲成各种角度。

g. 扭转　使坯料的一部分对另一部分绕同一轴线转一定角度，多用于生产曲轴。

h. 锻焊　将两块坯料锻焊成一整块，有咬接、搭接等。

③ 设备　有空气锤、蒸汽-空气自由锻锤和水压机（图6-32）。

(2) 模锻

模锻是利用高强度的模具，使坯料变形而获得锻件的锻造方法。

① 特点　生产的锻件尺寸精确，加工余量较小，结构也较复杂，易于机械化，生产率

(a)空气锤

(b)蒸汽-空气自由锻锤

(c)水压机

图 6-32　自由锻所使用的设备

高；但是投资大，锻模成本高，故只适于中小型锻件的大量生产。

　　② 锻件分类及基本工序　见表 6-18。

表 6-18　模锻锻件分类及基本工序

类别		图例	工序方案
Ⅰ类 （短轴类）	形状简单		以热模锻的工艺流程为例，一般顺序为：锻坯下料→锻坯加热→辊锻备坯→模锻成形→切边→中间检验（锻件的尺寸和表面缺陷）→锻件热处理（消除锻造应力，改善金属切削性能）→清理（主要是去除表面氧化皮）→矫正→检查
	形状复杂		
Ⅱ类 （长轴类）	直长轴线		
	弯曲轴线		
	交叉轴线		
Ⅲ类	复杂锻件		

③ 模锻方法　按使用的设备不同，模锻分为锤上模锻、曲柄压力机上模锻、螺旋压力机上模锻、液压压力机上模锻和平锻机上模锻五种。

a. 锤上模锻（图 6-33）：模锻锤的大小以落下部分质量表示，一般为 0.5～30t，常用的是 1～10t。

b. 曲柄压力机上模锻（图 6-34）：适用于多工步、多模腔、形状比较复杂的锻件；要求精度高、大批量连续生产和高生产率的模锻件；各类热挤压、温挤压和多向模锻。

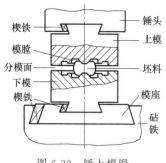

图 6-33　锤上模锻

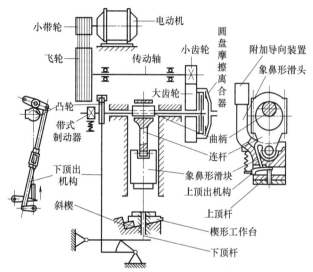

图 6-34　曲柄压力机上模锻

c. 螺旋压力机上模锻（图 6-35）：按驱动方式可分为摩擦压力机、液压螺旋压力机和电动螺旋压力机。

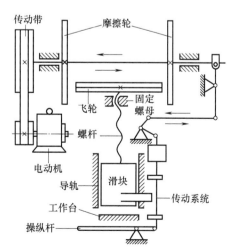

图 6-35　螺旋压力机上模锻

d. 液压压力机上模锻：（图 6-36）某 1.5 万吨全数字操控水压机，锻件质量达 600t。

e. 平锻机上模锻（图 6-37）：平锻机又称为卧式锻造机。

图 6-36　液压压力机上模锻　　　　　　　图 6-37　平锻机上模锻

另外还有胎模锻，是自由锻设备上使用可移动模具生产模锻件的一种介于自由锻和模锻之间的锻造方法。

(3) 材料选择

① 按化学成分：有碳钢、合金钢、有色金属及其合金。选择时要根据零件的负载和工作情况决定。若零件主要满足强度要求，且尺寸和重量又有所限制时，则选用强度较高的材料；若零件的接触应力较高，如齿轮，则应选用可进行表面强化的材料；在高温下工作的零件，应选用耐热材料；在腐蚀介质中工作的零件，应选用耐腐蚀的材料。

② 按加工状态：有铸锭、轧材、挤压棒材、锻坯。大型锻件和某些合金钢、特殊金属锻件主要使用铸锭锻制。铸锭是铸态组织，有较大的柱状晶和疏松的中心，因此必须通过大的塑性变形，将柱状晶破碎为细晶粒，将疏松压实，才能获得优良的金属组织和力学性能。一般的中小型锻件都用圆形或方形棒材作为坯料。棒材的晶粒组织和力学性能均匀、良好，形状和尺寸准确，表面质量好，便于组织批量生产。

③ 按冶金质量分类：按钢中所含有害杂质硫、磷的多少，可分为普通钢（S 含量不高于 0.055％，P 含量不高于 0.045％）、优质钢（S、P 含量均不高于 0.040％）和高级优质钢（S 含量不高于 0.030％，P 含量不高于 0.035％）三类。

原材料的良好质量是保证锻件质量的先决条件，如原材料存在缺陷，将影响锻件的成形过程及锻件的最终质量。所以，原材料的化学成分不能超出规定的范围，杂质元素含量不能过高；原材料内不能存在皮下起泡、严重碳化物偏析、夹渣等缺陷，以免锻件产生裂纹；原材料的表面也不能有裂纹、折叠、结疤等缺陷。

6.2.3　焊接

焊接是通过加热（熔焊）或加压（压焊），使用或不用填料，使焊件达到原子结合的一种加工方法。

(1) 分类及特点

① 按接头型式的不同，焊接大致可分为四种，即对接、角接、搭接和 T 形接（图 6-38）。

② 按接合方法的不同，焊接大致可分为熔焊、压焊和钎焊（图 6-39）。

a. 熔焊是将母材 A 和母材 B 熔化或将接合母材所需的焊材和母材一同熔化并接合。

b. 压焊是利用机械摩擦、压力、电流等使母材熔化并接合。

c. 钎焊是采用熔点比母材低的金属材料作钎料，将焊件和钎料加热到钎料和母材熔点

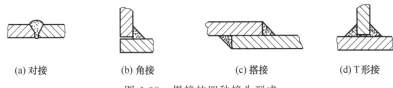

(a) 对接　　　　(b) 角接　　　　(c) 搭接　　　　(d) T形接

图 6-38　焊接的四种接头型式

中间的温度，利用毛细作用，使液态钎料填充接头间隙，并与母材相互扩散，连接焊件的方法。

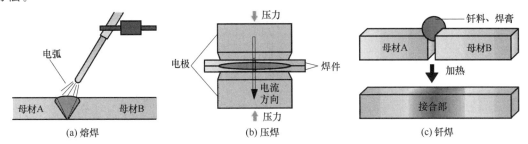

(a) 熔焊　　　　　　(b) 压焊　　　　　　(c) 钎焊

图 6-39　焊接的种类

③ 按焊接方式的不同，焊接可分为电弧焊、电阻焊、激光焊和电子束焊。

a. 电弧焊　是利用电弧产生的热量，对接合的两个部件的一部分进行熔化、混合，凝固后形成一个部件的焊接方法。可分为焊条焊（手工，自动）（图 6-40）、钨极氩弧焊（图 6-41）、等离子弧焊（图 6-42）、埋弧焊（图 6-43）和气体保护焊（图 6-44）等。

b. 电阻焊　是利用电流通过工件及焊接接触面间所产生的电阻热，将焊件加热至塑性或局部熔化状态，再施加压力形成焊接接头的焊接方法。可分为点焊、缝焊和对焊三种（图 6-45）。

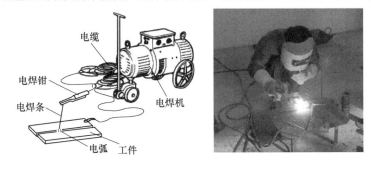

图 6-40　手工电弧焊

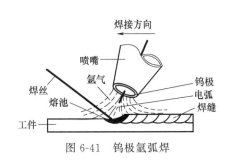

图 6-41　钨极氩弧焊

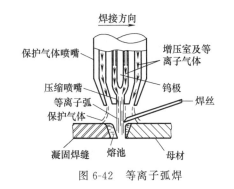

图 6-42　等离子弧焊

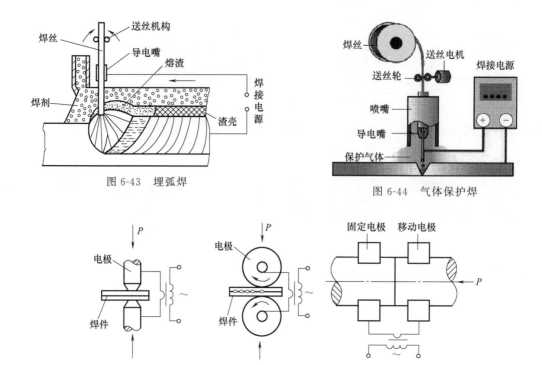

图 6-43　埋弧焊

图 6-44　气体保护焊

(a) 点焊　　　　　(b) 缝焊　　　　　(c) 对焊

图 6-45　电阻焊

c. 激光焊　利用聚焦的激光束作为能源轰击工件所产生的热量进行焊接（图 6-46）。

d. 电子束焊　利用在真空中聚焦的高速电子束轰击焊接表面，使之瞬间熔化并形成焊接接头（图 6-47）。

④ 按热源来源分，焊接可分为电焊和气焊。

电焊部分已经在前面叙述，下面只叙述气焊内容。

气焊是利用可燃气体和助燃气体氧气，混合点燃后产生高温火焰，来熔化两个焊件连接处的金属和焊丝，形成熔池，冷却凝固后形成一个牢固的接头，从而使两焊件连接成一个整体。气焊焊接装置见图 6-48。

图 6-46　激光焊

图 6-47　电子束焊

a. 适用范围　气焊适用于焊接 3mm 以下的低碳钢、高碳钢薄板，铸铁焊补以及低熔点材料的焊接，用于工具钢和铸造类需要预热和缓冷的材料的焊接，同时也广泛应用于铜、铝等有色金属薄板的焊接，钎焊及硬质合金堆焊，以及磨损件的补焊。

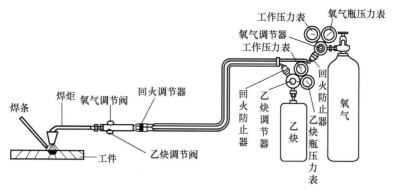

图 6-48　气焊焊接装置

b. 特点　与电弧焊相比，其优点是火焰温度较低、设备简单、移动方便、通用性较大，最适于流动作业和没有电力供应的地方；缺点是热量不集中、热影响区大、焊件变形大、接头性能差、生产效率低。

(2) 焊材的选择

① 化学成分应基本与焊件母材的化学成分相匹配，应选用抗拉强度等于或稍高于母材的焊条。

② 熔点应等于或略低于被焊金属的熔点。

③ 应能保证必要的焊接质量，如不产生气孔等缺陷。

④ 熔化时应平稳，不应有强烈的飞溅或蒸发，焊丝表面应洁净，无油脂、锈蚀和油漆等污物。

⑤ 考虑改善劳动条件，提高劳动生产率，经济合理性等方面，在酸性焊条和碱性焊条都可满足性能要求时，应尽量采用酸性焊条，在使用性能相同的基础上选择价格较低的焊条。

⑥ 气焊及气体保护焊焊丝应含有一定量的脱氧元素，如锰、硅等，使焊缝具有一定的力学性能，同时使焊丝在焊接时不产生强烈的飞溅和蒸发。

⑦ 对于某些高合金钢的焊接，可选用碱度高的中硅、低硅焊剂或陶质型焊剂，从而降低合金元素的烧损或对焊缝进行渗合金。

第 7 章
金属材料的热处理

1. 金属热处理主要分为哪两类?

2. 钢的热处理包括哪三个阶段?

3. 钢件常用的退火方法有哪几种?

4. 钢淬火的目的主要是为了提高什么性能? 淬火的质量取决于什么因素?

5. 表面热处理有哪些种类? 各有什么用途?

6. 化学热处理有哪些种类? 各有什么用途?

在切削加工时，为了保证工件有良好的切削性，常借助热处理改善材料的金相组织和力学性能。例如在冷塑性加工时，通过回火消除加工硬化，保证变形继续进行；通过时效消除毛坯中的内应力，避免后续加工中出现应力变形；通过调质改善毛坯的综合力学性能，获得均匀细致的回火索氏体组织；通过真空热处理和气相沉积等手段，对零件表面进行处理，提高材料的表面质量（如耐磨性、抗氧化性和抗疲劳性）等。由此可见，金属材料的使用性能，在很大程度上与热处理相关，很多零件在加工成形后，都要通过最终热处理获得所要求的性能。也正因为如此，热处理已经成为制造业生产加工过程中非常重要的手段。

热处理是把金属材料在固态范围内，通过一定的加热、保温和冷却工艺，改变其内部组织和性能的一种工艺。一般可分为常规热处理和化学热处理。

7.1 常规热处理

常规热处理包括淬火、回火、退火、正火、调质、时效、固溶处理和深冷处理等。

7.1.1 淬火

淬火是将钢加热到相变或部分相变温度，保温一段时间后，再以适当速度冷却的热处理工艺。其目的是改变钢的内部组织，配合不同温度的回火，提高钢的强度、硬度、耐磨性、疲劳强度及韧性等，从而满足各种机械零件和工具的不同使用要求。另外，也可以通过淬火满足某些特种钢材的铁磁性、耐蚀性等特殊的物理、化学性能。

按淬火的部位，可分为整体淬火、表面淬火和局部淬火三种。

(1) 整体淬火

整体淬火包括加热、保温、冷却三个阶段（图7-1）。

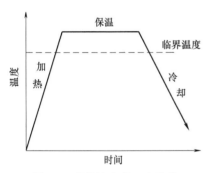

图 7-1 整体淬火的三个阶段

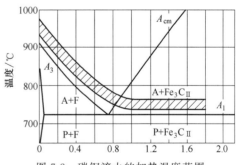

图 7-2 碳钢淬火的加热温度范围

① 加热：将工件加热到临界温度 A_{c3}（亚共析钢）或 A_{c1}（过共析钢）以上 30～50℃。通常 45 钢的淬火温度为 840～860℃，碳素工具钢的淬火温度为 760～780℃。

碳钢淬火热处理工艺的加热温度范围见图7-2。

加热设备有空气炉、盐浴炉、真空炉和保护气氛炉等。

② 保温：时间根据工件大小和形状决定，要求内部温度均匀趋于一致，以便使工件组织全部或部分奥氏体化。

③ 冷却速度：应大于临界冷却速度，使其在冷却介质中快速冷到 M_s 以下（或 M_s 附近）等温，进行马氏体（或贝氏体）转变。

④ 冷却介质：最常用的有水、水基淬火液或机油三类。水冷时，由于其散热能力太强，容易产生变形、扭曲、开裂等问题；同时，过程中产生的气泡会使工件冷却不均，表面产生软点。油冷时，由于其冷却速度较缓，经常会出现淬火不硬或淬硬层很浅等问题，所以只适用于过冷奥氏体稳定性比较好的合金钢或尺寸小的碳钢。水基淬火液的冷却速度介于它们之间，容易得到高硬度和光洁表面，不易产生软点，但易使工件变形严重，甚至发生开裂。

机械中重要零件几乎都采用水基淬火液淬火。

(2) 表面淬火

表面淬火是仅对工件的表面进行淬火的一种表面热处理工艺，主要应用对象是既要求提高表面硬度和耐磨性，又要求疲劳强度高、心部韧性好、热处理后变形小的工件，如机床主轴、齿轮、发动机的曲轴等。

表面淬火的加热方法，有电磁感应加热（图 7-3）、火焰加热（图 7-4）和燃气加热（图 7-5）等。

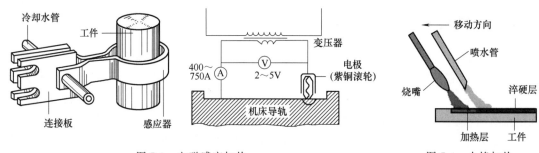

图 7-3 电磁感应加热　　　　　　　　　图 7-4 火焰加热

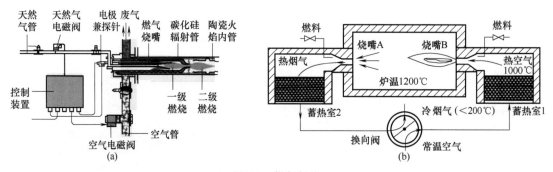

图 7-5 燃气加热

图 7-6 和图 7-7 所示分别是曲轴淬火机床和表面淬火机床。

图 7-6 曲轴淬火机床　　　　　　　　　图 7-7 表面淬火机床

（3）局部淬火

局部淬火就是对工件某一部分的淬火。例如，汽车后半轴花键（图 7-8）和卡规（图 7-9），不要求整体的硬度，只需要局部有一定的硬度，这时就可以选择这种方法。

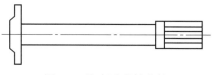

图 7-8　汽车后半轴花键

图 7-9　卡规

局部淬火要求加热速度快，时间短，可以选择感应淬火设备。

淬火是钢铁材料强化的基本手段之一。钢中马氏体是铁基固溶体组织中最硬的相，故钢件淬火可以获得高硬度、高强度。但是，马氏体的脆性很大，加之淬火后钢件内部有较大的淬火内应力，因而不宜直接应用，必须进行回火。

7.1.2　回火

回火是将经过淬火的钢，重新加热到一定温度（相变温度以下），保温一段时间，然后冷却的热处理工艺（图 7-10）。

回火工艺的回火温度为 A_1 线以下的某一温度（根据技术要求制定），保温时间一般为 1～2h，冷却方法为空冷。

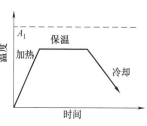

图 7-10　回火工艺曲线

（1）回火温度

钢的回火温度选择见表 7-1。

表 7-1　回火温度选择

类别	回火温度/℃	淬、回火后的组织	性能特点	典型零件
低温回火	150～250	回火马氏体	高强度、硬度和耐磨性	轴承
中温回火	250～500	回火屈氏体	极高的弹性极限和良好的韧性	弹簧零件
高温回火	500～650	回火索氏体	较高的综合力学性能	轴类

（2）回火后的组织

钢回火后的组织有回火马氏体、回火屈氏体和回火索氏体（图 7-11）。

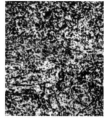

(a)回火马氏体　　　　(b)回火屈氏体　　　　(c)回火索氏体

图 7-11　淬火回火后的组织

（3）回火的作用

一般钢的强化都采用淬火＋回火，这是因为此工艺有细晶强化、固溶强化、第二相强化和位错强化四种强化机制。

例如，图 7-12 中的某工件，渗碳后空冷和一次淬火，可消除表面网状渗碳体并强化心部基体组织。表层在 A_{c1} 温度以上二次淬火是不完全淬火，可改善表层组织，得到高强度、高耐磨性组织。200℃低温回火获得高硬度表层和强韧性的心部组织。

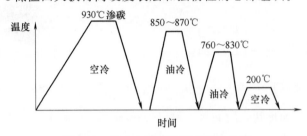

图 7-12　淬火＋回火的强化机制示例

弹簧钢一般为碳含量较高的碳钢或合金钢，经淬火和中温回火后得到回火屈氏体组织。钢在淬火后不同温度回火时，力学性能不同，但弹性极限在 400℃左右（对应组织为回火屈氏体）达到峰值。

7.1.3　退火

退火是将金属或合金的材料或制件加热到相变或部分相变温度，保温一段时间，然后缓慢冷却的一种热处理工艺。其目的是降低硬度，改善力学性能；消除组织缺陷，均匀化学成分；消除或减少内应力，稳定尺寸，为最终热处理做组织准备。

(1) 分类和应用

退火的分类和应用见表 7-2。

表 7-2　退火的分类和应用

分类	应用	分类	应用
完全退火	中低碳钢铸件、热轧件、焊接件	不完全退火	共析钢
去应力退火	铸件、焊接件、锻轧件及机械加工件	球化退火	共析钢、过共析钢
均匀化退火	大型铸钢件和合金钢钢锭		

(2) 加热温度范围和工艺曲线

退火的加热温度范围和工艺曲线见图 7-13。

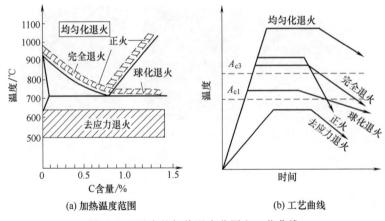

(a) 加热温度范围　　　　　　(b) 工艺曲线

图 7-13　退火的加热温度范围和工艺曲线

（3）退火后的性能

以 40 钢为例，退火后强度在开始时随着内应力和脆性的减小而有所提高，但 300℃ 以后也和硬度一样随回火温度升高而降低；塑性和韧性则相反，300℃ 以后迅速升高（图 7-14）。

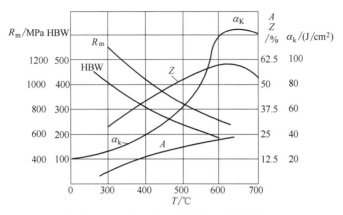

图 7-14　40 钢力学性能与回火温度的关系

7.1.4　正火

正火是将钢加热到完全相变以上的某一温度，保温一定的时间后，在空气中冷却。

（1）作用

正火既可作为预备热处理工艺，为后续热处理工艺提供适宜的组织状态；也可作为最终热处理工艺，提供合适的力学性能。此外，正火处理也常用来消除某些处理缺陷，例如，消除粗大铁素体块和魏氏组织等。正火工艺曲线见图 7-15。

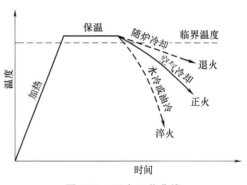

图 7-15　正火工艺曲线

（2）效果

① 细化晶粒，使组织均匀，得到含有珠光体的均匀组织。

② 提高低碳钢工件的硬度和切削加工性。

③ 消除加工硬化和去除内应力。

④ 消除过共析钢的网状碳化物。

⑤ 为下一步热处理做好准备。

⑥ 在低碳钢热处理中代替退火。

⑦ 作为大工件感应淬火前的预备热处理。

7.1.5　调质

调质是将钢件（碳含量为 0.3%～0.6%）在淬火后，随即进行高温回火的复合工艺。其目的是获得回火索氏体。

淬火温度：亚共析钢为 $A_{c3}+(30\sim50)$℃；过共析钢为 $A_{c1}+(30\sim50)$℃；合金钢可比碳钢稍稍提高一点，淬火后在 500～650℃ 进行回火。

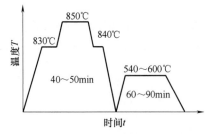

图 7-16　某柴油机连杆调质工艺曲线

图 7-16 是某柴油机连杆调质工艺曲线。

7.1.6　时效

时效处理是指合金工件，经固溶处理、冷塑性变形或铸造、锻造后，在较高的温度或在室温下放置，使其性能、形状、尺寸随时间而变化的热处理工艺。

(1) 目的

时效的目的是消除工件的内应力、稳定组织与尺寸、改善力学性能。

(2) 分类

按采用的工艺不同，可分为人工时效、自然时效和振动时效。前者是用人为的手段，将工件加热（低温）处理；中者是将工件放置在自然条件下，长时间存放；后者是将工件在其固有频率下进行振动处理。

(3) 特点

时效温度一般比低温回火更低，保温时间更长；效果虽不如冰冷处理，但操作简便、无需专门的冷处理设备、成本低、一般工厂均可进行；适用于处理各种量具、卡规、卡尺、样板等和与此类似要求的精密机械上的零件，低温时效在半精加工后、精加工前进行。

7.1.7　固溶处理

固溶处理是指将合金加热到高温单相区恒温保持，使过剩相充分溶解到基体中，成为均匀的固溶体，然后快速冷却，得到过饱和固溶体，以改变钢材的韧性和塑性的热处理工艺。

(1) 目的

固溶处理的目的是溶解基体内碳化物、γ相等，以得到均匀的过饱和固溶体，便于时效时重新析出颗粒细小、分布均匀的碳化物和 γ′ 相等强化相，同时消除由于冷热加工产生的应力，使合金发生再结晶。对奥氏体不锈钢而言，固溶处理的作用是提高其耐蚀性和耐磨性。

(2) 效果

固溶处理也适用于某些合金钢。例如含 1.2％C 和 13％Mn 的高锰钢 M13，固溶处理工艺是将其加热至 1050～1100℃，保温足够长的时间，使碳化物 M_3C 溶入奥氏体中，然后快速冷却（水淬），可以在室温下得到单相奥氏体组织。经固溶处理的高锰钢制成的铁路道岔（图 7-17），硬度很低（约 200HB），但具有很高的加工硬化能力和良好的韧性，其磨损面在使用过程中发生加工硬化，硬度迅速增至 495～535HB。

7.1.8　深冷处理

深冷处理是将被处理工件置于特定、可控的低温环境中，使材料微观组织产生变化，从而达到提高或改善材料性能的工艺，其过程分为降温、保温和升温三个阶段。

图 7-17　铁路道岔

(1) 分类

按处理温度的高低，可分为深冷处理和超深冷处理两类。

① 深冷处理　将金属放在−100℃环境下，使相对软的残余奥氏体几乎全部转变成高强度的马氏体，并能减少表面疏松，降低表面粗糙度。经深冷处理的工件，强度、耐磨性和韧性都有所增加，其他性能也得到了改善。

② 超深冷处理　将金属放在−190～−230℃环境下处理（也可认为是热处理的一种特殊情况），它适用于所有金属或非金属材料，如合金、碳化物、塑胶、铝和陶瓷等。经超深冷处理的工件，残余应力降低，耐磨性增加，冲击韧性、抗拉强度和耐腐蚀性都会得到提高，从而提高产品质量、降低生产成本。

(2) 工艺

常用深冷处理工艺见表 7-3。

表 7-3　常用深冷处理工艺

性能要求		工件形状	降温速度 /(℃/min)	深冷处理温度 /℃	保温时间 /h
提高硬度、耐磨性	一般	一般	2.6～6.0	−70～−100	1～2
		复杂	0.5～2.5		
	特殊	一般	2.5～6.0	−120～−190	1～4
		复杂	0.5～2.5		
提高尺寸稳定性	一般	一般	2.5～6.0	−70～−100	1～2
		复杂	0.5～2.5		
	特殊	一般	2.5～6.0	−120～−150	1～4
		复杂	0.5～2.5		

(3) 实例

① W9 钢　深冷处理效果见表 7-4。

表 7-4　W9 钢 M24 丝锥加工 1Cr18Ni9Ti 工件的效果

未冷处理	经冷处理			
	冷处理温度	加工数量	效果	切削速度
加工数量 20 个	−80℃	32 个	提高 60%	提高 30%
	−120℃	43 个	提高 115%	
	−140℃	45 个	提高 125%	
	−160℃	48 个	提高 140%	
	−196℃	50 个	提高 150%	

② 工具钢　深冷处理效果见表 7-5。

表 7-5　工具钢深冷处理的处理效果

名称	材料	未深冷的寿命	深冷处理后的寿命	效果
M16 切边模	9SiCr	1000 件	5000 件	提高 400%
M16 冲孔冲头	W12RE	20000 件	40000 件	提高 100%
M16 冲孔冲头	65Nb	1000 件	3000 件	提高 200%
搓丝板	Cr12MoV	8000 件	18000 件	提高 125%
组合钻头	硬质合金	6000 件	8500 件	提高 42%

(4) 设备原理和构成

① 原理　冷源液氮存放在低温液体储罐内，当储罐的放空阀关闭、增压阀打开时，液氮汽化使储罐内部压力升高。打开液氮的出口阀时，液氮即从储罐内流出，经电磁阀进入深冷柜。液氮进入深冷柜后，经喷管喷出并很快汽化，体积膨胀，使气温下降，风机将低温氮气吹入工作室，使工件冷却。

② 设备构成　深冷处理设备构成见图 7-18。

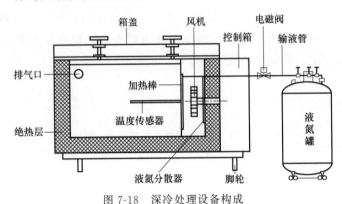

图 7-18　深冷处理设备构成

7.2　化学热处理

化学热处理是将钢件在特定的介质中加热、保温和冷却，利用化学反应，有时兼用物理方法，改变工件表层化学成分及组织结构，以得到更优性质表层的热处理工艺的总称。

化学热处理的基本过程有三个，即分解过程（介质在一定温度下分解产生活性原子）、吸收过程（活性原子被金属表面吸附并溶入基体中）、扩散过程（被吸收的活性原子向基体金属内部渗入）。

化学热处理的主要方法有渗非金属（碳、氮、硫、硼等）或金属元素（钒、铌、铬等），如果同时渗入两种以上的元素，则称为共渗。此外还有真空热处理、可控气氛热处理以及激光热处理等。

7.2.1　渗碳

渗碳是将工件（碳含量低于 0.25% 的低碳钢或合金钢）置于渗碳介质中，加热到奥氏体状态并保温，使其表层形成一个含碳层的热处理工艺。主要目的是提高工件表面的硬度、耐磨性和疲劳强度，同时保持心部具有一定强度和良好的塑性与韧性。例如汽车变速箱齿轮（图 7-19）、活塞销（图 7-20）、摩擦片（图 7-21）等零件，都可以采用这种方法。

(1) 分类

① 按渗碳介质的不同，可以分为气体渗碳（介质为煤气、石油气、天然气）、液体渗碳（介质为煤油、酒精、丙酮）、固体渗碳（介质为木炭加催渗剂等）和离子渗碳四大类。

② 按渗碳温度的不同，可以分为中温渗碳（850℃左右）和高温渗碳（950～1050℃）两种。

图 7-19　变速箱齿轮

图 7-20　活塞销

图 7-21　摩擦片

（2）工件材料

GB/T 32539—2016 规定，高温渗碳的常用钢种见表 7-6。

表 7-6　高温渗碳的常用钢种

钢种类别	钢号
合金结构钢 GB/T 3077	20CrMnTi，20CrMnMo，12CrMoV，25Cr2MoVA，25Cr2Mo1VA，12CrNi2，12CrNi3，12Cr2Ni4，20CrNi，20CrNi3，20Cr2Ni4，20CrNiMo，18CrNiMnMoA，18Cr2Ni4WA，25Cr2Ni4WA
保证淬透性结构钢 GB/T 5216	12Cr2Ni4H，20CrNi3H，16CrMnH，20CrMnH，22CrMoH，20CrNiMoH，20CrMnMoH，15CrMnBH，17CrMnBH，20Cr2Ni4H，20Cr2Ni2MoH，15CrMoH，20CrMoH，20MnVBH，20MnTiBH
其他钢种	15CrNi3Mo，17CrNiMo6，18CrNiMo7-6，20Cr3MoWVAH，20Cr2Ni4WAH，17Cr2Ni2MoH，18CrMnNiMoAH，G20CrNi2MoH

（3）设备

① 一般使用的设备，有固体渗碳炉（图 7-22）和井式气体渗碳炉（图 7-23）等，前者较为原始，结构简单。

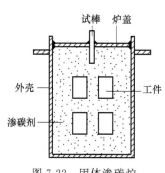
图 7-22　固体渗碳炉

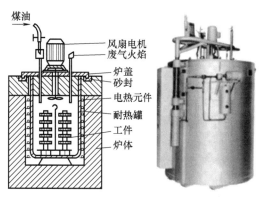
图 7-23　井式气体渗碳炉的结构和外形

井式气体渗碳炉由炉体、耐热罐、炉盖、升降机构、风扇电机、电热元件及电控系统等组成。

风扇电机的作用是搅拌耐热罐内的气体并使之成分均匀，同时使炉温趋于均匀。在炉盖上还装有两根工艺管通向炉膛：一根向炉内滴注煤油（或甲醇、其他有机液体）；另一根用于取样，以监视耐热罐的炉压，保证渗碳或碳、氮共渗的正常进行。

② GB/T 32539—2016 规定，当生产规模较大时，高温渗碳设备应当是周期式炉或连续式炉生产线（图 7-24），一般由高温渗碳炉、缓冷装置、淬火装置、回火炉、清洗机及辅助设备、气氛系统和控制系统等组成。

图 7-24　连续式碳化炉

(4) 工艺

① 渗碳件的加热温度为 $900\sim950℃$（必须在 A_{c1} 以下）；渗碳时间一般为 $3\sim9h$（根据渗碳厚度选定）。渗碳后需要后续热处理。

② 在周期式炉或连续式炉生产线上渗碳时，其常用的淬火、回火工艺曲线见图 7-25 和图 7-26。

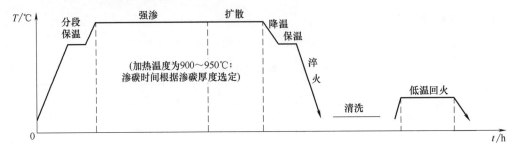

图 7-25　常用高温渗碳淬火、回火工艺曲线

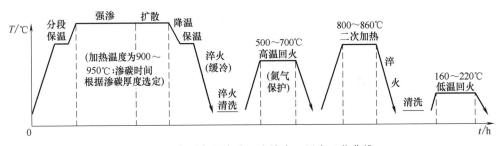

图 7-26　常用高温渗碳二次淬火、回火工艺曲线

7.2.2　渗氮

渗氮（氮化）是在一定温度下，使活性氮原子渗入工件表层的一种化学热处理工艺。

渗氮的主要目的是提高工件的表面硬度、耐磨性、疲劳强度，适用于要求热处理变形极小、精密度很高的零件，如镗床主轴（图 7-27）、精密传动齿轮（图 7-28）和油泵转子（图 7-29）。

图 7-27　镗床主轴

图 7-28　精密传动齿轮

图 7-29　油泵转子

按氮化介质的不同，可将氮化分为气体氮化、液体氮化、固体氮化和离子氮化。

① 气体氮化　一般使用无水氨气作为氮化介质。

a. 反应式：

$$2NH_3 \longrightarrow 3H_2 + 2[N] \quad (NH_3 在 200℃ 以上分解)$$

b. 工件材料：碳含量为 0.15%～0.45% 的合金结构钢，如 35CrMo、18CrNiW、38CrMoAlA 等，渗氮后硬度极高。

c. 氮化温度：480～570℃，保温时间 (0.3～0.5)mm/(20～50)h，渗氮后无需后续热处理。为改善心部力学性能，渗氮前经调质处理。

d. 缺点：周期长、成本高。

② 液体氮化　一般使用尿素、碳酸钠作为氮化介质。

a. 反应式：

$$2(NH_2)_2CO + Na_2CO_3 \longrightarrow 2NaCNO + 2NH_3 + CO_2 + H_2O$$
$$2NaCNO + O_2 \longrightarrow Na_2CO_3 + CO + 2[N]$$

b. 工件材料：含 Cr、Mo、Al、V、Ti 等的合金钢工件，如 Cr12MoV、38CrMoAlA 等。

c. 氮化温度：(570±10)℃，保温时间根据要求渗层厚度决定。在熔盐中将氮原子渗入工件表层，赋予工件超强耐磨、高硬度、耐腐蚀、变形小、抗疲劳等诸多性能。

③ 离子氮化

a. 原理：离子氮化是利用含氮气体在高压直流电场中电离，产生辉光放电这一物理现象对金属材料表面强化的氮化方法。经离子氮化处理后的零件，可显著提高材料表面的硬度，使其具有高的耐磨性、疲劳强度及抗蚀能力和抗烧伤性等。由于在电离过程中产生辉光放电现象，所以又称辉光离子氮化。

离子氮化工艺以工件为阴极、炉体作为阳极。把炉内抽成真空后，在低真空炉体内导入纯氨或分解氨。在阴极与阳极之间加上直流电压（300～900V）后，稀薄气体被电离并产生辉光放电，形成氮、氢离子，在阴、阳两极之间形成等离子区。在等离子区强电场作用下，氮和氢的离子以高速向工件表面轰击，产生热能并加热工件，使氮离子直接渗入工件表面，同时使部分铁原子溅射出来与氮结合生成 FeN。由于离子的轰击，工件表面得到净化，且分解出活性氮原子向工件内部扩散而形成氮化层。图 7-30 是常用的钟罩式离子氮化炉原理。

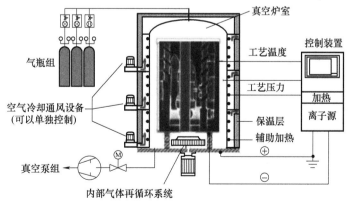

图 7-30　钟罩式离子氮化炉原理

b. 氮化温度：氮化钢 520～540℃；其他合金结构钢 480～520℃；其他高合金钢 480～540℃；不锈耐热钢 550～580℃。

c. 氮化时间：由氮化层深度确定。

d. 氮化气氛：纯氨，炉内气体压力 300～1000Pa。

e. 适用材料：38CrMoAl、40Cr、35CrMo、40CrNiMo 和 30CrMnSi 等。

f. 炉体结构：钟罩式离子氮化炉由炉体、真空泵、供电系统、抽气系统、阳极、进氨气管、观察窗和控制装置等组成（图 7-31）。

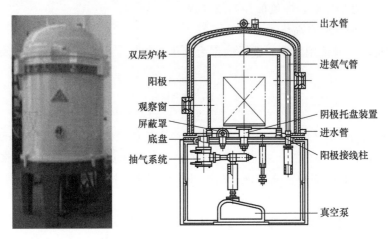

图 7-31　钟罩式离子氮化炉结构

7.2.3　碳氮共渗

在一定温度下，同时将碳、氮渗入工件表层的化学热处理工艺称为碳氮共渗（又称氰化）。按渗入元素的主次，可将其分为碳氮共渗（以渗碳为主）和氮碳共渗（以渗氮为主）。

① 工件材质：GB/T 22560—2008 规定，一般钢铁零件均可用氮碳共渗处理。常用钢种和铸铁牌号见表 7-7。

表 7-7　常用钢种和铸铁牌号

类别及标准号		钢及铸铁牌号
普通碳素结构钢（GB/T 700）		Q195、Q215、Q235
优质碳素结构钢（GB/T 699）		08、10、15、20、25、35、40、45、15Mn、20Mn、25Mn
合金结构钢 （GB/T 3077）	铬钢	15Cr、20Cr、40Cr
	铬锰钢	15CrMn、20CrMn
	铬锰硅钢	20CrMnSi、25CrMnSi、30CrMnSi
	硅锰钢	35SiMn、42SiMn
	铬锰钼钢	15CrMnMo、20CrMnMo、40CrMnMo
	铬钼钢	20CrMo、15CrMo
	铬锰钛钢	20CrMnTi、30CrMnTi
	铬镍钢	40CrNi、12Cr2Ni4A、12CrNi3A、20CrNi3A、20Cr2Ni4A、30CrNi3A
	铬镍钨钢	18Cr2Ni4WA、25Cr2Ni4WA
	铬钼铝钢	38CrMoAl
合金工具钢（GB/T 1299）		Cr12、Cr12MoV、3Cr2W8V
灰铸铁（GB/T 9439）		HT200、HT250
球墨铸铁（GB/T 1348）		QT500-7、QT600-3、QT700-2

② 介质：尿素、甲酰胺、乙酰胺、二乙胺等。

③ 尿素热解氮碳共渗时的反应式：

$$2(NH_2)_2CO \longrightarrow 2CO + 4[N] + 4H_2$$
$$2CO \longrightarrow CO_2 + [C]$$

④ 气体碳、氮共渗工艺，见表 7-8。

表 7-8　气体碳、氮共渗工艺

名称	碳氮共渗	氮碳共渗
温度/℃	800～860	560～600
时间/h	1～8	1～6
渗层厚度/mm	0.3～0.8	>0.1
后续热处理	淬火＋低温回火	—
硬度/HRC	53～60	>54
材料	合金结构钢	合金工具钢

由表 7-8 可见，碳氮共渗温度高，所以处理后应进行淬火和低温回火。气体碳氮共渗所用的钢大多为低碳钢、中碳钢或合金钢。而氮碳共渗的温度较低，时间短，渗层薄，渗层硬度较低，故又称软氮化。

7.2.4　渗硫

渗硫是将硫元素渗入工件表面，并形成含硫化铁 FeS 的表层，使其具有良好的减摩性和抗粘着磨损性的化学热处理工艺。主要适用于轻负荷、低速运动的工件，如滑动轴承（图 7-32）、低速运转齿轮、冲压模（图 7-33）和气缸套筒（图 7-34）等。

图 7-32　滑动轴承　　　　图 7-33　冲压模　　　　图 7-34　气缸套筒

(1) 分类

按介质的状态，可分为液体法、固体法、粉末法、盐浴电解法、离子法和真空蒸发法等，只要是能够将渗剂（FeS、KSCN、S 等）中的硫转移到工件表面，并有足够的结合力即可。下面介绍盐浴电解渗硫法和离子渗硫法。

(2) 盐浴电解渗硫

此法的温度低，但所需时间较长。渗硫层易产生 $FeSO_3$，导致工件表面锈蚀，同时产生有毒氰盐试剂，易造成环境污染，且工件的后续处理麻烦。近年来改进了渗硫盐浴成分，使盐浴成分基本无毒性，为盐浴渗硫的广泛应用创造了有利条件。

① 盐浴介质：75%KSCN＋25%NaSCN 或 $(NH_2)_2CS$。

② 反应机理：在 180～210℃温度下，渗硫浴盐完全离子化。反应方程式为

$$KSCN \longrightarrow K^+ + SCN^- \qquad NaSCN \longrightarrow Na^+ + SCN^-$$

在直流电场作用下，发生电化学反应，即在坩埚或辅助电极周围发生阴极反应：

$$SCN^- + 2e^- \longrightarrow S^{2-} + CN^- \quad K^+ + e^- \longrightarrow K \quad Na^+ + e^- \longrightarrow Na$$

$$2K + SCN^- \longrightarrow 2K^+ + S^{2-} + CN^- \quad 2Na + SCN^- \longrightarrow 2Na^+ + S^{2-} + CN^-$$

在被处理零件上发生阳极反应：

$$Fe \longrightarrow Fe^{2+} + 2e^-$$

由于零件表面发生阳极溶解，因此基体上留下不均匀、深度不同的坑穴，并导致表面离子化，为渗硫提供条件。

$$Fe^{2+} + S^{2-} \longrightarrow FeS$$

③ 盐浴温度：150～200℃（大大低于用"粉末法"的560～930℃）。

④ 保温时间：10～30min。

⑤ 工作电压：直流0.8～4V（坩埚接正极，工件接负极）。

经此处理，可使钢件表面硬度达70～100HV，渗层0.006～0.08mm，其摩擦因数仅为非渗硫的10%～20%。用于Cr12冷作模具等，可使其使用寿命大幅提高。

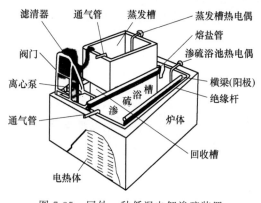

图7-35　国外一种低温电解渗硫装置

⑥ 使用设备：坩埚炉。图7-35是国外一种低温电解渗硫装置。

（3）离子渗硫

离子渗硫是在钢铁工件表面渗入离子态硫元素，形成多孔、松软的由FeS、FeS_2组成的极薄的硫化物层的热处理工艺。特别适用于刀具、齿轮、轴承、轧辊和柴油机缸套等。

① 供硫介质：CS_2或H_2S气体。采用H_2S作供渗硫源时，一般以H_2S-Ar-H_2作为渗硫气氛，高纯度（99.999%）的Ar和H_2（比例为1∶1）作为载体气，H_2S的用量为总气体量的3%。混合气的流量为80～120L/h（与炉型有关）。

② 渗硫温度：160～300℃（常用180～200℃）。

③ 保温时间：依据不同渗层的要求，可选用20min～2h，所得到的渗层深度从几微米至几十微米。

④ 工件材质：碳素结构钢、合金结构钢、碳素工具钢、合金工具钢以及各类硬质合金等。

⑤ 渗硫设备：大体与离子氮化设备相似，包括炉体、真空系统和控制系统。

7.2.5　硫氮共渗

硫氮共渗是可同时向工件表面渗硫、氮元素的热处理工艺，可生成一定厚度的硫和氮元素渗层，获得减摩、耐磨与抗疲劳性能。所用方法有气体法、盐浴法和离子共渗法。

（1）气体法

① 常用渗剂

a. 含有氮、碳原子的有机化合物，如尿素、三乙醇胺、甲酰胺等（可单独使用，也可与其他有机化合物同时使用）。

　　b. 以氨气为主，添加醇类裂解气、二氧化碳、吸热型气氛、放热型气氛等任何一种气体。

　　② 温度与时间　常用的共渗温度为 540～570℃，保温时间为 2～4h。通常用油作为冷却剂（根据技术要求也可选用其他冷却剂）。

　　③ 表面硬度和共渗层深度　见表 7-9 和表 7-10。

表 7-9　气体硫氮共渗后的表面硬度

材料类别	表面硬度/HV	材料类别	表面硬度/HV
碳素结构钢	≥480	合金工具钢	≥700
优质碳素结构钢	≥550	灰铸铁	≥500
合金结构钢（不含铝）	≥600	球墨铸铁	≥550
合金结构钢（含铝）	≥800		

表 7-10　共渗层深度

材料类别		共渗层深度/mm	材料类别		共渗层深度/mm
碳素结构钢	化合物层	0.008～0.025	合金工具钢	化合物层	0.003～0.015
优质碳素结构钢	扩散层	≥0.20		扩散层	≥0.10
合金结构钢（不含铝）	化合物层	0.008～0.025	灰铸铁	化合物层	0.003～0.020
	扩散层	≥0.15	球墨铸铁	扩散层	≥0.10
合金结构钢（含铝）	化合物层	0.006～0.020			
	扩散层	≥0.15			

（2）盐浴法

以某机修厂的方法为例。

① 工件材质：35CrMo，共渗前经调质处理。

② 渗剂：氨气、乙醇和二硫化碳。

③ 工艺曲线，见图 7-36。

这种工艺通常用在最终热处理和磨削以后。

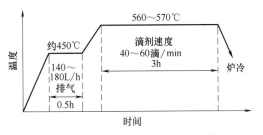

图 7-36　某机修厂的硫氮共渗工艺曲线

硫氮共渗对高速钢刀具和模具具有良好的强化效果。例如经 560℃、20～60min 硫氮共渗后，钻头、铰刀、铣刀、推刀和铲刀等刀具的使用寿命显著提高。

其实，硫氮共渗和前面提到的碳氮共渗一样，分别是渗硫和渗氮及渗碳和渗氮的复合二元渗法。其他还有三元（氧、硫、氮）、四元（碳、氧、硫、氮）甚至五元（碳、氮、氧、硫、硼）共渗工艺。

7.2.6　渗硼

渗硼是将工件置于含硼的介质中，经过加热和保温，使硼元素渗入工件表面，形成 FeB 和 Fe_2B 的工艺过程。经渗硼的工件具有高硬度、高耐磨性（超过渗氮）、耐热性好、耐蚀性高（但不耐硝酸的腐蚀）的优点。

(1) 工件材质

渗硼工件材质见表 7-11。

表 7-11　常用渗硼工件材质

材料类型	牌号
碳素结构钢(GB/T 700) 优质碳素结构钢(GB/T 699)	Q195、Q215、Q235 等 10、20、35、40、45、65Mn 等
合金结构钢(GB/T 3077)	20Mn2、35Mn2、20CrMnTi、20CrMnMo、15Cr、40CrV、30CrMo、20CrNiMo、15CrMo 等
高碳铬轴承钢(GB/T 18254) 碳素工具钢(GB/T 1298) 合金工具钢(GB/T 1299) 不锈钢棒(GB/T 1220) 灰铸铁件(GB/T 9439) 球墨铸铁件(GB/T 1348)	GCr15 等 T7、T8、T10、T12 等 9CrWMn、CrWMn、5CrNiMo、Cr12MoV、3Cr2W8V 等 2Cr13、3Cr13、1Cr18Ni9Ti 等 HT250、HT300 等 QT400-18A、QT500-7A、QT700-2A 等

(2) 工艺方法

有固体渗硼、液体渗硼及气体渗硼三种。目前应用较多的工艺方法是固体渗硼法和液体渗硼法。

① 固体渗硼法

介质：碳化硼 B_4C 5%。

活化剂：氟硼酸 HBF_4 5%。

填充剂：碳化硅 SiC 或氧化铝粉（余量）。

加热温度：900～1000℃（箱式炉）。

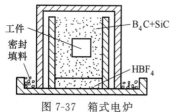

图 7-37　箱式电炉

保温时间：1～5h。

加热设备：可采用箱式电炉（图 7-37）、保护气氛炉，也可采用井式电炉。

② 液体渗硼法　液体渗硼法有盐浴渗硼和电解盐浴渗硼两种，用于各种钢制模具。

a. 盐浴渗硼：盐浴渗硼的介质由供硼剂（硼砂）、还原剂（碳化硅）和添加剂（碳酸钾、碳酸钠或氟化钠）三部分组成；加热温度为 900～1000℃，保温 2～6h。

反应式：

$$Na_2B_4O_7 + 2SiC \longrightarrow Na_2O \cdot 2SiO_2 + 2CO + 4[B]$$
$$Na_2B_4O_7 + SiC \longrightarrow Na_2O \cdot SiO_2 + CO_2 + O_2 + 4[B]$$
$$Na_2B_4O_7 \longrightarrow Na_2O + 2B_2O_3$$
$$2B_2O_3 + 2SiC \longrightarrow 2CO + 2SiO_2 + 4[B]$$

b. 电解盐浴渗硼：渗硼剂为硼砂；设备为外热式石墨坩埚；电流密度为 0.15～0.2A/cm^2；加热温度为 930～950℃，保温 2～6h。

7.2.7　盐浴渗金属

盐浴渗金属是将碳钢或合金工具钢，在添加某些金属粉末的硼砂盐浴中，加热形成金属碳化物渗层的热处理工艺。可以获得具有极高耐磨性的渗层。因工艺和设备简单，已进入工业应用阶段。

(1) 盐浴渗钒

① 特点：具有极高的硬度（2800～3200HV），高耐磨性，抗粘着性好，渗钒模具的使用寿命可提高几倍至几十倍。

② 应用范围：中、高碳钢或合金钢制的各种冷作模具。

③ 盐浴成分：$Na_2B_4O_7$（脱水）85%＋V_2O_5 粉 10%（或钒铁粉）＋Al 粉 5%；也可以采用钒铁粉 10%＋$Na_2B_4O_7$（脱水）90%。

④ 工艺：850～1200℃，保温 2～6h。

⑤ 后处理：一般直接淬火，根据模材可空淬、油淬或水淬。

⑥ 设备：高温坩埚电阻炉。

(2) 盐浴渗铌

① 特点：生成碳化铌，呈金黄色，具有极高的硬度（2900～3500HV），比渗硼和气相沉积碳化钛有更好的抗磨损、抗咬合、耐氧化和抗热疲劳性能。

② 应用范围：可用于冲模、弯曲模、成形模、热锻模和粉末冶金成型模具，寿命可提高几倍至几十倍。

③ 盐浴成分：无水硼砂、氧化铌或铌粉、铝粉。

④ 工艺：900～1050℃，保温 4～10h。

⑤ 后处理：直接淬火加低温回火，再清理表面。

⑥ 设备：坩埚电阻炉。

(3) 盐浴渗铬

① 特点：中、高碳钢渗铬后硬度达 1300～1600HV，合金钢达 1700～1800HV，耐磨性，尤其是抗磨粒磨损性能优良。

② 应用范围：较多用于高碳钢或高碳合金钢的冷作、热作模具，寿命大幅度提高。

③ 盐浴成分：50%铬粉，另加 48%氧化铝粉、2%氯化铵。

④ 反应式：

$$2NH_4Cl+Cr \longrightarrow CrCl_2（蒸气）+2NH_3+H_2$$

$$Fe（工件）+CrCl_2 \longrightarrow FeCl_2+[Cr]$$

$$CrCl_2+H_2 \longrightarrow 2HCl+[Cr]$$

$$CrCl_2 \longrightarrow Cl_2+[Cr]$$

⑤ 工艺：950～1050℃，保温 4～6h。

⑥ 设备：坩埚电阻炉。

⑦ 渗层组织：铬的碳化物（高碳钢渗铬，铬含量高达 80%）。

⑧ 渗层深度：15～27μm。

⑨ 渗层硬度：低碳钢只有 200～300HV，而中碳钢为 1500HV 左右，高碳钢渗层硬度更高。

(4) 盐浴渗铝

渗铝层硬度不高（600HV 左右），力学性能有所下降，但抗氧化性能和耐腐蚀性能都有明显提高。

① 原理：将渗铝剂和工件装入箱中密封后加热，使铝扩散渗入钢或合金表面。

② 盐浴成分：98%～99%铝铁粉＋2%～1%氯化铵。

③ 工艺：900～1050℃，保温 5～10h。

④ 反应式：

$$6NH_4Cl+2Al \longrightarrow 2AlCl_3+6NH_3+3H_2$$

$$Fe+AlCl_3 \longrightarrow FeCl_3+[Al]$$

7.2.8 气相沉积

气相沉积是通过气相中发生的物理、化学过程，改变工件表面成分，形成功能性或装饰性化合物的一种新技术。按过程的主要属性，可分为化学气相沉积（CVD）和物理气相沉积（PVD）两大类。

(1) 化学气相沉积

化学气相沉积是将低温下气化的金属化合物，与加热到高温的工件接触，在工件表面与碳氢化合物和氢气或氨气进行气相反应，生成金属化合物沉积层的过程。主要用于高碳钢和高碳合金钢模具，一般沉积 TiC 最佳厚度为 3～10μm，沉积 TiN 为 5～15μm。

① 涂层特点如下。

a. 具有很高的硬度（如 TiC 为 3200～4100HV，TiN 为 2450HV）、低的摩擦因数、自润滑性能，所以抗磨损性能良好。

b. 具有很高的熔点（如 TiC 为 3160℃，TiN 为 2950℃），化学稳定性好，具有很好的抗粘着磨损能力，发生冷焊和咬合的倾向很小。

c. 具有较强的耐腐蚀性能。

d. 在高温下也具有良好的抗氧化性能。

② 沉积物：为过渡族元素（如 Ti、V、Cr、Mn、Fe、Co、Ni、Mo、W 等）与碳、氮、氧和硼的化合物。

③ 沉积层厚度：通常为 0.5～10μm。

④ 基本工艺过程：加热至 950～1000℃；供气 N_2、H_2、$TiCl_4$、CH_4、Ar；保温 8～13h。沉积处理后需重新进行淬、回火。

⑤ 装置组成见图 7-38。

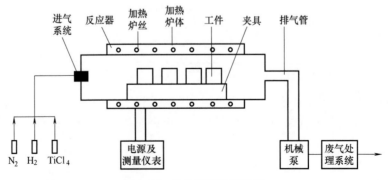

图 7-38 化学沉积装置组成

（2）物理气相沉积

物理气相沉积是将金属、合金或化合物放在真空室中蒸发（溅射），使这些气相原子或分子在一定条件下沉积在工件表面上的工艺。

与 CVD 法相比，PVD 法的主要优点是处理温度较低，沉积速度较快，无公害。缺点是沉积层与工件的结合力较小，镀层的均匀性稍差，设备造价高，操作维护技术要求高。

PVD 可分为真空蒸镀、阴极溅射和离子镀三类。

① 真空蒸镀　镀材广泛，所用设备简单，操作容易，广泛用于光学、电子器件和塑料制品的表面处理。

a. 原理：在高真空中使金属、合金或化合物蒸发，然后凝聚到基体表面（图 7-39）。

b. 过程：对设备和工件清洁；把工件装入镀槽；抽真空；加热；蒸镀。

② 阴极溅射　原理是用荷能粒子轰击靶材（阴极），使其表面原子以一定能量逸出，然后在工件表面沉积（图 7-40）。由于溅射出的靶材原子动能大，所以溅射镀膜的附着力比蒸镀镀膜大。

阴极溅射的方法很多，常用的是磁控高速溅射法，任何类型的金属材料均可作为靶材。

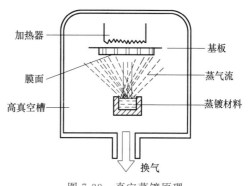

图 7-39　真空蒸镀原理

将阴极（靶材）接 $1\sim3kV$ 的直流负高压，向真空室内通入压力为 $13.3\sim133Pa$ 的氩气，在电场的作用下，氩气电离后的离子轰击靶材。

③ 离子镀　基本原理是借助于一种惰性气体的辉光放电，使金属或合金蒸气离子化，离子经电场加速而沉积在带负电荷的工件上（图 7-41）。

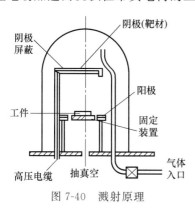

图 7-40　溅射原理

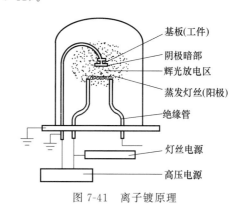

图 7-41　离子镀原理

这种方法产生的镀层结合力强，没有明显方向性沉积，可覆盖所有表面，镀层均匀性较好，并且具有较高的致密度和细晶粒。即使经镜面研磨过的工件，进行离子镀后，表面依然光洁致密，不需研磨。

惰性气体一般采用氩气，压力为 $1.33\sim0.133Pa$。镀膜材料主要是 TiC、TiN 或某些难熔金属材料。

7.2.9 真空热处理

真空热处理是真空技术与热处理技术相结合的新型热处理技术，主要包括真空淬火、退火、回火和氮化等工艺。由于它升温速度慢，热处理变形小；表面氧化物、油污在真空加热时分解，被真空泵排出，可大大减少工件的氧化和脱碳；工件表面光洁，提高了工件的疲劳强度、耐磨性和韧性；工艺操作条件好，易实现机械化和自动化，节约能源，减少污染。但其设备较复杂，价格昂贵。目前主要用于工模具和精密零件的热处理。

(1) 分类

① 按加热冷却室的数量，可分为单室、双室、三室。

② 按加热体的布置方式，可分为外热式（图 7-42）和内热式（图 7-43）。

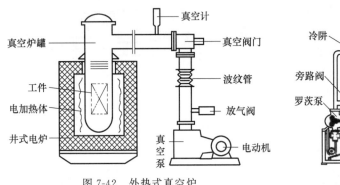

图 7-42　外热式真空炉

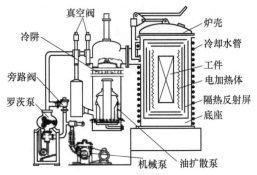

图 7-43　内热式真空炉

③ 按炉型，可分为立式、卧式或组合式。

④ 按工艺目的或用途，可分为真空退火炉（图 7-44）、真空淬火炉（图 7-45）、真空回火炉、真空渗碳炉及真空离子渗氮炉、真空热处理多用炉等。

图 7-44　真空退火炉

图 7-45　真空淬火炉

⑤ 按热源，可分为电阻加热、感应加热、电子束加热和等离子加热。

⑥ 按工作温度，可分为低温炉（≤700℃）、中温炉（700～1000℃）和高温炉（>1000℃）。

⑦ 按冷却方式，可分为自冷式、气冷式、油冷式、水冷式和盐浴冷式。

⑧ 按其真空程度，可分为低真空（$10^2 \sim 10^5$ Pa）、中真空（$10^2 \sim 10^{-1}$ Pa）、高真空（$10^{-1} \sim 1^{-5}$ Pa）和超高真空（<10^{-5} Pa）。

(2) 工艺规程

制定时完全可以依据在常压下固态相变的原理，参考常压下各种类型组织转变的数据。图 7-46 和图 7-47 为真空渗碳和渗氮的典型工艺曲线。

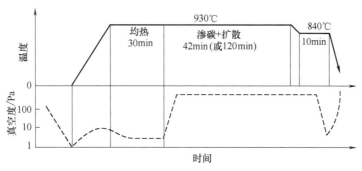

图 7-46 某零件的真空渗碳工艺曲线

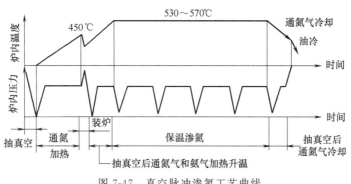

图 7-47 真空脉冲渗氮工艺曲线

7.2.10 激光热处理

激光热处理是利用专门的激光器，发出能量密度极高的激光，以极快速度加热工件表面，通过激光和金属的交互作用，达到改善金属表面性能的目的。

激光热处理具有加热速度快（加热到相变温度以上仅需要百分之几秒）；淬火不用冷却介质，而是靠工件自身的热传导自冷；淬火光斑小，能量集中；可控性好；可对复杂的零件进行选择加热淬火；能细化晶粒，显著提高表面硬度和耐磨性；淬火后，几乎无变形，且表面质量好等优点。主要用于精密零件的局部表面淬火，也可对微孔、沟槽、盲孔等部位进行淬火。

激光器分固体激光器（图 7-48）和气体激光器（图 7-49），目前生产中大都使用 CO_2 气体激光器，其功率可达 10～15kW，效率高，并能长时间连续工作。通过控制激光入射功率密度、照射时间及照射方式，即可达到不同的淬硬层深度、硬度、组织及其他性能要求。

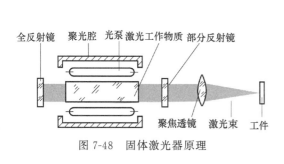

图 7-48 固体激光器原理

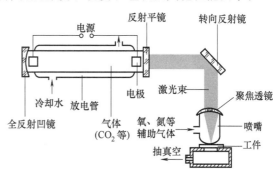

图 7-49 气体激光器原理

7.3 热处理设备

由于热处理的方法很多，因此热处理设备也有多种。

(1) 分类

① 按热源种类，可分为电阻炉、燃料炉、煤气炉、油炉等。

② 按炉膛形式，可分为箱式炉、井式炉、罩式炉、管式炉、贯通式炉、转底式炉等。

③ 按工艺用途，可分为退火炉、淬火炉、回火炉、渗碳炉、渗氮炉等。

④ 按使用介质，可分为空气炉、火焰炉、可控气氛炉、盐浴炉、油炉和真空炉等。

⑤ 按作业方式，可分为分段式、连续式和脉动式三种。

⑥ 按工作温度，可分为高温、中温、低温三种。

⑦ 按机械形式，可分为台车式、推杆式、输送带式、滚式、振式、升降底式和步进式等。

(2) 型式及结构

这里只介绍几种常用的设备。

① 箱式电阻炉　主要由炉体、控制箱和测控装置三大部分组成。炉体用耐火材料制作炉衬，保温材料夹在外壳和耐火材料之间起隔热和保温作用。其多为内加热工作方式，多用于对工件进行正火、退火、淬火等热处理，通常在自然气氛条件下工作。

按照加热温度的不同一般分为三种类型：低于 600℃ 称为低温箱式电阻炉，在 600～1000℃ 温度范围内称为中温箱式电阻炉，高于 1000℃ 称为高温箱式电阻炉。图 7-50 是 RX3 低温箱式电阻炉外形，图 7-51 是高温箱式电阻炉结构，图 7-52 是 RX3 系列中温箱式电阻炉结构。

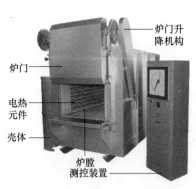

图 7-50　RX3 低温箱式电阻炉外形

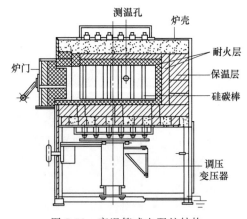

图 7-51　高温箱式电阻炉结构

② 井式电阻炉　多为圆柱形，为了装取工件操作方便，大、中型井式电阻炉通常安装在地坑中，只有部分露在地面以上。其主要工作在自然气氛或保护气氛中，用于较长金属工件（杆类、长轴类）的热处理。

炉外壳由钢板加工而成，炉衬由隔热耐火层和保温层组成。根据工作温度的不同，采用不同的炉衬材料。有的井式电阻炉为了减小体积，炉体和炉盖均采用水冷方式，这种炉子没

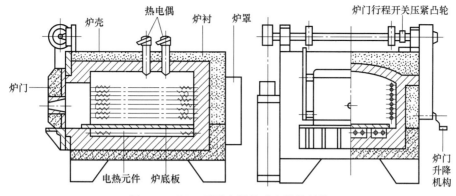

图 7-52　RX3 系列中温箱式电阻炉结构

有耐火层和保温层，采用金属材料制作隔热屏，其能量消耗要比采用保温材料制作的炉衬大得多。

井式电阻炉有低温、中温和高温之分，图 7-53 所示为 650℃ 低温井式电阻炉结构，广泛用于钢件的回火处理，也可用于有色金属的热处理。

③ 井式气体渗碳电阻炉　主要用于中、小尺寸机械零件渗碳、碳氮共渗及氮碳共渗等化学热处理。它的结构与一般井式炉相同，由炉体、炉盖、电热元件、料筐、吊架和温控系统等组成（图 7-54），可保持炉内气氛的成分和防止炉气对电热元件和炉衬的侵蚀。炉罐上端开口，外缘用油砂封槽，炉盖下降时将炉罐口盖住。渗碳介质（煤油等）在高处的油箱内，经滴注装置滴入炉罐内汽化而成渗碳气氛，废气排出时点燃。

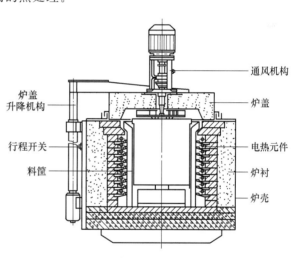

图 7-53　低温井式电阻炉结构

④ 台车式电阻炉　由炉体、炉衬、炉门及其升降机构、电热元件、台车及其驱动装置、密封机构、电气控制系统组成（图 7-55），适用于大、中型金属材料或制品进行正火、淬火、退火、回火等热处理，是目前使用较多的一种工业炉设备。为适应大批量工件热处理的需要，还有一种双头台车式电阻炉，其装载量大，生产率高，装卸料方便，操作条件好，并设有热风循环装置使炉温均匀，保证工件受热均匀，其原理和结构与单头式相似。

⑤ 罩式退火炉和连续式退火炉　冷轧后的带材和管材，组织中存在变形晶粒，产生加工硬化和残余内应力，要使其组织和性能恢复到冷变形前的状态，需要在退火炉中退火，使其组织重新转变为均匀等轴晶粒。罩式退火炉与连续式退火炉分别如图 7-56 和图 7-57所示。

罩式退火时材料按工序顺序分别在炉内退火、终冷、平整、重卷，过程不连续；连续退火时材料连续进行退火、冷却、时效、平整、重卷，其间不停留。

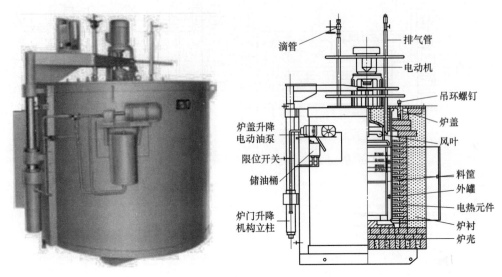

图 7-54　井式气体渗碳电阻炉外形和结构

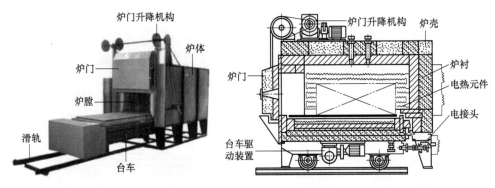

图 7-55　台车式电阻炉外形和结构

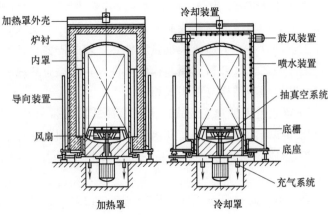

图 7-56　罩式退火炉外形和结构

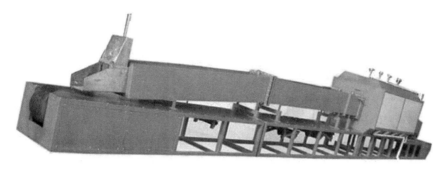

图 7-57 连续式退火炉外形

罩式退火和连续式退火的优缺点见表 7-12。

表 7-12 罩式退火和连续式退火的优缺点

项目	罩式退火	连续式退火
生产工艺	设备分散,机组间还需中间仓库,设备布置空间大,生产周期长,但产品规格和产量变化灵活性强。保温温度必须被严格控制在 A_1 线以下	设备布置紧凑,占地面积小,生产周期短,但产品规格范围覆盖不宜太宽,产量不宜太低;技术复杂,难度大,要求生产人员的素质高;生产厚规格产品有困难
总成本	投资、消耗、维修费用与连续式退火相比都要低,但人员较多,材料损失较大	要额外增加真空脱气、微合金化以及较昂贵的酸洗费用
品种规格	适合小批量、多品种生产;对钢的化学成分和热轧工艺控制的要求比较宽松	产品厚度不宜大于 2.5mm,也不宜太宽;适合大批量、少品种生产;对钢的化学成分和热轧工艺要求严格
表面洁净度	通过建立正确退火制度和先进的轧制工艺,可以减少黏结、折边、碳黑等缺陷	表面十分光洁,不会出现黏结、折边、碳黑等缺陷,适合生产表面质量要求高的钢板
深冲性和强度	适于铝镇静钢退火,一般用于软质钢板;加热冷却过程中其两端、内外层和中心的温度存在一定程度的不均匀	既能生产多种深冲等级钢板,又能生产强度和深冲性均好的深冲高强板;传热条件好,带钢温度均匀
灵活性	退火炉体积小;分批处理,自成系统;炉台数量可随品种和产量变化随时增减,十分灵活	改换品种要一定的调整时间和一定量的过渡钢带,适合大批量生产
生产效率	间歇生产,为了充分保证带钢性能均匀,生产周期比较长(退火周期一般为 40～60h),生产效率低	连续生产,带钢生产周期短(退火周期一般为 5～10min),生产效率很高

⑥ 热处理浴炉 是利用液体介质加热或冷却工件的一种热处理炉,液体介质为熔盐、熔融金属或合金、熔碱或油。工作温度范围较宽 (60～1350℃),加热速度快,工件氧化脱碳少,可完成多种工艺,如淬火、正火、回火、局部加热、化学热处理、等温淬火、分级淬火等(但不能退火)。能满足特殊工艺要求,对于尺寸不大、形状复杂、表面质量要求高的工件,如刃具、模具、量具及一些精密零件特别适用。

液体介质的选择要根据浴炉的工作温度与热处理工艺。例如:低于 300℃ 的回火,主要采用矿物油作为加热介质;浴炉工作温度为 650～1000℃ 时,常用氯化盐或氯化盐的混合物作为介质;高温盐浴炉 (1350℃) 一般采用氯化钡盐液作为加热介质。

按炉子的型式,热处理浴炉可分为外热式坩埚浴炉和电极盐浴炉。

a. 外热式坩埚浴炉　又称电热元件盐浴炉、硝盐炉、碱浴炉等。由电热元件、坩埚、搅拌器、隔热层和炉壳构成（图 7-58）。通电后电热元件发热将盐熔化。硝盐工作温度不超过 550℃，否则会加剧硝盐分解，发生事故。如将硝盐改为苛性钠或苛性钾，则成为碱浴炉，这种炉子适用于钢的光亮淬火。

b. 电极盐浴炉　金属电极在熔融盐液中加热，将工件浸入加热的盐液内处理的工业炉，称为电极盐浴炉（图 7-59、图 7-60）。主要用于小批量、单件的生产。

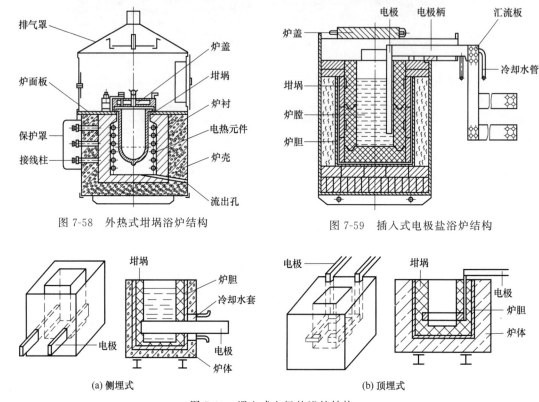

图 7-58　外热式坩埚浴炉结构

图 7-59　插入式电极盐浴炉结构

图 7-60　埋入式电极盐浴炉结构

按炉温的高低，可分为低温（<650℃）、中温（650～1000℃）和高温（1000～1300℃）三种。低温炉常用于高速钢件的分级淬火和回火，坩埚用低碳钢板焊成为好，也可用耐火材料砌成；中温炉用于碳钢和低合金钢件的淬火加热，高速钢件的淬火预热和化学热处理；高温炉主要用于高速钢和高合金钢件的淬火加热。中、高温炉的坩埚一般都用耐火材料砌成。

按电极浸入介质的方式，可分为插入式和埋入式两种。插入式和埋入式电极盐浴炉的优缺点比较见表 7-13。

表 7-13　插入式和埋入式电极盐浴炉的优缺点比较

型式	优缺点
插入式	优点：结构简单，可随意调节电极间距 缺点：电极占据液面较大位置，热效率低；液面上的电极易受空气和盐蒸气氧化腐蚀；炉温均匀性比较差，会出现"炉底斜坡"现象
埋入式	优点：电极不占据液面位置，提高炉膛利用率；电极寿命长；炉温较均匀 缺点：结构复杂，无法更换和调节电极间距

炉壳侧壁采用 2.5～3.5mm 钢板，炉底采用 4～5mm 钢板，炉架用角钢制造。浴炉常设有炉盖和抽风罩等装置。坩埚采用重质耐火砖、高铝砖或耐火混凝土。炉胆一般用 6～12mm 钢板焊接而成。对侧埋电极的浴炉，炉胆后壁每一电极引出处都应留有电极引出孔。保温层有时用粉状保温材料填充，但侧埋式电极引出部位必须用成型砖砌筑。

⑦ 真空热处理炉

a. 分类

按真空度，可分成低真空（大于 10^{-1} Pa）、高真空（10^{-1}～10^{-4} Pa）和超高真空（小于 10^{-4} Pa）。

按工作温度，可分成低温炉（低于 650℃）、中温炉（650～1000℃）和高温炉（高于 1000℃）。

按作业性质，可分成间歇式真空炉、半连续式真空炉和连续式真空炉。

按结构与加热方式，可分成外热式和内热式。

按型式和用途，可分成真空加热炉［图 7-61（a）］、真空退火炉［图 7-61（b）］、真空烧结炉［图 7-61（c）］、可控气氛真空炉［图 7-61（d）］等。

(a) 真空加热炉　　　　　　(b) 真空退火炉

(c) 真空烧结炉　　　　　　(d) 可控气氛真空炉

图 7-61　真空热处理炉的种类

b. 内热式真空热处理炉　如图 7-62 所示，内热式真空热处理炉较为常见，它将整个加热装置（电热元件、耐火材料）及欲处理的工件均放在真空容器内，所以没有炉罐，整个炉壳就是一个真空容器（多采用双层水冷式设计）。炉中安置电热元件、隔热屏、炉床、风扇、传送机构和其他构件等。通过电热元件的热辐射或充入气体气流循环加热工件。

电热元件多位于加热室中部，围绕工件有效加热区设计安置，外部是隔热屏。炉床安装在加热室下部，风扇安装在冷却室或加热室的一端，并且和热交换装置组成强制气流循环的加热和冷却系统。传送机构多设在冷却室，有些和炉外料筐支架相连，根据用途和某些特殊要求采取不同结构，加热电极通过炉壳引入，设计时要考虑加热电极的水冷和密封结构，以保证其良好的工作特性。

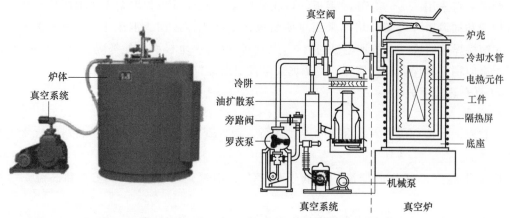

真空阀

冷阱
油扩散泵
旁路阀
罗茨泵

炉壳
冷却水管
电热元件
工件
隔热屏
底座

机械泵

真空系统   真空炉

图 7-62 内热式真空炉外形、结构及其真空系统

图 7-63 连续式热处理炉外形

c. 连续式热处理炉 这种热处理炉（图 7-63）是利用机械推料或机械化炉底输料的热处理炉，适用于工件成批连续热处理加热，如用于大型碳钢、合金钢零件的退火，表面淬火件回火，焊件消除应力退火和时效等热处理工艺。

连续式热处理炉按热处理工艺划分为退火炉、淬火炉、回火炉、正火炉和调质炉；按传动方式划分为推杆炉、网带炉、链板炉、步进炉、辊底炉、悬链炉。

第 8 章
金属材料的检验方法

1. 如果把一样粗细的20圆钢和60圆钢混在一起了，如何能尽快地区分开？

2. 检验金属材料化学成分的方法有哪些？各自应用在什么场合？

3. 检验金属工件内部缺陷的方法有哪些？各自应用在什么场合？

金属材料检验，有的项目（如规格、尺寸、精度、材质、表面质量）可从涂色、打印和挂牌等标志或用肉眼看出，或者直接测量得出；有的项目（如化学成分）则必须经过火花检验、化学分析或光谱分析；金属组织情况（疏松、夹渣、偏析、脱碳、气泡、裂纹、分层、白点等），可以用肉眼或10倍以下放大镜观察；而另外一些项目（夹杂物、晶粒度、脱碳层深度、晶间腐蚀等），则必须采用金相检验和无损检测等方法。

8.1　火花检验

火花检验是用于检验钢铁大致成分含量的一种简易方法，不需特别的设备，速度也快。其原理是：试样在和砂轮磨削时强烈摩擦产生高温，不同元素微粒在氧化时产生的火花数量、形状、分叉、颜色等不同。碳钢中的碳含量越高，火花越多，火束越多。对于合金钢，由于各种合金元素对火花形状、颜色产生不同影响，因而也可基本上鉴别出合金元素的种类及大概含量，但不像碳钢那样容易和准确。

这种方法不仅对于用户，即使在生产厂的成品把关、杜绝混钢方面也很实用。

8.1.1　火花的组成

钢材在砂轮上磨削，产生的全部火花称火束，整个火束分为根部火花（根花）、中部火花（间花）和尾部火花（尾花），见图8-1。火花的主要形状见图8-2。

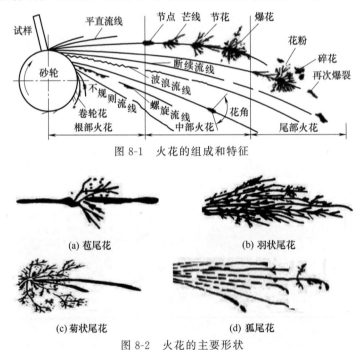

图 8-1　火花的组成和特征

(a) 苞尾花　　　　　　　　　　(b) 羽状尾花

(c) 菊状尾花　　　　　　　　　(d) 狐尾花

图 8-2　火花的主要形状

8.1.2　鉴别方法

(1) 设备

通常使用手提式或台式砂轮机，砂轮为中等硬度（36号～60号）普通氧化铝砂轮（不宜使用碳化硅或白色氧化铝砂轮）。

（2）操作要领

① 火花鉴别时要有相对应的标准钢样，以便在试验过程中对有疑问的样品进行比较，防止操作者的错觉和误判。

② 砂轮与钢材接触时，用力要适度。

③ 看合金元素时轻打钢材表面，看碳含量时适度重打钢材端头。

④ 仔细观察火束长度和流线的长度、粗细、数量、形状以及射力的强弱等细节。

（3）典型钢种的火花

一些典型钢种的火花形状和特征见表 8-1。

表 8-1　一些典型钢种的火花形状和特征

材料	火花形状	火花特征
20	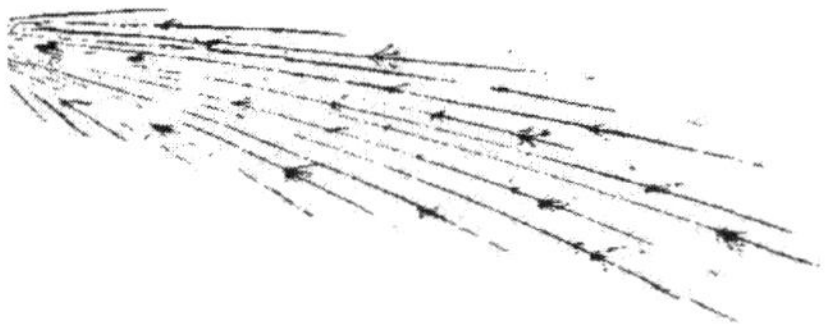	流线多、带红色，火束长，芒线稍粗，发光适中，花量稍多，多根分岔爆裂，呈星形，花角狭小
45	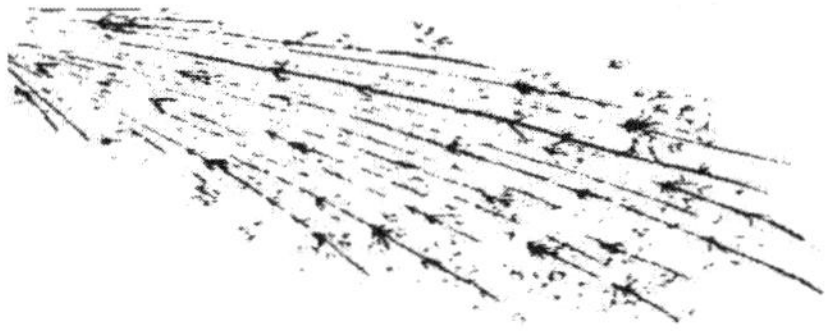	流线多而稍细，火束短，发光大，爆裂为多根分岔，多量三次花，呈星形，火花盛开，花数约占全体 3/5 以上，有很多的小花及花粉
60		火束呈明黄色泽，根部稍暗、中部明亮、尾部为橙黄色泽，光度明亮；流线多而细长，自根部起逐渐膨胀粗大，流线尾部趋向平直状态；爆花形式为多根分叉三次星形爆花，掺杂着六根分叉三次星形爆花，花角甚大
T7		流线多而细，由于碳含量高，火束长度渐次缩短变粗，发光渐次减弱；火花稍带红色，爆裂为多根分岔，多量三次花，花形由基本的星形发展为三层叠开，花数增多；研磨时手感稍硬
T10	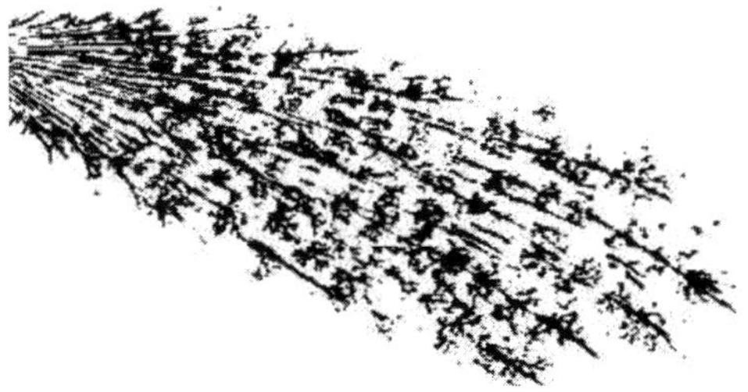	流线多而细，由于碳含量增高，火束更短更粗，带红色；爆裂为多根分岔，多量三次花，小碎花及花粉极多；研磨时手感稍硬

材料	火花形状	火花特征
T12	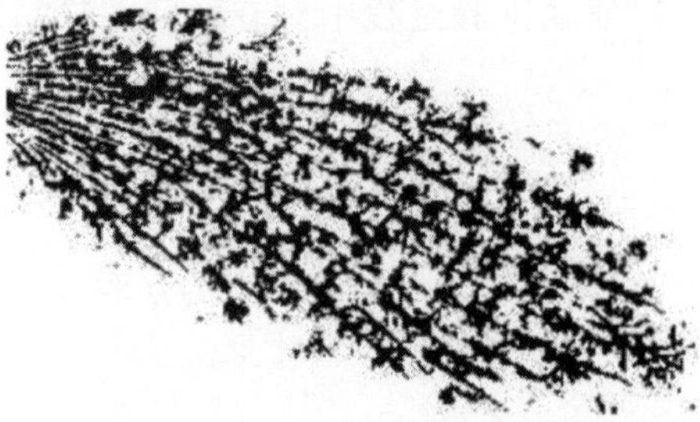	整个火束呈暗橙色,光度较 T10 暗淡,愈近根部色泽和光度愈暗淡,流线多而极细密,火束更为粗短,爆裂为多根分岔,三次花的花量极多,三层、四层叠开,大量碎花和花粉;花数约占总体 6/7 以上,爆花花势更旺盛;爆裂强度很弱,火花灿烂

(4) 铸铁的火花

铸铁的火束很粗,流线较多,一般为二次花,花粉多、爆花多,尾部渐粗下垂成弧形,颜色多为橙红。火花试验时,手感较软。灰铸铁的火花束细而短,尾花呈羽状,色泽为暗红色。

(5) 合金钢的火花

合金钢的火花特征与其含有的合金元素有关。一般情况下,镍、硅、钼、钨等元素抑制火花爆裂,而锰、钒、铬等元素却可助长火花爆裂,所以对于合金钢的鉴别较难掌握。一般规律如下。

① 铬钢的火束白亮,流线稍粗而长,爆裂多为一次花,花形较大,呈大星形,分叉多而细,附有碎花粉,爆裂的火花心较明亮。

② 镍铬不锈钢的火束细,发光较暗,爆裂为一次花,五、六根分叉,呈星形,尖端微有爆裂。

③ 高速钢火束细长,流线数量少,无火花爆裂,色泽呈暗红色,根部和中部为断续流线,尾花呈弧形。

8.1.3 火花鉴别易记口诀

火花鉴别方便记忆的口诀如下:

一叉碳少两叉中,三叉出现超 60 (60 钢);

50 (50 钢) 流线长而亮,稍有花粉伴其中;

T8、T10 碳量高,一短 (火束短) 三多 (爆花多、花粉多、芒线多) 看不清;

合金加入有变化,铬菊尾花,锰星花,钒助火花明 (仿佛增加了碳含量);

钨镍硅钼抑制碳 (亮度降低),狐尾苞花枪喇叭 (尾部特征)。

8.2 化学分析

化学分析是根据化学反应来确定金属组分的试验方法,有定性分析和定量分析两种。

8.2.1 定性分析

鉴定金属由哪些元素所组成的试验方法称定性分析。

定性分析是利用有色离子、有色无机物指示剂，根据试剂溶液酸度、浓度和温度的反应来确定含有哪种元素的方法；也可以利用灼烧试验，根据其灼烧物的气味和冷热时的颜色变化确定元素组成。

8.2.2　定量分析

测定各组分间量的关系（通常以百分比表示）的试验方法称定量分析。这是实际生产中主要采用的方法，包括重量分析法和容量分析法。

(1) 重量分析法

重量分析是根据物质的化学性质，选择合适的化学反应，将被测组分转化为一种组成固定的沉淀或气体形式，通过钝化、干燥、灼烧或吸收剂的吸收等一系列的分离处理后，精确称量，求出被测组分的含量。

(2) 容量分析法

容量分析法也称滴定分析，其原理是用已知浓度的标准溶液，与金属中被测元素完全反应，然后根据所消耗标准溶液的体积，计算出被测元素的含量。

8.2.3　化学分析一般过程

化学分析的五个主要步骤是：样品采集、试样制备和分解、干扰组分分离、含量测定以及数据处理。

① 样品采集　要使少量试样分析的结果能反映出物料的真实情况，分析试样的组成必须能代表全部物料的平均组成，即试样应具有高度的代表性。否则，分析结果再准确也是毫无意义。这就是样品采集的重要性所在。

② 试样制备和分解

a. 试样制备一般可分为四个步骤：破碎、过筛、混匀和缩分。

b. 试样分解：除干法分析（如光谱分析等）外，许多样品的测定都是在水溶液中进行的，因此，试样制备完成后，通常把试样分解，配制成溶液。常用的分解试样的方法有两种：溶解法和熔融法。

③ 干扰组分分离　一般有沉淀分离法、溶剂萃取法、离子交换法和色谱分离法四种。

④ 含量测定　有中和滴定法和比色法。

a. 中和滴定法　此法的原理是在酸碱中和反应中，使用一种已知物质的量浓度的酸（或碱）溶液，和未知浓度的碱（或酸）溶液完全中和，测出二者所用的体积，根据化学方程式中酸和碱完全中和时物质的量的比值，得出未知浓度的碱（或酸）的物质的量浓度。

b. 比色法　此法的原理是用已知不同浓度的显色物质配成的颜色逐渐变化的溶液，组成标准色阶。将待测液在同样条件下显色，与标准色阶相比较，便可知待测液的浓度。

化学分析费时费力，不能用于生产现场，所以目前有条件的生产厂一般采用光谱分析来检验钢材的化学成分。

8.3　光谱分析

太阳光通过三棱镜折射，形成按红、橙、黄、绿、蓝、靛、紫顺次连续分布的彩色光谱，覆盖了 390~770nm 的可见光区。在这个可见光区以外，还有很多不可见的光（电磁波）。光波谱区见图 8-3。

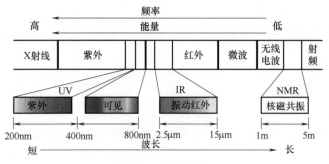

图 8-3　光波谱区

由于每种原子在高温、高能量（电弧、电火花和激光等）的激发下，都能产生自己特有的光谱，经分光后与化学元素光谱表对照，便可鉴别物质和确定其大致化学成分及含量，这种方法称为光谱分析。这一技术有广泛应用。历史上，人们曾通过光谱分析发现过很多新元素。

光谱分析所使用的设备为光谱分析仪（图 8-4），除了这种台式分析仪外，现在也有不少便携式的光谱分析仪（图 8-5）。

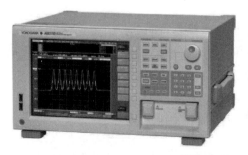 

图 8-4　光谱分析仪和光谱分析实验室

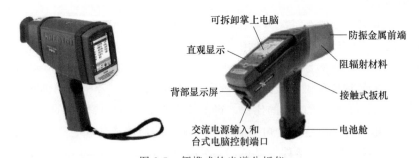

图 8-5　便携式的光谱分析仪

8.4　金相检验

金相检验是将制备好的试样，按规定的放大倍数在显微镜下进行观察，以测定金属材料的成分和组织以及缺陷（夹杂物、晶粒度、脱碳层深度、晶间腐蚀等）的检验方法。

金相检验中主要应用腐蚀技术和成像技术。前者是根据不同受检材料和检验项目，选用不同的试剂和方法进行腐蚀；后者是利用显微镜成像原理记录和显示材料的平面微观组织结构。

8.4.1 制样

因为金属的自然表面很粗糙，很难直接在显微镜下清楚地看到其内部组织（除断口观察等一些非常特殊的情况外），所以进行金相检验时，必不可少的是试样，即事先要"制样"。

金相制样包括取样、镶嵌、磨制、抛光、浸蚀等工序。取样的要点是选择零件的重点部位采样，注意控制温度、样品大小等因素；对很小的样品和形状很不规则的样品要进行镶嵌，保证样品保持在正确观察方向上；磨制是利用不同粒度的砂纸，把取样时表面留下的变形层减少到最低程度甚至消除，并使试样表面平整，为抛光奠定良好的基础；抛光是去除磨制时留下的磨痕，对已选定表面进行镜面化处理，提高试样表面的光反射性，保证试样表面是平整、光洁、干净的镜面；浸蚀是利用腐蚀剂，使试样内部组织能清晰地展示在显微镜下。

8.4.2 金相照片

早先的金相照片是黑白的［图 8-6（a）］，随着科学技术的发展，出现了彩色金相照片［图 8-6（b）］，不仅色彩艳丽，而且更容易分辨组织。

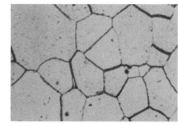 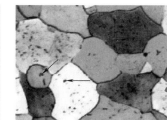

(a) 黑白金相照片　　　　　　　(b) 彩色金相照片

图 8-6　工业纯铁的金相照片

一般金属及合金组织中的相，对光的反射能力都比较强，且没有明显的选择吸收性，所以看不到色彩。彩色金相技术就是用化学或物理的方法，在金属表面形成一层很薄的干涉膜，利用光的干涉效应使金属的微观组织显示出不同的颜色。

两种金相照片所使用的浸蚀剂是不同的，对工业纯铁而言，黑白金相的浸蚀剂是 4％硝酸酒精溶液，而彩色金相是以焦亚硫酸盐-硫代硫酸盐溶液为基的浸蚀剂，或者是以钼酸盐溶液为基的浸蚀剂。着色时要掌握好腐蚀时间（时间太短则着色效果不好，色彩衬度不足；时间太长则沉积膜较厚，着色太深影响光学效果，使组织分辨率降低），一般来说着色时间控制在 30～60s，在着色过程中必须仔细观察试样表面颜色的变化，一旦样品表面出现紫色，应立即停止着色。

8.4.3 检测设备

目前在金相检验方面使用的主要是金相显微镜、电子显微镜和体视显微镜（放大倍数小于 50 倍，图 8-7)。

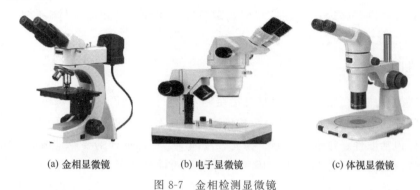

(a) 金相显微镜   (b) 电子显微镜   (c) 体视显微镜

图 8-7 金相检测显微镜

8.5 无损探伤

无损探伤是指在不损害或不影响被检测对象使用性能，不伤害被检测对象内部组织的前提下，利用材料内部结构异常或存在缺陷，引起热、声、光、电、磁等反应变化进行检测的方法。无损探伤（无损检测）包括超声探伤（超声检测）、磁粉探伤（磁粉检测）、渗透探伤（渗透检测）和射线探伤（射线检测）等。

8.5.1 超声探伤

(1) 原理

超声波在同一均匀介质中直线传播，而在两种物质的界面上，便会出现部分或全部的反射。因此，当超声波遇到材料内部的气孔、裂纹、缩孔、夹杂时，则在交界面上发生反射。异质界面愈大反射能力愈强，反之愈弱。这样，内部缺陷的部位及大小就可以通过探伤仪荧光屏的波形反映出来。图 8-8 是超声探伤人员工作时的情景。

图 8-8 用超声波检验棒材和化工容器的质量

(2) 特点

超声探伤的优点是：适用于金属、非金属和复合材料等多种试件；厚度范围较大，长度可达几米；缺陷定位较准确；灵敏度高；检测成本低、速度快，设备轻便，对人体及环境无害，现场使用较方便。缺点是：试件的形状要比较规则；并且对缺陷的位置、取向和形状以及材质和晶粒度比较敏感。

8.5.2 磁粉探伤

磁粉探伤又称磁力探伤，是用于检验钢铁等铁磁性材料接近表面的裂纹、夹杂、白点、折叠、缩孔、结疤等的检测手段。

（1）原理

磁粉探伤的原理是：经磁粉探伤机磁化后的铁磁性工件内部存在磁场，而在工件表面缺陷处形成漏磁场，将会吸附磁悬浮液中的磁粉，形成磁痕，从而显示出工件的表面缺陷（图8-9）。

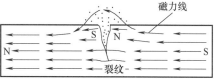

图 8-9　磁粉探伤原理

（2）特点

漏磁场的宽度可以比表面缺陷处的实际宽度大数倍甚至数十倍，所以非常容易观察到。适宜表面不平或不规则的试件，灵敏度很高，显示直观，重复性好，工艺简单，成本低，污染小。缺点是对内部缺陷的检测准确性随缺陷深度的增加而迅速下降。

（3）应用

适用于检测各种原因引起的表面及近表面（3～6mm）缺陷，图8-10是磁粉探伤人员工作时的情景。

图 8-10　检测铸铁件和船舶焊缝质量

（4）探伤仪

磁粉探伤仪有便携式和台式两种（图8-11）。

(a) 便携式　　　　　　　　　　(b) 台式

图 8-11　磁粉探伤仪

8.5.3 渗透探伤

渗透探伤是利用带有荧光染料（荧光法）或红色染料（着色法）渗透剂的渗透作用，来放大显示缺陷痕迹，从而能够用肉眼检查试件表面开口缺陷的方法。这种方法适用于各种行业和各类产品，检测非疏孔性的金属或非金属零部件的表面开口缺陷。

(1) 分类和特点

① 分类

a. 按使用的染料，可分为着色法、荧光法和荧光着色法。

ⅰ. 着色法只需在白光或日光下进行，在没有电源的场合下也能工作。

ⅱ. 荧光法需要配备黑光灯和暗室，无法在没有电源的场合下工作。

b. 按去除方法，可分为水洗型、后乳化型和溶剂去除型。

ⅰ. 水洗型渗透适合检查表面较粗糙的零件（铸件、螺栓、齿轮、键槽等），操作简便，成本较低，特别适合批量零件的渗透探伤。水基渗透剂可以检查不能接触油类的特殊零件（液氧容器）。

ⅱ. 后乳化型渗透适用于表面光洁、灵敏度要求高的零件，例如发动机、涡轮叶片等。后乳化型荧光法配合速干式显像被认为是灵敏度最高的一种渗透探伤方法。

ⅲ. 溶剂去除型着色法由于可以在没有水和电的场合使用，因而应用非常广泛，特别是使用喷罐，可简化操作，适用于大型零件的局部检测（如锅炉、压力容器的焊缝检测等）。该法成本较高，不适用于大批量零件的渗透探伤。

c. 按显像方式，可分为干式、湿式、速干式、自显像。

② 特点　其优点是：方便工作现场或特定场所使用，非常便宜，对多种类型的缺陷很敏感。其缺点是：仅限于表面缺陷，不适用于多孔材料或检测内部缺陷，事前要进行适当的清洁和脱脂来制备材料，事后必须进行环境清理。

(2) 着色法

将含有染料的液体渗透剂涂在零件的表面，经过规定的停留时间后（从几分钟到一个小时不等，取决于所使用的液体渗透剂），渗透剂便通过毛细作用被吸入表面缺陷中［图 8-12 (a)］。去除零件表面的渗透剂后［图 8-12 (b)］，将显影剂涂在表面上［图 8-12 (c)］，该显影剂即将渗透剂和染料吸附到表面，选择有强烈对比度的染料和显影剂，缺陷清晰可见［图 8-12 (d)］。

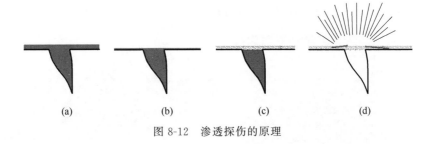

(a)　　　　(b)　　　　(c)　　　　(d)

图 8-12　渗透探伤的原理

渗透探伤使用的设备是液体渗透率仪和探伤现场见图 8-13。

(3) 荧光法

渗透剂中含有荧光物质，经清洗后保留在缺陷中的渗透剂被显像剂吸附出来，用紫外光源照射，使荧光物质产生波长较长的可见光，在暗室中对照射后的工件表面进行观察，通过显现的荧光图像来判断缺陷的大小、位置及形态。该方法用于无磁性材料如有色金属、奥氏体不锈钢、耐热合金的表面细小裂纹及松孔的检验。荧光探伤仪和探伤现场见图 8-14。

图 8-13　液体渗透率仪和探伤现场

图 8-14　荧光探伤仪和探伤现场

8.5.4　射线探伤

射线探伤是利用射线可以穿透物质和在物质中有衰减的特性来发现其中缺陷的一种无损探伤方法。有射线照相法、荧屏显示法（透视法）和工业射线电视法，其中射线照相法在目前生产中应用广泛。

（1）原理

射线照相法是根据被检工件与其内部缺陷对射线能量衰减程度的不同的原理进行检测的。射线透过工件后的强度不同，因而缺陷能在底片上显示出来。

射线荧屏显示法是将透过被检物体后的不同强度的射线，再投射在涂有荧光物质的荧光屏上，激发出不同强度的荧光而得到物体内部缺陷影像的方法。

工业射线电视法与此相类似。

（2）射线

使用的射线主要有 X 射线和 γ 射线两种。前者是通过加速器使灯丝释放的热电子获得高能量后撞击射线靶而产生的，后者是放射性物质内部原子核衰变产生的。

（3）使用设备

① X 射线机　是一种利用 X 射线的穿透性，由射线发生器产生一束扇形窄线对被检物进行扫描的设备，可以分为工业用和医用两大类。前者又可分为用于理化检测的衍射分析仪和用于工业材料的检测机。

X 射线机有便携式、移动式和固定式三种（图 8-15）。

② γ 射线机　是一种通过放射性核素发射 γ 射线，在照射被检工件各部分时，发生穿透强度变化的差异，对被检物中缺陷进行检测的一种无损检测设备。其原理与 X 射线机相近。

(a) 便携式　　　　　　　(b) 移动式　　　　　　　(c) 固定式

图 8-15　X 射线机的种类

a. 用途　因 γ 射线对气孔、夹渣、未焊透等体积型缺陷最敏感，适用于体积型缺陷探伤。

b. 特点　优点是穿透力强，探测厚度大；适用于野外作业；效率高，对于环缝和球罐可以周向曝光和全景曝光；可以连续运行，不受温度、压力、磁场等外界条件影响；设备故障率低，无易损部件；价格低。缺点是要使用 γ 射线源，需要根据其半衰期经常更换（粒子加速器有很多种），使用不便；辐射能量固定，当穿透度与能量不适配时，灵敏度下降较严重；放射强度随时间减弱，无法调节；灵敏度低；对安全防护要求高，管理严格。

c. 设备　γ 射线机也有便携式、移动式和固定式三种。图 8-16 是一种便携式和一种移动式 γ 射线机的外貌。

(a) 便携式　　　　　　　　　(b) 移动式

图 8-16　γ 射线机

第 9 章
金属材料的状态和管理

1. 钢铁材料的交货状态有几种？
2. 变形铝合金加工硬化状态用什么符号表示？H1、
   H2、H3、H4分别表示什么状态？
3. 变形铝合金的热处理状态代号F、O、W、T
   分别表示什么意义？
4. 变形铝合金产品分几个系？它们分别添加的主要
   元素是什么？
5. 铸造铝合金的代号如何表示？

由于各钢铁厂的生产条件和生产工序不尽相同，所以同一种牌号的金属材料可能有多种不同的状态，如板材就有硬态、半硬态和软态。另外，有些材料是钢铁厂经热处理（正火，退火等）后出厂的，以便用户可以根据自己的需求直接使用，所以其交货状态也多种多样。下面介绍黑色金属材料、变形铝及铝合金、铸造铝及铝合金和铜及铜合金的供应状态。

9.1 钢铁材料的交货状态

钢铁材料的交货状态，分热轧状态、冷拉（轧）状态、正火状态、退火状态、高温回火状态和固溶处理状态等几种，见表 9-1。

表 9-1 钢铁材料的交货状态

名 称	说 明
热轧状态 （热轧或锻造空 冷后直接交货）	热轧状态相当于正火处理，只是由于其终止温度的控制，没有正火加热温度那么严格，因而钢材组织与性能的波动较大。采用控制轧制的钢铁企业，其产品晶粒细化，交货钢材有较高的综合力学性能。无扭控冷热轧盘条比普通热轧盘条性能优越 由于这种方式交货的钢材，表面有氧化皮覆盖，因而具有一定的耐蚀性，储运保管的要求不像冷拉(轧)状态交货的钢材那样严格，大中型型钢、中厚钢板可以在露天货场或经遮盖后存放
冷拉(轧) 状态(不经任何热处理而直接交货)	与热轧状态相比，这种状态的钢材尺寸精度高、表面质量好、表面粗糙度低，并有较高的力学性能，由于其表面没有氧化皮覆盖，并且存在很大的内应力，所以极易遭受腐蚀或生锈，因而对其包装、储运均有较严格的要求，一般均需在库房内保管，并应留意库房内的温、湿度控制
正火状态 （出厂前经正火处理）	由于正火加热温度比热轧终止温度控制严格，因而钢材的组织、性能均匀。与退火状态的钢材相比，由于正火冷却速度较快，钢的组织中珠光体数目增多，珠光体片层及钢的晶粒细化，因而有较高的综合力学性能，并有利于改善低碳钢的魏氏组织和过共析钢的网状渗碳体，可为成品的进一步热处理做好组织准备 碳素结构钢、合金结构钢钢材常采用正火状态交货。某些低合金高强度钢如 14MnMoVBRE、14CrMnMoVB 钢，为了获得贝氏体组织，也要求正火状态交货
退火状态 （出厂前经退火处理）	退火的主要目的是消除和改善前道工序遗留的组织缺陷和内应力，并为后道工序做好组织和性能上的准备 合金结构钢、保证淬透性结构钢、冷镦钢、轴承钢、工具钢、汽轮机叶片用钢、铁素体型不锈耐热钢的钢材，常用退火状态交货
高温回火状态 （出厂前经高温 回火处理）	高温回火的回火温度高，有利于彻底消除内应力，提高塑性和韧性，有很好的切削加工性能 碳素结构钢、合金结构钢、保证淬透性结构钢钢材，均可采用高温回火状态交货。某些马氏体型高强度不锈钢、高速工具钢和高强度合金钢，由于有很高的淬透性以及合金元素的强化作用，常在淬火(或回火)后进行一次高温回火，使钢中碳化物适当聚集，得到碳化物颗粒较粗大的回火索氏体组织(与球化退火组织相似)
固溶处理状态 （出厂前经固溶处理）	通过固溶处理，得到单相奥氏体组织，以提高钢的韧性和塑性，为进一步冷加工(冷轧或冷拉)创造条件，也可为进一步沉淀强化做好组织准备，主要适用于奥氏体型不锈钢材出厂前的处理

9.2 变形铝及铝合金的状态

变形铝及铝合金状态代号，分为基础状态代号和细分状态代号。基础状态代号用一个英文大写字母表示，细分状态代号用基础状态代号后缀一位或多位阿拉伯数字或英文大写字母来表示，这些阿拉伯数字或英文大写字母，表示影响产品特性的基本处理或特殊处理。

9.2.1 状态代号

变形铝及铝合金的状态代号见表 9-2。

表 9-2　变形铝及铝合金的状态代号

基础代号	细分状态或说明
F(自由加工状态)	在成形过程中,对于加工硬化和热处理条件无特殊要求的产品,该状态产品对力学性能不作规定
O(退火状态) (经完全退火后 获得最低强度 的产品状态)	O1—超声检测或尺寸稳定化前,高温退火后慢速冷却状态 O2—热机械处理前,高温退火状态 O3—连续铸造的拉线坯或铸带,为消除或减少偏析和利于后续加工变形,而进行的高温退火状态
H(加工硬化状态)	适用于通过加工硬化提高强度的产品(详见表 9-3)
W(固溶热处理状态)	经固溶热处理后,在室温下自然时效的一种不稳定状态(不作为产品交货状态,仅表示产品处于自然时效阶段)
T(不同于 F、O 或 H 状态的热处理状态) (适用于固溶热处理后, 经过/不经过加工硬 化达到稳定的状态)	T1—高温成形+自然时效 T2—高温成形+冷加工+自然时效 T3—固溶热处理+冷加工+自然时效 T4—固溶热处理+自然时效 T5—高温成形+人工时效 T6—固溶热处理+人工时效 T7—固溶热处理+过时效 T8—固溶热处理+冷加工+人工时效 T9—固溶热处理+人工时效+冷加工 T10—高温成形+冷加工+人工时效

9.2.2 加工硬化状态

变形铝及铝合金的加工硬化状态,用 H 表示。H 后面的第一位数字表示获得该状态的基本工艺,用数字 1～4 表示;后面的第二位数字表示产品的最终加工硬化程度,用数字 1～9 表示,9 表示超硬状态。

变形铝及铝合金加工硬化状态见表 9-3。

表 9-3　变形铝及铝合金加工硬化状态

代号		说明
H1(单纯 加工硬化 的状态, 未经附加 热处理)	H11	最终抗拉强度极限值,为 O 状态与 H12 状态的中间值
	H12	最终抗拉强度极限值,为 O 状态与 H14 状态的中间值
	H13	最终抗拉强度极限值,为 H12 状态与 H14 状态的中间值
	H14	最终抗拉强度极限值,为 O 状态与 H18 状态的中间值
	H15	最终抗拉强度极限值,为 H14 状态与 H16 状态的中间值
	H16	最终抗拉强度极限值,为 H14 状态与 H18 状态的中间值
	H17	最终抗拉强度极限值,为 H16 状态与 H18 状态的中间值
	H18	其最小抗拉强度极限值,采用 O 状态的最小抗拉强度与 GB/T 16475—2008 表 1 中规定的强度差值之和来确定
	H19	超硬,其最小抗拉强度极限值,应超过 H18 至少 10MPa

代号		说明
H2(加工硬化后不完全退火的状态)	H22	形变硬化并部分退火—1/4硬
	H24	形变硬化并部分退火—1/2硬
	H26	形变硬化并部分退火—3/4硬
	H28	形变硬化并部分退火—4/4硬(充分硬化)
H3(加工硬化后稳定化处理的状态)	H32	形变硬化并稳定化—1/4硬
	H34	形变硬化并稳定化—1/2硬
	H36	形变硬化并稳定化—3/4硬
	H38	形变硬化并稳定化—4/4硬(充分硬化)
H4(加工硬化后涂漆/层处理的状态)	H42	形变硬化并刷涂料/漆—1/4硬
	H44	形变硬化并刷涂料/漆—1/2硬
	H46	形变硬化并刷涂料/漆—3/4硬
	H48	形变硬化并刷涂料/漆—4/4硬(充分硬化)

注：H后面还可能有第三位数字或字母，表示影响产品特性，但产品特性仍接近其两位数字状态（H112、H116、H321状态除外）的特殊处理。

9.2.3 产品状态代号和典型用途

变形铝合金是铝与一些合金元素组成的铝合金，具有较高的强度，能用于制作承受载荷的机械零件。产品共分七个系：1系为工业纯铝，2系是以铜作为主要合金元素的铝合金，3系是以锰为主要合金元素的铝合金，4系是以硅为主要合金元素的铝合金，5系是以镁为主要合金元素的铝合金，6系是以镁和硅为主要合金元素的铝合金，7系是以锌为主要合金元素的铝合金。

各系产品状态和典型用途见表9-4～表9-10。

表 9-4 1系铝合金的品种、状态和典型用途

牌号	主要品种	状态	典型用途
1050	板、带、箔材 管、棒、线材 挤压管材、粉材	O,H12,H14,H16,H18 O,H14,H18 H112	导电体,食品,化学和酿造工业用挤压盘管,各种软管,船舶配件,小五金件
1060	板、带材 箔材 厚板 拉伸管 挤压管、型、棒、线材 冷加工棒材	O,H12,H14,H16,H18 O,H19 O,H12,H14,H112 O,H12,H14,H18,H113 O,H112 H14	要求耐蚀性与成形性均较高而对强度要求不高的零部件,如化工设备、船舶设备、铁道油罐车、导电体材料、仪器仪表材料、焊条等
1100	板、带材 箔材 厚板 拉伸管 挤压管、型、棒、线材 冷加工棒材 冷加工线材 锻件和锻坯	O,H12,H14,H16,H18 O,H19 O,H12,H14,H112 O,H12,H14,H16,H18,H113 O,H112 O,H12,H14,F O,H12,H14,H16,H18,H112 H112、F	需要有良好的成形性和高的耐蚀性,但不要求有高强度的零部件,例如化工设备、食品工业装置与储存容器、炊具、压力罐、薄板加工件、深拉或旋压凹形器皿、焊接零部件、热交换器、铭牌、反光器具、卫生设备零件和管道、建筑装饰材料、小五金件等
	散热片坯料	O,H14,H18,H19,H25,H111,H113,H211	
1145	箔材	O,H19	包装及绝热铝箔,热交换器
	散热片坯料	O、H14、H19、H25、H111、H113、H211	

牌号	主要品种	状态	典型用途
1350	板、带材 厚板 挤压管、型、棒、线材	O、H12、H14、H16、H18 O、H12、H14、H112 H112	电线、导电绞线、汇流排、变压器带材
	冷加工圆棒	O、H12、H14、H16、H22、H24、H26	
	冷加工异形棒	H12、H111	
	冷加工线材	O、H12、H14、H16、H19、H22、H24、H26	
1A90	箔材	O、H19	电解电容器箔、光学反光沉积膜、化工用管道
	挤压管	H112	

表 9-5　2 系铝合金的品种、状态和典型用途

牌号	主要品种	状态	典型用途
2011	拉伸管 冷加工棒材 冷加工线材	T3、T4511、T8 T3、T4、T451、T8 T3、T8	螺钉及要求有良好切削性能的机械加工产品
2014	板材 厚板 拉伸管	T3、T4、T6 O、T451、T651 O、T4、T6	要求高强度与高硬度(包括高温)的重型锻件、厚板和挤压材料,如飞机结构件,多级火箭第一级燃料槽与航天器零件,车轮、卡车构架与悬挂系统零件
	挤压管、棒、型、线材	O、T4、T4510、T4511、T6 T6510、T6511	
	冷加工棒材 冷加工线材 锻件	O、T4、T451、T6、T651 O、T4、T6 F、T4、T6、T652	
2017	板材 挤压型材 冷加工棒材 冷加工线材 铆钉线材 锻件	O、T4 O、T4、T4510、T4511 O、H13、T4、T451 O、H13、T4、T451 T4 F、T4	主要用于铆钉、通用机械零件和飞机、船舶、交通、建筑结构件及运输工具结构件、螺旋桨与配件
2024	板材 厚板 拉伸管	O、T3、T361、T4、T72、T81、T861 O、T351、T361、T851、T861 O、T3	飞机结构件(蒙皮、骨架、肋梁、隔框等)、铆钉、导弹构件、卡车轮毂、螺旋桨元件及其他各种结构件
	挤压管、型、棒、线材	O、T3、T3510、T3511、T81、T8510、T8511	
	冷加工棒材 冷加工线材 铆钉线材	O、T13、T351、T4、T6、T851 O、H13、T36、T4、T6 T4	
2036	汽车车身薄板	T4	汽车车身钣金件
2048	板材	T851	航空航天结构件与兵器结构零件
2117	冷加工棒材和线材 铆钉线材	O、H13、H15、T4	工作温度不超过 100℃ 的结构件铆钉

牌号	主要品种	状态	典型用途
2124	厚板	O、T851	航空航天器结构件
2218	锻件	F、T61、T71、T72	飞机发动机和柴油发动机活塞,飞机发动机气缸头,喷气发动机叶轮和压缩机环
	箔材	F、T61、T72	
2219	板材	O、T31、T37、T62、T81、T87	航天火箭焊接氧化剂槽与燃料槽,超声速飞机蒙片与结构零件,工作温度为−270~300℃,焊接性好,断裂韧性高,T8 状态有很高的抗应力腐蚀开裂能力
	厚板	O、T351、T37、T62、T851、T87	
	箔材	F、T6、T852	
	挤压管、型、棒、线材	O、T31、T3510、T3511、T62、T81、T8510	
	冷加工棒材	T8511、T851	
	锻件	T6、T852	
2319	线材	O、H13	焊接 2219 合金的焊条和填充焊料
2618	厚板	T651	厚板用于飞机蒙皮,棒材、锻件用于制造航空发动机气缸、气缸盖、活塞等零件,以及要求在 150~250℃温度下工作的耐热部件
	挤压棒材	O、T6	
	锻件与锻坯	F、T61	
2A01	冷加工棒材和线材	O、H13、H15、T4	工作温度不超过 100℃的结构件铆钉
	铆钉线材		
2A02	棒材	O、H13、T6	工作温度为 200~250℃的涡轮喷气发动机的轴向压气机叶片,叶轮和盘等
	锻件	T4、T6、T652	
2A04	铆钉线材	T4	工作温度为 120~250℃的结构件铆钉
2A06	板材	O、T3、T351、T4	工作温度为 150~250℃的飞机结构件及工作温度为 125~250℃的航空器结构铆钉
	挤压型材	O、T4	
	铆钉线材	T4	
2A10	铆钉线材	T4	强度比 2A01 高,用于制造工作温度不超过 100℃的航空器结构铆钉
2A11	同 2017	同 2017	同 2017
2A10	铆钉线材	T4	用于工作温度不超过 100℃的结构铆钉
2A12	同 2024	同 2024	同 2024
2A14	同 2014	同 2014	同 2014
2A16	同 2219	同 2219	同 2219
2A17	锻件	T6、T852	工作温度为 225~250℃的航空器零件,很多用途被 2A16 所取代
2A50	锻件、棒材、板材	T6	形状复杂的中等强度零件
2A70	同 2618	同 2618	同 2618
2A80	挤压棒材	O、T6	航空器发动机零部件及其他工作温度高的零件,该合金锻件几乎完全被 2A70 取代
	锻件与锻坯	F、T61	
2A90	挤压棒材	O、T6	航空器发动机零部件及其他工作温度高的零件,该合金锻件逐渐被 2A70 取代
	锻件与锻坯	F、T61	
2B50	锻件	T6	航空器发动机气压机轮、导风轮、风扇、叶轮等

表 9-6　3 系铝合金的品种、状态和典型用途

牌号	主要品种	状态	典型用途
3003	板材 厚板	O、H12、H14、H16、H18 O、H12、H14、H112	需要有良好的成形性能、高的耐蚀性或可焊性好的零部件，或既要求有这些性能又需要有比 1 系合金强度高的工件，如运输液体产品的槽和罐、压力罐、储存装置、热交换器、化工设备、飞机油箱、油路导管、反光板、厨房设备、洗衣机缸体、铆钉及焊丝
	拉伸管	O、H12、H14、H16、H18、H25、H113	
	挤压管、型、棒、线材 冷加工棒材 冷加工线材 锻件 箔材	O、H112 O、H112、F、H14 O、H14 H112、F O、H19	
	散热片坯料	O、H14、H18、H19、H25、H111、H113、H211	
3003（包铝）	板材 厚板 拉伸管 挤压管	O、H12、H14、H16、H18 O、H12、H14、H112 O、H12、H18、H25、H113 O、H112	房屋隔断、顶盖、管路等
3004	板材 厚板 拉伸管	O、H32、H34、H36、H38 O、H32、H34、H112 O、H32、H36、H38	全铝易拉罐罐身，要求有比 3003 更高强度的零部件，如化工产品生产与储存装置、薄板加工件、建筑挡板、电缆管道、下水管、各种灯具零部件等
	挤压管	O	
3004（包铝）	板材	O、H131、H151、H241、H261、H341、H361、H32、H34、H36、H38	房屋隔断、挡板、下水管、工业厂房屋顶盖
	厚板	O、H12、H14、H16、H18、H25	
3105	板材	O、H12、H14、H16、H18、H25	房屋隔断、挡板、活动房板、檐槽和落水管、薄板成形加工件、瓶盖和罩帽等
3A21	同 3003	同 3003	同 3003

表 9-7　4 系铝合金的品种、状态和典型用途

牌号	主要品种	状态	典型用途
4004	板材	F	钎焊板、散热器钎焊板和箔的钎焊层
4032	锻件	F、T6	活塞及耐热零件
4043	线材和板材	O、F、H14、H16、H18	铝合金焊接填料，如焊带、焊条、焊丝
4A11	锻件	F、T6	活塞及耐热零件
4A13	板材	O、F、H14	板状和带状的硬钎焊料，散热器钎焊板和箔的钎焊层
4A17	板材	O、F、H14	

表 9-8 5 系铝合金的品种、状态和典型用途

牌号	主要品种	状态	典型用途
5005	板材	O、H12、H16、H18、H32、H36、H38	与 3003 相似,具有中等强度与良好的耐蚀性,用于导体、炊具、仪表板、壳与建筑装饰件阳极、氧化膜比 3003 上的氧化膜更加明亮,并与 6063 的色调协调一致
	厚板	O、H12、H14、H32、H34、H12	
	冷加工棒材	O、H12、H14、H16、H22、H24、H26、H32	
	冷加工线材	O、H19、H32	
	铆钉线材	O、H32	
5050	板材	O、H32、H34、H36、H38	制冷机与冰箱的内衬板、汽车气管和油管、建筑小五金、盘管及农业灌溉管
	厚板	O、H112	
	拉伸管	O、H32、H34、H36、H38	
	冷加工棒材	O、F	
	冷加工线材	O、H32、H34、H36、H38	
5052	板材	O、H32、H34、H36、H38	此合金有良好的成形加工性能、耐蚀性、可焊性、疲劳强度与中等的静态强度,用于制造飞机油箱、油管及交通车辆、船舶的钣金件和仪表、街灯支架与铆钉等
	厚板	O、H32、H34、H112	
	拉伸管	O、H32、H34、H36、H38	
	冷加工棒材	O、F、H32	
	冷加工线材	O、H32、H34、H36、H38	
	铆钉线材	O、H32	
	箔材	O、H19	
5056	冷加工棒材	O、F、H32	电缆护套、铆接镁的铆钉、拉链、筛网等;阳极化处理后可加工成光学机械部件、船舶部件等
	冷加工线材	O、H111、H12、H14、H18、H32、H34、H36、H38、H192、H392	
	铆钉线材	O、32	
	箔材	H19	
5083	板材	O、H116、H321	需要有高耐蚀性、良好的可焊性和中等强度的场合,如船舶、汽车和飞机板焊件及需要严格防火的压力容器、制冷装置、电视塔、钻探设备、交通运输设备、导弹零件、装甲等
	厚板	O、H112、H116、H321	
	挤压管、型、棒、线材	O、H111、H112	
	锻件	H111、H112、F	
5086	板材	O、H112、H116、H32、H34、H36、H38	需要有高耐蚀性、良好的可焊性和中等强度的场合,如舰艇、汽车、飞机、低温设备、电视塔、钻井设备、运输设备、导弹零部件与甲板等
	厚板	O、H112、H116、H321	
	挤压管、型、棒、线材	O、H111、H112	
5154	板材	O、H32、H34、H36、H38	焊接结构、储槽、压力容器、船舶结构与海上设施、运输槽罐
	厚板	O、H32、H34、H112	
	拉伸管	O、H34、H38	
	挤压管、型、棒、线材	O、H112	
	冷加工棒材	O、H112、F	
	冷加工线材	O、H112、H32、H34、H36、H38	
5182	板材	O、H32、H34、H19	易拉罐盖、汽车车身板、操纵盘、加强件、运输槽罐
5252	板材	H24、H25、H28	有较高强度的装饰件,如汽车、仪器等的装饰性零部件,阳极氧化后具有光亮透明的氧化膜

牌号	主要品种	状态	典型用途
5254	板材	O、H32、H34、H36、H38	过氧化氢及其他化工产品容器
	厚板	O、H32、H34、H112	
5356	线材	O、H12、H14、H16、H18	焊接镁含量大于3%的铝镁合金的焊条及焊丝
5454	板材	O、H32、H34	焊接结构、压力容器、船舶及海上设施、管道
	厚板	O、H32、H34、H112	
	拉伸管	H32、H34	
	挤压管、型、棒、线材	O、H111、H112	
5456	板材	O、H32、H34	装甲板、高强度焊接结构、储槽、压力容器、船舶材料
	厚板	O、H32、H34、H112	
	锻件	H112、F	
5457	板材	O	经抛光与阳极氧化处理的汽车及其他设备的装饰件
5652	板材	O、H32、H34、H36、H48	过氧化氢及其他化工产品容器
	厚板	O、H32、H34、H112	
5657	板材	H241、H25、H26、H28	经抛光与阳极氧化处理的汽车及其他设备的装饰件,但必须确保材料具有细的晶粒组织
5A02	同5052	同5052	飞机油箱与导管、焊丝、铆钉及船舶结构件
5A03	同5254	同5254	中等强度焊接结构件、冷冲压零件、焊接容器、焊丝,可用来代替5A02合金
5A05	板材	O、H32、H34、H112	焊接结构件、飞机蒙皮骨架
	挤压型材	O、H111、H112	
	锻件	H112、F	
5A06	板材	O、H32、H34	焊接结构件、冷模锻零件、焊接容器受力零件、飞机蒙皮骨架部件、铆钉
	厚板	O、H32、H34、H112	
	挤压管、型、棒材	O、H111、H112	
	线材	O、H111、H12、H14、H18、H32、H34、H36、H38	
	铆钉线材	O、H32	
	锻件	H112、F	
5A12	板材	O、H32、H34	焊接结构件、防弹甲板
	厚板	O、H32、H34、H112	
	挤压型、棒材	O、H111、H112	

表 9-9 6 系铝合金的品种、状态和典型用途

牌号	主要品种	状态	典型用途
6005	挤压管、型、棒、线材	T1、T5	要求强度大于6063的结构件,如梯子、电视天线等
6009 6010	板材	T4、T6	汽车车身板

牌号	主要品种	状态	典型用途
6061	板材	O、T4、T6	要求有一定强度、可焊性与耐蚀性高的各种工业结构件，如卡车、塔式建筑、船舶、电车、铁道车辆、家具等
	厚板	O、T451、T651	
	拉伸管	O、T4、T6、T4510、T4511	
	挤压管、型、棒、线材	T51、T6、T6510、T6511	
	导管	T6	
	轧制或挤压结构型材	T6	
	冷加工棒材	O、H13、T4、T541、T6、T651	
	冷加工线材	O、H13、T4、T6、T89、T913、T94	
	铆钉线材	T6	
	锻件	F、T6、T652	
6063	拉伸管	O、T4、T6、T83、T831、T832	建筑型材，灌溉管材，供车辆、台架、家具、升降机、栏栅等用的挤压材料，以及飞机、船舶、轻工业部门、建筑物等用的不同颜色的装饰构件
	挤压管、型、棒、线材	O、T1、T4、T5、T52、T6	
	导管	T6	
6066	拉伸管	O、T4、T42、T6、T62	焊接结构用锻件及挤压材料
	挤压管、型、棒、线材	O、T4、T42、T4510、T4511、T6、T6510、T6511、T62	
	锻件	F、T6	
6070	挤压管、型、棒、线材	O、T4、T4511、T6、T6511、T62	重载焊接结构与汽车工业用的挤压材料，如桥梁、电缆塔、航海元件、机器零件导管等
	锻件	F、T6	
6101	挤压管、型、棒、线材	T6、T61、T63、T64、T65、H111	公共汽车用高强度棒材、高强度母线、导电体与散热装置等
	导管	T6、T61、T63、T64、T65、H111	
	轧制或挤压结构型材	T6、T61、T63、T64、T65、H111	
6151	锻件	F、T6、T652	要求有良好的可锻性能、高强度、耐蚀性良好的模锻曲轴、机器零部件
6201	冷加工线材	T81	高强度导电棒材与线材
6205	板材	T1、T5	厚板、踏板与高冲击的挤压件
	挤压材料	T1、T5	
6262	拉伸管	T2、T6、T62、T9	要求耐蚀性优于2011和2017，有螺纹的高应力机械零件（切削性能好）
	挤压管、型、棒、线材	T6、T6510、T6511、T62	
	冷加工棒材	T6、T651、T62、T9	
	冷加工线材	T6、T9	
6351	挤压管、型、棒、线材	T1、T4、T5、T51、T54、T6	车辆的挤压结构件，水、石油等的输送管道
6463	挤压棒、型、线材	T1、T5、T6、T62	建筑与各种器械型材，以及经阳极氧化处理后有明亮表面的汽车装饰件
6A02	板材	O、T4、T6	飞机发动机零件，形状复杂的锻件，要求有高塑性和高耐蚀性的机械零件
	厚板	O、T4、T451、T6、T651	
	管、棒、型材	O、T4、T4511、T6、T6511	
	锻件	F、T6	

表 9-10　7 系铝合金的品种、状态和典型用途

牌号	主要品种	状态	典型用途
7005	挤压管、型、棒、线材	T53	要求高强度、高韧性的焊接结构,如交通运输车辆的桁架、杆件、容器、大型热交换器以及焊接后不能进行固溶处理的部件
	板材和厚板	T6、T63、T6351	
7039	板材和厚板	T6、T651	冷冻容器、低温器械与储存箱及消防压力器材、军用器材、装甲板、导弹装置
7049	锻件 挤压型材	F、T6、T652、T73、T7352 T73511、T76511	静态强度与 7075、T6 相同而又要求有高强度、耐腐蚀、不开裂的零件,如飞机的起落架齿轮箱、液压缸和挤压件,零件的疲劳性能大致与 7075、T6 相等,而韧性稍高
	薄板和厚板	T73	
7050	厚板	T7451、T7651	飞机结构件用中厚板、挤压件、自由锻件与模锻件,制造这类零件对合金的要求是抗剥落腐蚀与应力腐蚀开裂能力、断裂韧性与疲劳性能都高,如飞机机身框架、机翼蒙皮、舱壁、桁条、加强肋、托架、起落架支承部件、座椅导轨、铆钉
	挤压棒、型、线材	T73510、T73511、T74510、T74511、T76510、T76511	
	冷加工棒材、线材 铆钉线材 锻件 包铝薄板	H13 T73 F、T74、T7452 T76	
7055	厚板 挤压件 锻件	T651、T7751 T77511 T77	大型飞机的蒙皮、长桁、水平尾翼、龙骨架、座椅导轨、货运滑轨抗压和抗拉强度比 7150 高 10%,断裂韧性、耐蚀性与 7150 相似
7072	散热片坯料	O、H14、H18、H19、H23、H24、H241、H25、H111、H113、H211	空调器铝箔与特薄带材;2219、3003、3004、5050、5052、5154、6061、7075、7178、7475 合金板材与管材的包覆层
7075	板材 厚材 拉伸管	O、T6、T73、T76 O、T651、T7351、T7651 O、T6、T173	用于制造飞机及其他要求强度高、耐蚀性强的高应力结构件,如飞机上、下翼面壁板及桁条、隔框等。固溶处理后塑性好,热处理强化效果特别好,在 150℃ 以下有高的强度,并且有特别好的低温强度,焊接性能差,有应力腐蚀开裂倾向,双级时效可提高抗应力腐蚀开裂的性能
	挤压管、型、棒、线材	O、T6、T6510、T6511、T73、T73510、T73511、T76、T76510、T76511	
	轧制或冷加工棒材	O、H13、T6、T651、T73、T7351	
	冷加工线材 铆钉线材 锻件	O、H13、T6、T73 T6、T73 F、T6、T652、T73、T7352	
7150	厚板	T651、T7751	大型客机的机翼、机体结构件(板梁凸缘、主翼纵梁、机身加强件、龙骨架、座椅导轨等),要求强度高、抗剥落腐蚀良好、断裂韧性和抗疲劳性能好
	挤压件	T6511、T77511	
	锻件	T77	
7175	锻件	F、T66、T74、T7452、T7454	航空器用的高强度结构件,如飞机外翼梁、主起落架梁、前起落架动作筒、垂尾接头、火箭喷管结构件。T74 材料有良好的综合性能
	挤压件	T74、T6511	

第 9 章　金属材料的状态和管理　　207

牌号	主要品种		状态	典型用途
7178	板材 厚材		O、T6、T76 O、T651、T7651	航空航天器用的要求抗压屈服强度的零部件
	挤压管、型、棒、线材		O、T6、T6510、T6511、T76、 T76510、T76511	
	冷加工棒材、线材 铆钉线材		O、H13 T6	
7475	板材 厚材		O、T61、T761 O、T651、T7351、T7651	飞机用的蒙皮和其他要求高强度、高韧性的零部件,如飞机机身、机翼蒙皮、中央翼结构件、翼梁、桁架、舱壁、隔板、直升机舱板等
	轧制或冷加工棒材		O	
7A04	板材 厚材 拉伸管		O、T6、T73、T76 O、T651、T7351、T7651 O、T6、T173	飞机蒙皮、螺钉以及受力构件,如大梁桁条、隔框、翼肋等
	挤压管、型、棒、线材		O、T6、T6510、T6511、T73、T73510、 T73511、T76、T76510、T76511	
	轧制或冷加工棒材		O、H13、T6、T651、T73、T7351	
	冷加工线材 铆钉线材 锻件		O、H13、T6、T73 T6、T73 F、T6、T652、T73、T7352	

9.3 铸造铝及铝合金的状态

(1) 代号

铸造铝合金的代号,由表示"铸铝"的汉语拼音首字母"ZL"及其后面的三个阿拉伯数字组成。ZL后面第一位数字表示合金的系列,其中1、2、3、4分别表示铝硅、铝铜、铝镁、铝锌系列合金,ZL后面第二、三位数字表示合金的顺序号。优质合金在其代号后附加字母"A"。

(2) 合金铸造方法、变质处理代号

S表示砂型铸造,J表示金属型铸造,R表示熔模铸造,K表示壳型铸造,B表示变质处理。

(3) 铸造铝合金产品代号、状态名称

铸造铝合金产品代号、状态名称见表9-11。

表9-11 铸造铝合金产品代号、状态名称

代号	状态名称		代号	状态名称
F	自由加工状态			T1—人工时效
				T2—退火
O	退火状态	O1—高温退火后慢速冷却	T	T4—固溶处理加自然时效
		O2—热机械处理状态		T5—固溶处理加不完全人工时效
		O3—均匀化状态		T6—固溶处理加完全人工时效
H	加工硬化状态	H1×—单纯加工硬化		T7—固溶处理加稳定化处理
		H2×—加工硬化及不完全退火		T8—固溶处理加软化处理
		H3×—加工硬化及稳定化处理		
		H4×—加工硬化后涂漆处理	W	固溶热处理状态

9.4 铜及铜合金的状态

铜及铜合金的状态见表 9-12。

表 9-12 铜及铜合金的状态

分类	牌号	状态名称
无氧铜 纯铜 磷脱氧铜	TU1、TU2 T2、T3 TP1、TP2	热轧(M20)、软化退火(O60)、1/4 硬(H01)、1/2 硬(H02)、硬(H04)、特硬(H06)
铁铜	TFe0.1 TFe2.5	软化退火(O60)、1/4 硬(H01)、1/2 硬(H02)、硬(H04) 软化退火(O60)、1/2 硬(H02)、硬(H04)、特硬(H06)
镉铜	TCd1	硬(H04)
铬铜	TCr0.5 TCr0.5-0.2-0.1	硬(H04) 硬(H04)
普通黄铜	H95、H80 H90、H85	软化退火(O60)、硬(H04) 软化退火(O60)、1/2 硬(H02)、硬(H04)
	H70、H68	热轧(M20)、软化退火(O60)、1/4 硬(H01)、1/2 硬(H02)、硬(H04)、特硬(H06)、弹性(H08)
	H66、H65	软化退火(O60)、1/4 硬(H01)、1/2 硬(H02)、硬(H04)、特硬(H06)、弹性(H08)
	H63、H62	热轧(M20)、软化退火(O60)、1/2 硬(H02)、硬(H04)、特硬(H06)
	H59	热轧(M20)、软化退火(O60)、硬(H04)
铅黄铜	HPb59-1 HPb60-2	软化退火(O60)、1/2 硬(H02)、硬(H04) 硬(H04)、特硬(H06)
锡黄铜	HSn62-1 HSn88-1	热轧(M20)、软化退火(O60)、1/2 硬(H02)、硬(H04) 1/2 硬(H02)
锰黄铜	HMn58-2	软化退火(O60)、1/2 硬(H02)、硬(H04)
	HMn55-3-1 HMn57-3-1	热轧(M20)
铝黄铜	HAl60-1-1 HAl67-2-5 HAl66-6-3-2	热轧(M20)
镍黄铜	HNi65-5	热轧(M20)
锡青铜	QSn6.5-0.1	软化退火(O60)、1/4 硬(H01)、1/2 硬(H02)、硬(H04)、特硬(H06)、弹性(H08)
	QSn7-0.2 QSn6.5-0.4 QSn4-3 QSn4-0.3	软化退火(O60)、硬(H04)、特硬(H06)
	QSn8-0.3	软化退火(O60)、1/4 硬(H01)、1/2 硬(H02)、硬(H04)、特硬(H06)
	QSn4-4-2.5 QSn4-4-4	软化退火(O60)、1/4 硬(H01)、1/2 硬(H02)、硬(H04)

分类	牌号	状态名称
锰青铜	QMn1.5 QMn5	软化退火（O60） 软化退火（O60）、硬（H04）
铝青铜	QAl5 QAl7 QAl9-2 QAl9-4	软化退火（O60）、硬（H04） 1/2 硬（H02）、硬（H04） 软化退火（O60）、硬（H04） 硬（H04）
普通白铜	B5、B19	热轧（M20）
铁白铜	BFe10-1-1 BFe30-1-1	热轧（M20） 软化退火（O60）、硬（H04）
锰白铜	BMn3-12 BMn40-1.5	软化退火（O60） 软化退火（O60）、硬（H04）
铝白铜	BAl6-1.5 BAl13-3	硬（H04） 固溶热处理＋冷加工（硬）＋沉淀热处理（TH04）
锌白铜	BZn15-20 BZn18-17 BZn18-26	软化退火（O60）、1/2 硬（H02）、硬（H04）、特硬（H06） 软化退火（O60）、1/2 硬（H02）、硬（H04）、特硬（H06） 1/2 硬（H02）、硬（H04）

9.5 钢铁材料的储运管理

钢材运输可以采取铁路、公路、水路等方式，根据运输线路的不同，以及对时限性的要求来选择。

运输中装载要均匀平衡，防潮防湿，防止锈蚀。

黑色金属材料的储存管理见表 9-13。

表 9-13 黑色金属材料的储存管理

项目	说明
包装盒 保护层	钢材出厂前涂的防腐剂或其他镀覆材料及包装，是防止材料锈蚀、延长材料保管期限的重要措施，在运输装卸过程中必须注意保护，不能损坏，以延长材料的保管期限
入库前 进行外观 质量检查	①肉眼观察热轧钢材表面时，不得有裂缝、折脊、结疤、分层和夹杂。允许有压痕及局部凸出、凹下、麻面，但其高度或深度不得大于有关技术标准。局部缺陷允许清除，但不允许进行横向清除，清除深度从实际尺寸算起不得超过该尺寸钢材所允许的负偏差值 ②肉眼观察冷拉钢材表面时，表面应洁净、平滑、光亮或无光泽，没有裂缝、结疤、夹杂、发纹、折叠和氧化皮。允许有深度不大于从实际尺寸算起的该公称尺寸偏差的个别小刮伤、拉裂、黑斑、凹面、麻点等 ③型钢外表应平滑整齐，其圆度、边宽、高度、厚度、长度、扭转、斜度、翘曲度、波浪弯和不平度，均不得超过有关标准规定的偏差 ④型钢应矫直，钢板应矫平，边端必须切成直角。钢轨除符合上述规定外，轨端及螺栓孔表面，不得有缩孔、分层和裂纹，两端应铣平 ⑤钢管的壁厚、表面粗糙度、圆度和不平度，均应符合技术标准。带螺纹的钢管、镀锌钢管及地质管的接头螺纹要涂油，并应有保护环 ⑥镀锌钢板及镀锌钢管的镀锌层不允许有裂纹、起层、漏镀等缺陷

项目	说明
场地和库房	仓库必须有合理的布局,保证收、发、管作业的连续性和互不干扰。布局总体规划后,将料区和料位按型钢、钢板、钢管、金属制品等划定,立牌标记。经常收、发的货物和体大笨重的货物安排在离库门较近的地方,以缩短运距和减轻工作量 　　①应选择在清洁干燥、排水通畅的地方,且远离产生有害气体或粉尘的厂矿。场地上要无杂草及杂物,保持钢材干净 　　②仓库里的钢材,不得与酸、碱、盐、水泥等有侵蚀性的材料混堆。不同品种的钢材应分别堆放,防止混淆,防止接触腐蚀 　　③大型型钢、钢轨、厚钢板、大口径钢管、锻件等可以露天堆放 　　④中小型型钢、盘条、钢筋、中口径钢管、钢丝及钢丝绳等,可在通风良好的料棚内存放,但必须上遮下垫 　　⑤一些小型钢材、薄钢板、钢带、硅钢片、小口径或薄壁钢管、各种冷轧(冷拔)钢材以及价高、易腐蚀的金属制品,可存放入库 　　⑥库房应根据地理条件选定,一般采用普通封闭式库房,即有房顶有围墙、门窗严密、设有通风装置 　　⑦保持适宜的储存条件,库房要求晴天注意通风,雨天注意关闭防潮
合理堆码 先进先发	①堆码的原则要求是,在码垛稳固、确保安全的条件下,做到按品种、规格码垛,不同品种的材料要分别码垛,防止混淆和相互腐蚀 　　②禁止在垛位附近存放对钢材有腐蚀作用的物品 　　③垛底应垫高、坚固、平整,防止材料受潮或变形 　　④同种材料按入库先后分别堆码,便于执行先进先发的原则 　　⑤露天堆放的型钢,下面必须有垫木或条石,垛面略有倾斜,以利排水,并注意材料安放平直,防止造成弯曲变形 　　⑥堆垛高度,人工作业的不超过 1.2m,机械作业的不超过 1.5m,垛宽不超过 2.5m 　　⑦垛与垛之间应留有一定的通道。检查通道一般为 0.5m,出入通道视材料大小和运输机械而定,一般为 1.5~2.0m 　　⑧垛底垫高。若仓库为朝阳的水泥地面,垫高 0.1m 即可,若为泥地,应垫高 0.2~0.5m。若为露天场地,水泥地面垫高 0.3~0.5m,泥地垫高 0.5~0.7m 　　⑨露天堆放角钢和槽钢应俯放(口朝下),工字钢应立放,钢材的槽面不能朝上,以免积水生锈
仓库清洁 材料养护	①材料在入库前要注意防止雨淋或混入杂质,对已经淋雨或脏污的材料,要按其性质采用可行的方法擦净(如硬度高的用钢丝刷,硬度低的用布、棉等)并干燥 　　②材料入库后要经常检验,如有锈蚀,应消除锈蚀层 　　③一般钢材表面清理干净后不必涂油,但对优质钢、合金薄钢板、薄壁管、合金钢管等,除锈后其内外表面均需涂防锈油 　　④对锈蚀较严重的钢材,除锈后不宜长期保管,应尽快使用
防火安全	①要认真执行《消防法》关于仓库防火安全管理的有关规定 　　②仓库管理人员必须熟悉本库储存物资的性质、数量、分布情况等 　　③不允许在仓库周围堆放易燃、可燃物,并要经常清理杂物 　　④按规定安装所需要的照明设备,不允许随便乱拉线安装电气设备、电加热器 　　⑤电闸要设总闸、分闸,并应将电闸安装在室内,工作结束后应立即拉闸 　　⑥禁止在库内动用明火;如需用火,必须经有关部门批准,并采取安全措施 　　⑦不允许在库内住人,无关人员禁止入库 　　⑧管理人员对消防用水地点必须十分清楚,要经常保持道路畅通,要会报警,会使用、保养灭火器 　　⑨非专业人员不得操作仓库内的装卸设备,以防发生意外

9.6　有色金属材料的储存管理

　　有色金属材料的储存管理见表 9-14。

表 9-14　有色金属材料的储存管理

项目	说明
铜材	①铜材应按成分、牌号分别存放在清洁、干燥的库房内,不得与酸、碱、盐等物质同库存放 ②铜材如在运输中受潮,应用布擦干,或者在日光下晒干后再行堆放 ③库房内要通风,调节库内的温度、湿度,一般要求库内温度保持在 15～30℃,相对湿度保持在 40%～80% ④电解铜上带有未洗净的残留电解质,不能与橡胶和其他怕酸类材料混放在一起 ⑤铜的材质软,搬运堆垛时应避免拉、拖、摔、扔、磕、碰,以免损坏 ⑥如发现有锈蚀时,可用抹布或铜丝刷擦除,切勿用钢丝刷,以防划伤表面,也不宜涂油 ⑦对于线材,无论锈蚀轻重,原则上一律不进行除锈或涂油。如属沾染锈,则在不影响线径要求时清除,然后用防潮纸包好 ⑧锈蚀严重的,除了进行除锈外,还要隔离存放,且不宜久储。若发现锈蚀裂纹,则应立即从库中清出
铝材	①按 GB/T 3199 规定,验收合格的产品应保管在清洁干燥的库房内,库房内不应同时储存活性化学物质和潮湿物品。未经雨水侵入的油封产品可在防腐期内妥善储存,超过防腐期的或者不涂油的产品,若需长期储存,则应(重新)涂油 ②对表面质量较高的铝材(如薄板、薄壁管、小型材)表面要涂油(保管条件较好或短期存放时也可不涂油) ③铝材如暂时不用,应以原包装保管,拆开后,要用防潮纸包裹 ④搬动铝板时要防止擦伤;受潮铝板宜用日光晒干,且不能堆放 ⑤铝材如发生锈蚀,可用浮石、棉纱头或者洁净碎布擦拭后,加涂工业凡士林,但不宜长期存放 ⑥无论是经水路、铁路或者公路运输,均应防止雨淋、雪侵,以及其他腐蚀性介质的侵入或渗入,不允许用运送过酸、碱或其他化学物质而留有气味的车辆运输
镁材	①镁在空气中极易氧化,生成氧化膜。受潮及酸、碱、盐类侵染后,即向深处迅速腐蚀。高纯度镁在空气中能引起燃烧,保管过程中要远离火种。镁锭需在密闭的铁、铝桶内保管,并远离火源 ②镁锭应定期检查,发现表面白斑粉化或有麻点时,应将其浸入热碱水及重铬酸盐溶液中,将腐蚀氧化物清洗干净后涂上工业凡士林、石蜡或防腐油 ③不宜长期保管,应注意先进先出,码垛分清牌号和等级
镍材	①镍的化学性质比较稳定,保管时应避免与酸、碱物质接触,也不得与铅锭或锡锭混杂 ②按品种、批号和牌号分别存放;有浮锈斑点不宜涂油,用抹布擦去即可
锌材	①锌易与酸、碱、盐化合而变质,与木材的有机酸接触后会使表面破坏,因此不宜与酸、碱和湿木材共同存放 ②锌质硬而脆,搬运时应避免碰撞。发货运输时不作包装。存放库内时应按品种和牌号分别保管
铅材	①铅板遇潮或接触二氧化碳,会生成氧化膜,用抹布擦去即可,不宜涂油 ②铅材虽耐硫酸侵蚀,但不耐碱和其他酸类物质,应避免接触这些物料 ③铅管质软,承受压力过大容易压扁,因此码垛时不宜过高。要求在收发操作时轻拿轻放,严格避免碰伤、压伤和刮伤 ④无包装的铅卷板,在装卸过程中应加衬垫物,防止卷边、碰撞、撕裂和划伤外皮 ⑤铅及铅合金应全部在普通库房内保管;铅及铅合金板应尽量放在库内保管,垫底要平整,码垛不应重叠挤压
锡材	①锡及锡合金应存放在库房内保管,每批锡锭应整齐堆放,不得与其他批次锡锭互相混杂 ②锡在低温时(特别是-20℃以下)内部组织会起变化,表面起泡膨胀,质地逐渐变松,最后分裂为粒状或变成粉末(锡疫),因此库房内最低温度不得低于-15℃ ③保管时,如发现锡锭有锈蚀或锡疫迹象时,应将完好的锡锭与被腐蚀的锡锭分开堆放;细心清除所有腐蚀的锡锭并重新熔炼;可用松香或氯化铵作覆盖剂重熔,缓慢冷却使之恢复原状
锑材	①可在普通库房内保管,但不能与酸、碱和盐类接触存放 ②如发现锈蚀,可用抹布擦去浮锈及除去尘垢,但不宜涂油 ③锑的性质硬脆,易碎为粉屑状,装卸搬运时需要注意
其他	①有特殊性质的有色金属材料需要特殊存放。如汞挥发的气体对人体有害,必须单独放在有通风设备的库房内,在安全地带专门保管。对较贵重的金属及合金应存放在保险库房内 ②有关防火安全,同黑色金属材料部分

第 10 章
非金属材料

1. 非金属材料可以分成几大类?
2. 无机非金属材料的基本属性是什么?
3. 新型无机非金属材料和传统无机非金属材料的区别在哪里?
4. 什么是高分子材料? 由哪些元素组成?
5. 什么是复合材料? 其特点是什么?

非金属材料的分类方法，目前还没有统一完善，一般将其分成无机非金属材料（如玻璃、陶瓷、耐火材料和木材等）和有机高分子材料（如橡胶、塑料和化学纤维等）两大类。其中不乏新近涌现的新型材料。

10.1 无机非金属材料

10.1.1 玻璃

(1) 普通玻璃

普通玻璃的特点是透明，耐压强度和硬度高，耐腐蚀，所以虽然它很脆，却仍然在建筑物采光（图 10-1）、机械制造和生活中得到广泛应用。

(2) 功能玻璃

为了改善玻璃的脆性，可采用退火、钢化、表面处理与涂层、微晶化，或与其他材料制成复合材料等方法加以改进。这些方法中有的可使玻璃抗折强度成几倍甚至十几倍地增加，这就是所谓的"功能玻璃"。

图 10-1　建筑物采光

功能玻璃是指与传统玻璃结构不同的、有某一方面独特性能、有专门用途或者制造工艺有明显差别的品种，如磁光玻璃的磁-光转换功能、声光玻璃的声光特性、导电玻璃的导电性、记忆玻璃的记忆特性等。

① 中空玻璃　这种玻璃由两层或多层平板玻璃构成。四周用高强度、高气密性复合胶黏剂，将两片或多片玻璃与密封条、玻璃条粘接、密封。中间充入干燥气体，框内充以干燥剂，以保证玻璃片间空气的干燥度。高性能中空玻璃，除了在两层玻璃中间密封干燥空气之外，在外侧玻璃上还涂有一层特殊金属膜，将相当一部分太阳射过来的能量反射回去，达到更大的隔热效果（图 10-2）。

② 钢化玻璃　这种玻璃是通过受控的热处理或化学处理来提高普通玻璃强度的安全玻璃。回火使外表面受压，内表面受拉。这种应力会导致玻璃破碎后变成颗粒状。

由于其安全性和强度，钢化玻璃被用于各种对材料性能有高要求的应用中，包括客车窗户（图 10-3）、建筑玻璃门和桌子、冰箱托盘、移动屏幕保护器、防弹玻璃部件、潜水面罩等。

图 10-2　汽车隔热玻璃

图 10-3　汽车钢化夹胶玻璃

③ 耐高温玻璃　所有的玻璃都是在将近 1000℃ 的高温下成型，可以轻易承受 400℃ 的温度。但是它们承受温度急剧变化的性能不同。普通玻璃耐温差不超过 70℃，耐热玻璃耐温差为 120℃ 左右，钢化玻璃耐温差达 135℃。耐高温玻璃用于压力管道视镜、锅炉、波峰焊设备、化工管道和火电厂、钢铁厂、电解铝厂专用设备，以及防辐射、防紫外线、隔红外线玻璃等场合。

④ 光功能玻璃　这种玻璃可制成各种特殊要求的透镜、棱镜、反射镜等，以扩展光学仪器的用途或改善其性能。

a. 平面微透镜玻璃　用离子交换法和光刻蚀技术，可以制作具有折射率梯度分布的平面微透镜，这种透镜用在复印机中，可使复印机体积大幅度缩小。

b. 激光玻璃　在工业领域用于激光打孔、焊接、切割、测距等，医学领域用于治疗皮肤病、切除肿瘤等，军事领域用于制导、导航等。

c. 光致变色玻璃　一般是由平板玻璃和胶片复合而成的夹层玻璃，可阻挡 99% 以上的紫外线进入室内，对室内易老化物品（如古董、字画、书籍等）具有保护作用，特别适用于制作博物馆、图书馆等建筑的玻璃窗。

d. 液晶调光玻璃　它是一种中间夹有液晶膜，经过特殊的工艺方法制成的安全玻璃，充分利用液晶的特性，可使玻璃在透明与不透明之间调节，在温度 $-40 \sim 85℃$ 范围内适用，使用寿命为 10 年左右，相比于普通玻璃，每年可降低能耗约 48%。

e. 光触媒涂层玻璃　在光源或灯具表面涂上二氧化钛，生成防污和净化环境的膜层，利用它在光线的照射下对有机物产生分解的作用，可实现灯具和光源防污和净化环境作用，从而大大减少玻璃表面的污染，相对提高光线的表面透过率。

f. 太阳能发电玻璃　与平板玻璃有关的太阳能发电系统有两类。第一类是利用硅光电池、硒光电池、碲光电池等在阳光照射下能产生电动势的半导体元件，拼接粘在透明平板玻璃上成为光电板，将光能转换成电能，再经整流、升压后供建筑物内部直接使用；第二类是大面积集热式太阳能发电系统。

g. 电致变色玻璃　这是在复层玻璃表面镀上透明导电膜电极，膜电极间涂上作为发色层的变价金属氧化物，其颜色随价态不同而变化。含有电子和离子的电解质层加上电压时，金属的价态会发生变化，从而使玻璃的颜色变化。室外阳光强烈时，玻璃颜色变深；阳光弱时，玻璃颜色随之变浅。

h. 延迟线玻璃　可将电信号转变为超声波，通过玻璃使信号延迟数十微秒，用于电视机、录像机的画面处理。这种玻璃一般为铅硅酸盐玻璃。

i. 记忆功能玻璃　将印有文字和图像的纸片盖在一块透明的玻璃上，然后用短波紫外线、X 射线或 γ 射线进行高能电磁辐射后，玻璃就能自动"默记"这些文字、图像。当受到日光等长波光源照射后，在暗背景中保存的这种玻璃，能把文字、图像再现出来。待这种"储光"技术进一步成熟后，一套大百科全书的内容就可能"写"在一块拇指大小的玻璃晶片上，而动态的三维立体影像也可以完整无损地长时间保存。这种玻璃还能通过内部记忆分子排列的变化，记录周围发生的事情，显示的时候，利用专门的翻译器把"分子语言"翻译成图像，显示在电脑屏幕上即可。

(3) 金属玻璃

这是近代出现的一种新材料，它是以金属元素为基体，原子排列呈玻璃那样的非晶态，具有较高耐磨性和耐蚀性，而又有韧性的可加工的材料。由于它既有金属和玻璃的优点，又克服了它们各自的缺点，所以有许多特殊用途。例如作为铁芯材料，已广泛应用于电子元器件及电力设备变压器的生产和制造中。我们将在第11章中的11.6节介绍。

10.1.2　陶瓷

陶瓷用陶瓷土（高岭土、石英、长石）作为主要原料，可经过配料、成型、干燥、焙烧等工艺流程制成器物。

(1) 性能

陶瓷的力学性能是硬度高（仅次于金刚石）、脆性大、塑性几乎为零，其热性能是高熔点、高热强性和高抗氧化性，可作为高温结构材料和特种功能材料。

(2) 分类

随着科技的进步和陶瓷材料研究的突飞猛进，与传统陶瓷有很大差别的特种陶瓷应运而生。就工程而言，陶瓷可分为工业陶瓷和特种陶瓷。新型陶瓷与传统陶瓷的主要差别见表 10-1。

表 10-1　新型陶瓷与传统陶瓷的主要差别

项目	传统陶瓷	新型陶瓷
原料	天然矿物原料	人工精制合成原料(超细 SiC 粉体＋金属添加物)
成型	注浆、可塑成型为主	橡胶压床、热压机成型为主
烧结	温度一般在 1350℃以下，以煤、油、可燃气体为燃料	结构陶瓷常需 1600℃左右高温烧结，功能陶瓷需精确控制烧结温度，以电、可燃气体、油为热源
加工	一般不需加工	常需切割、打孔、研磨和抛光
用途	炊具、餐具、陈设品	主要用于宇航、能源、冶金、交通、电子、家电等行业

(3) 用途

① 工业陶瓷　在机械、化工、电力和冶金等行业应用广泛。

a. 陶瓷刀具　氧化铝、氮化硅陶瓷刀具，在高速切削领域和切削难加工材料方面，扮演着重要角色。赛隆陶瓷刀具的耐高温可达 1300℃以上，且具有较好的抗塑性变形能力，适合于高速切削、强力切削、断续切削，成功地用于铸铁、镍基合金、钛基合金和硅铝合金加工。

b. 耐火材料　耐热、耐压或耐化学侵蚀，在高温下仍能保持强度和形状。如钢铁工业和金属铸造部门用的耐火砖、坩埚、热偶套管等；另外，在垃圾焚化炉、核反应堆中也十分必需。

c. 专门用途　机械工业用的金属拉丝模、内燃机火花塞，以及国防工业用的火箭、导弹的整流罩等，同样也离不开它们。

② 特种陶瓷　这种陶瓷具有比传统陶瓷更加优异的性能。

a. 隔热性优良的，可作为新型高温隔热材料，用于高温加热炉、热处理炉、高温反应容器、核反应堆等。

b. 导热性优良的，可用于大规模集成电路电子器件的散热片。

c. 耐热性优良的，可作为原子能工程中的高温结构材料、高温电极材料，以及宇宙飞船外壁的隔热层等。

d. 高强度的，可用于燃气轮机的燃烧器、叶片、涡轮、套管，甚至军用防弹装甲等。

e. 耐磨性优良的，可用于高温轴承、拉丝模和陶瓷泵等。

f. 生物陶瓷可用于人工牙齿、人工骨、人工关节等。

g. 压电陶瓷能将机械能和电能互相转换，如制成点火器（图 10-4）和蜂鸣器（图 10-5）等。

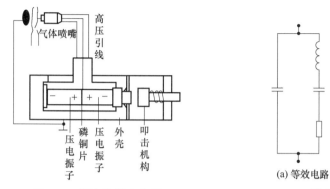

图 10-4　压电陶瓷点火器

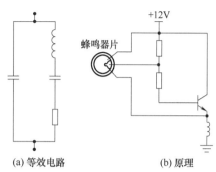

图 10-5　压电陶瓷蜂鸣器

10.1.3　耐火材料

耐火材料（图 10-6）是指耐火度不低于 1580℃ 的无机非金属材料，用于高温窑炉等热工设备以及高温容器和部件。

图 10-6　耐火材料

耐火材料的分类方法如下：

① 按组分可分为硅制品、硅酸铝制品、镁制品、白云石制品、铬制品、碳制品、锆制品、纯氧化物制品及非纯氧化物制品等。

② 按耐火温度可分为普通耐火材料（耐火度为 1580～1770℃）、高级耐火材料（耐火度为 1770～2000℃）和特级耐火材料（耐火度在 2000℃ 以上）。

③ 按化学性质可分为酸性材料、碱性材料和中性材料。

④ 按结合方式可分为陶瓷结合材料、化学结合材料、水化结合材料、树脂结合材料和沥青结合材料。

10.1.4　光导纤维

光导纤维（简称光纤）是一种由玻璃、塑料、石英或高分子材料等两种（或两种以上）透明材料，通过特殊复合技术制成的纤维。由于它们折射率的不同，能使光在内芯与外套的界面上发生全反射，像电流一样沿着导线向前传输。

光纤的粗细和头发丝差不多，由纤芯、包层和涂覆层构成（图 10-7）。

 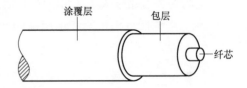

图 10-7　光纤的外形和结构

光纤的容量特别大，一条光缆通路可以容纳几亿人同时通话（由 1800 根铜线组成的直径约为 80mm 的电缆，每天通话的次数仅为 900 人次），可以同时传送多套电视节目。光纤的抗干扰性能好，不发生电辐射，通信质量高，能防窃听。光缆的质量小且细，不怕腐蚀，敷设也很方便，所以是非常好的通信材料。

光纤的应用十分广泛，除了通信外，还可用于医疗、信息处理、遥测遥控、照明等许多方面。胃窥镜就是光纤在医疗上的应用之一。

在工业上，光纤可传输激光进行机械加工；可制成各种传感器用于测量压力、温度、流量、位移、光泽、颜色、产品缺陷等；也可用于工厂自动化、办公自动化、机器内与机器间的信号传送以及光电开关、光敏组件等。

10.1.5　木材

木材的特性是易腐、易变形、不易传热；密度大多小于 $1g/cm^3$；干木材易燃、不导电，湿木材则相反。

木材不仅大量应用于建筑工程中，如盖房子、架桥梁（图 10-8）、制作铁轨枕木等，而且可以用于生产纸张、人造丝、再生纤维素、硝化纤维素、醋酸纤维素、乙基纤维素等。

木材在机械工程中同样有很多用处，如作为锤锻的减振地基和部分零件等。此外还是人们生活中的重要材料，如制作家具（衣橱、床、餐桌）等。

图 10-8　木屋和木桥

(1) 分类

① 按生长时树木的形状不同，可分为针叶材和阔叶材两大类。

a. 针叶材的树叶细长呈针状，大多为四季常青树。树干通直且高大，纹理顺直，材质均匀，木质较软，易于加工。常用的树种有松、杉、柏等。

b. 阔叶材的树叶宽大，叶脉呈网状，大多为落叶树。树干通直部分较短，材质较硬。常用的树种有榆木、椴木、榉木、水曲柳、泡桐、柞木等。

② 按加工程度和用途不同，可分为原条、原木、板方材等。

a. 原条是指已经修枝、剥皮但尚未加工造材的木材。

b. 原木是指伐倒后，经修枝并截成规定长度的木材。

c. 板方材是指按一定尺寸锯解、加工成的板材和方材。

③ 按是否经过再加工，可分为天然板材和人造板材。人造板材有如下几种。

a. 胶合板由原木沿年轮方向旋切的薄片，使其纤维方向互相垂直叠放，经热压而成。

b. 刨花板以木材加工的剩余物（板皮、刨花、锯屑等）为原料，经削片制成一定规格的刨花，干燥筛选后拌和胶黏剂、防火剂等，再经铺装成型和热压而成。

c. 浸渍纸贴面刨花板以刨花板为基材，两面各贴一张或两张树脂浸渍纸，在规定的温度、压力条件下压制而成。

d. 细木工板是一种特殊的胶合板，是用规格厚度相同的板条拼接成的芯板，并在芯板两面粘一层或两层单板，再加压而成。

e. 硬质纤维板以森林采伐剩余物（枝丫、树皮或木材加工的边角废料、林业工厂的废料或禾本科植物秸秆等）为原料，经干燥、热压而成。

（2）密度和硬度

几种木材的密度和硬度见表 10-2。可见其与木材的密度密切相关，密度大的其硬度高，反之则低。同一树种，其端面硬度大于径面和弦面硬度（径面与弦面相差不大）。针叶材平均高出 35%，阔叶材高出 25%左右。

表 10-2　几种木材的密度和硬度

树种(产地)	密度 /(g/cm³)	端面硬度 /MPa	树种(产地)	密度 /(g/cm³)	端面硬度 /MPa
泡桐(豫)	0.283	19.5	柞木(黑)	0.748	72.9
杉木(湘)	0.376	26.5	槭木(徽)	0.880	108.8
紫椴(黑)	0.451	34.4	黄檀(浙)	0.923	112.4
香樟(徽)	0.535	40.2	蚬木(宁)	1.128	142.3
水曲柳(黑)	0.643	59.9	软木	0.1~0.4	—

（3）力学性能

根据外力的作用，木材的强度主要有抗压强度、抗拉强度、抗弯强度和抗剪强度。它们的大小和含水量、温度、材质等因素有关。

一般每一类强度，根据施力方向不同又有顺纹受力（作用力方向平行于纤维方向）与横纹受力（作用力方向垂直于纤维方向）之分，它们的差别很大。

木材的顺纹抗拉强度较大，各种木材平均为 120~150MPa，为顺纹抗压强度的 2~3 倍，所以在使用中很少出现因被拉断而破坏，而木材的横纹抗拉强度比顺纹抗拉强度低得多。

木材的抗拉强度、抗压强度、抗弯强度和抗剪强度之间的关系见表 10-3。

表 10-3　木材顺纹和横纹强度之间的关系

抗压		抗拉		抗弯	抗剪	
顺纹	横纹	顺纹	横纹		顺纹	横纹
1	1/10~1/3	2~3	1/20~1/3	1.5~2	1/7~1/3	1/2~1

10.2　有机高分子材料

　　有机高分子材料是分子量特别大的有机化合物的总称，通常是指分子量大于 10^4 的化合物材料，包括橡胶、塑料、化学纤维、涂料和胶黏剂等。与钢铁材料相比，高分子材料具有比强度高、耐蚀性好、耐磨性好和消声减振性好的优点；但也存在强度低、刚性差、耐热性差和容易老化的缺点。随着石油化学工业的发展，高压聚合工艺的进步，合成高分子材料的性能逐步提高，而且通过各种技术手段，可以使高分子化合物作为物理、化学和生物功能性材料，如导电高分子材料、光功能高分子材料、液晶高分子材料及信息高分子材料等。

　　高分子材料分子的几何形状，一般来说可分成线型、支链型、交联型和网状型四种（图 10-9）。

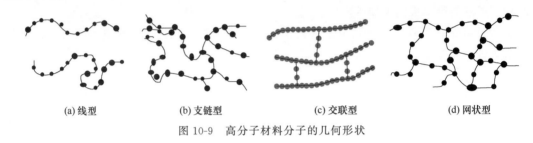

| (a) 线型 | (b) 支链型 | (c) 交联型 | (d) 网状型 |

图 10-9　高分子材料分子的几何形状

10.2.1　橡胶

　　橡胶是一种在常温时富有弹性的高分子聚合物，可以从三叶橡胶树汁中提取加工，也可以人造。前者称为天然橡胶，后者称为合成橡胶。用它加工成的产品很多，如轮胎、胶管、传送带、电缆、垫圈和绝缘电工用品等（图 10-10）。

| (a) 轮胎 | (b) 垫圈 | (c) 传送带 |

图 10-10　几种橡胶制品

(1) 分类

　　橡胶可分为普通橡胶和特种橡胶两大类。

　　普通橡胶为没有特殊性能的橡胶产品，如丁苯橡胶、异戊橡胶、顺丁橡胶等，主要用于制造各种轮胎及一般工业橡胶制品。

　　特种橡胶是指具有耐高温、耐油、耐臭氧、耐老化和高气密性等特点的橡胶，常用的有硅橡胶、氟橡胶、聚硫橡胶、氯醇橡胶、丁腈橡胶、聚丙烯酸酯橡胶、聚氨酯橡胶等，主要用于要求某种特性的特殊场合。

(2) 特点和用途

　　各种橡胶的特点和用途见表 10-4。

表 10-4　各种橡胶的特点和用途

类别	名称	特点	用途
普通橡胶	天然橡胶	高强度、绝缘、防振	轮胎、胶带和胶管等通用制品
	丁苯橡胶	耐碱、耐燃	轮胎、胶板、胶布、传动带、密封垫圈
	顺丁橡胶	特别优异的耐寒性、耐磨性和弹性，还具有较好的耐老化性能	大部分用于生产轮胎，少部分用于制造耐寒制品、缓冲材料、化工容器衬里，以及胶带、胶鞋等
	异戊橡胶	具有良好的弹性和耐磨性，优良的耐热性和较好的化学稳定性	代替天然橡胶，制造载重轮胎、越野轮胎和各种橡胶制品
	乙丙橡胶	耐老化，电绝缘性能和耐臭氧性能突出，化学稳定性好，耐磨性、弹性、耐油性好	用于轮胎等汽车的零部件，电线、电缆包皮及高压、超高压绝缘材料，以及胶鞋等浅色制品
	氯丁橡胶	抗拉强度高，耐热、光、油，耐燃、耐老化，化学稳定性和耐水性好。但电绝缘性稍差，不太耐寒	用于运输带和传动带，制动器，汽车门窗嵌条，电线、电缆的包皮材料，耐油耐蚀胶管、垫圈以及耐化学腐蚀的设备衬里
特种橡胶	丁腈橡胶	耐油、耐水、气密	油管、油封、耐油垫圈、印刷胶辊
	硅橡胶	耐热、绝缘、无毒	航空工业和电子设备用橡胶制品，加热管道用隔热材料
	氟橡胶	耐油、耐碱、耐热	飞机、火箭、导弹用高级密封件，高真空橡胶件
	聚硫橡胶	高强度、耐磨	实心胎胶辊、耐磨件

(3) 生产过程

橡胶制品的生产过程，主要包括混炼、成型、硫化等。

混炼是将各种配合剂混在一起，使其均匀地分散到生胶中，并得到品质符合要求的混炼胶。

成型是将混炼胶在压延机上压延，得到板材、片材；或者是在织物上贴胶，从而得到胶布、管带等；或者是通过挤出机，挤出棒材、管材及各种型材。橡胶的成型方法有注射、压延和挤出等。

硫化是通过加热、加压，使橡胶的大分子由线型结构转变成网状结构，最终成型的橡胶制品具有足够的强度、耐久性及抗剪切和其他变形能力，减少橡胶的可塑性。

10.2.2　塑料

塑料是以合成树脂为主要原料，加入必要的添加剂（增塑剂、稳定剂、润滑剂、色料、填料等），在一定的温度和压力条件下，通过加聚或缩聚反应聚合而成的高分子化合物。

工程塑料的力学性能较高，耐磨性、耐蚀性较好，可以作为结构材料，可以部分代替钢铁、木材、水泥三大传统基本材料。

(1) 分类

① 按受热后形态性能，可分为热塑性（受热时呈熔融状态，冷却时凝固，可反复成型加工）和热固性（成型后成为不熔、不溶材料）。

② 按使用范围，可分为通用塑料和工程塑料。

③ 按内部组织，可分为结晶型塑料（图 10-11）和非结晶型塑料（图 10-12）。

图 10-11　结晶型塑料

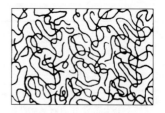

图 10-12　非结晶型塑料

（2）工程塑料的特性和应用

工程塑料的特性和应用见表 10-5。

表 10-5　一些工程塑料的主要特性和应用

名称	特性	应用举例
硬质聚氯乙烯	强度较高,化学稳定性及介电性能优良,耐油性和抗老化性也较好,易焊接及粘合,价格较低。缺点是使用温度低(在60℃以下),线胀系数大,成型加工性不良	制品有管、棒、板、焊条及管件,除制作日常生活用品外,主要用作耐磨耐蚀的结构材料或设备衬里材料(代替非铁金属、不锈钢和橡胶)及电气绝缘材料
软质聚氯乙烯	抗拉强度、弯曲强度及冲击强度均较硬质聚氯乙烯低,但断裂伸长率高。质柔软,耐摩擦、挠曲,弹性像橡胶一样良好,吸水性低,易加工成型,有良好的耐寒性和电气性能,化学稳定性强,能制作各种鲜艳而透明的制品。缺点是使用温度低(-15~55℃)	通常制成管、棒、薄板、薄膜、耐寒管、耐酸碱软管等半成品,制作绝缘包皮、套管,用作耐腐蚀材料、包装材料及制作日常生活用品
低压聚乙烯	具有优良的介电性能,耐冲击、耐水性好,化学稳定性高,使用温度可达80~100℃,摩擦性能和耐寒性好。缺点是强度不高,质较软,成型收缩率大	用于一般电缆的包皮,耐腐蚀的管道及阀、泵的结构零件,也可喷涂于金属表面,作为耐磨、减摩及防腐蚀涂层
高压聚乙烯		吹塑薄膜用于农业育秧、工业包装等
有机玻璃	有极好的透光性(可透过92%以上的太阳光)。强度较高,有一定耐热、耐寒性,耐腐蚀性能、绝缘性能良好,尺寸稳定,易于成型。质较脆,易溶于有机溶剂中,表面硬度不高,易擦毛	可制作有一定强度的透明结构零件
聚丙烯	密度较小,其屈服、抗拉和抗压强度及硬度均优于低压聚乙烯,有突出的刚性,高温(90℃)抗应力松弛性能良好,耐热性能较好(100~150℃)。除浓硫酸、浓硝酸外,在许多介质中很稳定。几乎不吸水,成型容易,但高频电性能不好,收缩率大,低温呈脆性,耐磨性不高	成型一般结构零件、耐蚀化工设备和受热的电绝缘零件
聚苯乙烯	有较好的韧性和一定的冲击强度,透明度优良,化学稳定性、耐水性、耐油性较好,易于成型	成型透明零件如汽车用各种灯罩和电气零件等
改性聚苯乙烯	有较高的韧性,耐酸、耐碱性能好(不耐有机溶剂),电气性能优良,透光性好,着色性佳,并易于成型	成型一般结构零件和透明结构零件,以及仪表零件、油浸式多点切换开关、电池外壳等
丙烯腈-丁二烯-苯乙烯(ABS)	具有良好的力学性能,优良的耐热、耐油性能和化学稳定性,尺寸稳定,易机械加工,表面还可镀金属,电性能良好	成型一般结构或耐磨、受力传动零件和耐蚀设备,制成泡沫夹层板可制作小轿车车身
聚砜	有很高的力学性能、绝缘性能及化学稳定性,在100~150℃温度下能长期使用。在高温下能保持常温下所具有的各种力学性能和硬度,蠕变值很小	成型高温下工作的耐磨、受力传动零件,如汽车分速器盖、齿轮及电绝缘零件等

名称	特　性	应用举例
尼龙 66	疲劳强度和刚度较高,耐热性较好,摩擦因数低,耐磨性好,但吸水率高,尺寸稳定性不够	成型中等载荷,使用温度不高于 120℃,无润滑或少润滑,要求低噪声条件下工作的耐磨、受力传动零件
尼龙 6	疲劳强度、刚度、耐热性稍低于尼龙 66,但弹性好,有较好的消振、降噪能力。其余同尼龙 66	成型在轻载荷、中等温度(最高 100℃)、无润滑或少润滑,要求低噪声条件下工作的耐磨、受力传动零件
尼龙 610	强度、刚度、耐热性略低于尼龙 66,但吸水率较低,耐磨性好	同尼龙 6,适宜成型精密齿轮,湿度变动较大的零件
尼龙 1010	强度、刚度、耐热性均与尼龙 6 和尼龙 610 相似,吸水率低于尼龙 610,成型工艺性较好,耐磨性也好	成型轻载荷、温度不高、湿度变化较大的条件下无润滑或少润滑情况下工作的零件
单体浇铸尼龙(MC 尼龙)	强度、耐疲劳性、耐热性、刚度均优于尼龙 6 及尼龙 66,吸水率低于尼龙 6 及尼龙 66,耐磨性好,能直接在模型中聚合成型,宜浇铸大型零件	成型在较高载荷、较高温度(低于 120℃)、无润滑或少润滑的条件下工作的零件
聚甲醛	抗拉强度、冲击韧度、刚度、疲劳强度、抗蠕变性能都很高,尺寸稳定性好,吸水率低,摩擦因数小,有很好的耐化学药品能力,性能不亚于尼龙。缺点是加热易分解,成型比尼龙困难	成型轴承、齿轮、凸轮、阀门、管道螺母、泵叶轮、车身底盘的小部件、汽车仪表板、汽化器、箱体、容器、杆件以及喷雾器的各种代铜零件
聚碳酸酯	冲击韧度和抗蠕变性能优良,耐热、耐寒,脆化温度达-100℃,抗弯、抗拉强度与尼龙相当,伸长率和弹性模量较高,但疲劳强度低于尼龙 66,吸水率较低,收缩率小,尺寸稳定性好,耐磨性与尼龙相当,并有一定的耐腐蚀性能。缺点是成型条件要求较高	成型各种齿轮、涡轮、齿条、凸轮、轴承、心轴、滑轮、传送链、螺母、垫圈、泵叶轮、灯罩、容器、外壳、盖板等
氯化聚醚	耐高蚀、各种酸碱和有机溶剂(在高温下不耐浓硝酸、浓双氧水和潮湿氯气等),可在 120℃下长期使用,耐磨性略优于尼龙;吸水率低,成型收缩率小,尺寸稳定,成型精度高,可用火焰喷镀法涂于金属表面;强度、刚性比尼龙、聚甲醛等低	制作耐蚀设备与零件,作为在腐蚀介质中使用的低速或高速、低载荷的精密耐磨受力传动零件

(3) 成型方法

塑料的成型方法有注塑、挤压、吹塑、发泡、压缩、压延、热压等,其中应用最广泛的是注塑、挤压和压延成型三种。

① 注塑成型　又称注射成型,是一种以高速高压将塑料熔体注入已闭合的模具型腔内,经冷却定型,得到的与模腔相一致的塑料制件的成型方法。其产品见图 10-13。

图 10-13　注塑产品

成型方法特点如下。

a. 成型周期短,生产效率高,易于实现全自动化生产。

b. 能一次成型形状复杂、尺寸精确、带有金属或非金属嵌件的塑料制件。

c. 对成型各种塑料的适应性强，到目前为止，几乎所有的热塑性塑料及一些热固性塑料均可用此法成型。

d. 设备（注塑成型机）及模具费用较高，不宜用于单件及小批量生产。

② 挤压成型　是使塑料加热成为流动状态，然后在一定压力作用下，使它通过机头口模而制得连续的型材。它广泛用于管材、棒材、单丝、板材、薄膜、电线电缆包层及其他异形材料的成型（图 10-14）。

图 10-14　挤压型材产品

成型方法特点如下。

a. 连续成型，产量大，生产率高，成本低，经济效益显著。

b. 所用设备结构简单，操作方便，应用广泛。

c. 塑件的几何形状简单，横截面形状不变，因此模具结构比较简单，变更机头口模，就能生产出不同规格的各种塑料制件。

d. 适应性强，几乎所有的热塑性塑料都可采用挤压成型，部分热固性塑料也可采用挤压成型。

③ 吹塑成型　是制造中空制件和管筒形薄膜的方法。其使用的设备是吹塑成型机（图 10-15）。在工业生产中，如瓶、桶、球、壶、箱一类的热塑性塑料制件均可用此法制造（图 10-16）。

图 10-15　吹塑成型机　　　　　　　　图 10-16　吹塑产品

a. 原理　用挤出机或注射机挤出或注射出管筒形状的熔融坯料，然后将此坯料放入吹塑模具内，向坯料内吹入压缩空气，使中空的坯料均匀膨胀直至紧贴模具内壁，冷却定型后开启模具取出中空制件。若将从挤出机中连续不断挤出的熔融塑料管内趁热通入压缩空气，把管筒胀大撑薄，然后冷却定型，可以得到管型薄膜，将其截断可热封制袋，也可将其纵向剖开展为塑料薄膜。

b. 分类　按吹塑成型方式分，有挤出吹塑成型、注射吹塑成型和拉伸吹塑成型三种；按型坯状态分，有冷坯吹塑和热坯吹塑两种；按模具结构分，有上吹法（顶吹法）、平吹法（气针法）和下吹法（底吹法）三种，见图 10-17。

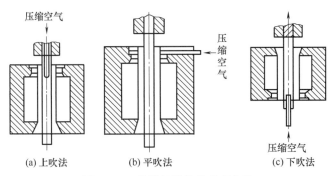

图 10-17 按模具结构的成型方法

(a) 上吹法   (b) 平吹法   (c) 下吹法

c. 特点

ⅰ. 气密性、耐冲击性、耐药品性、韧性、耐挤压性等综合性能好。

ⅱ. 塑料熔体注入空白模具型腔的定位准确；制品的残余应力较小，耐拉伸、冲击、弯曲，使用性能较好。

ⅲ. 生产成本较低，也能适用于中小型企业。

④ 压缩成型　又称压制成型，典型的制品有电气开关、仪器仪表外壳、电源插座等（图 10-18）。

图 10-18　压缩成型产品

a. 原理　把上、下模（或凸、凹模）安装在压力机上，将塑料原料直接加在敞开的模具型腔内，再将模具闭合，塑料粒料（或粉料、预制坯料）在受热和受压的作用下充满闭合的模具型腔，固化定型后得到塑料制件。此法主要用于热固性塑料。

b. 优点

ⅰ. 模具结构比较简单。

ⅱ. 压力损失小，有利于流动性差的塑料成型。

ⅲ. 可以生产一些流动性很差、面积很大、厚度较小的大型扁平塑件。

c. 缺点

ⅰ. 成型周期长，劳动强度大，生产环境差。

ⅱ. 塑件经常带有溢料飞边，尺寸精度不易控制。

ⅲ. 模具受到高温、高压作用，易磨损，使用寿命较短。

ⅳ. 压力直接传给塑料，不能成型带有精细和易断嵌件的产品。

⑤ 压注成型

a. 原理该法将塑料粒料或坯料装入模具的加料室内，在受热、受压下熔融的塑料通过模具加料室底部的浇注系统（流道与浇口）充满闭合的模具型腔，然后固化成型。该法适用于形状复杂或带有较多嵌件的热固性塑料制件。

b. 优点　可以成型较复杂的制件，制件质量高，生产效率高，模具的磨损较小。

c. 缺点　模具结构较复杂，模具制造成本高；成型塑料浪费较大；浇口痕迹的修整工作量大。

⑥ 浇铸成型　塑料的浇铸成型类似于金属的铸造成型，即将处于流动状态的高分子材料或单体材料注入特定的模具中，在一定条件下使之反应、固化，并成型得到与模具型腔相一致的塑料制件的加工方法。这种成型方法设备简单，不需或少许加压，对模具强度要求低，生产投资少，可适用于各种尺寸的热塑性和热固性塑料制件。但塑料制件精度低，生产率低，成型周期长。

⑦ 压延成型　是物料通过专用压延设备经滚筒间隙的挤压、延展成具有一定规格形状的塑膜和片材的工艺，适用于生产热塑性塑料（聚氯乙烯、聚乙烯、ABS、聚乙烯醇、改性聚苯乙烯、纤维素等）薄膜、片材、板材、人造革、壁纸、地板革（砖）、垫板及复合膜等。

压延用压延成型机如图 10-19 所示。

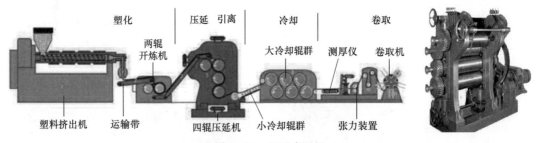

图 10-19　压延成型机

⑧ 滚塑成型

a. 原理　用两瓣密闭模，将相当于制品重量的塑料量注入，同时以异向回转并在熔融炉内加热，这时塑料体积均匀贴于内壁而熔融塑化，成为制品。

b. 成型过程　见图 10-20。

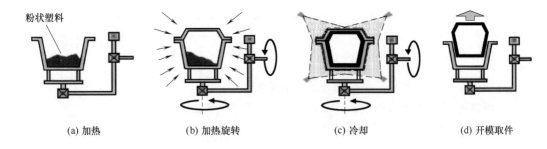

图 10-20　滚塑成型过程

c. 应用　球体（如浮标）、玩具、大型中空件（如塑料滑梯）等，见图 10-21。

⑨ 热压成型

a. 原理　将塑料膜或塑料板加热到半融状态，以压力将其成型至与模具型腔相同的形状，冷却后裁边，即得所需产品。

b. 应用　免洗餐具（图 10-22）、汽车挡泥板（图 10-23）等。

图 10-21　滚塑成型产品

图 10-22　免洗餐具　　　　　　　　　　图 10-23　汽车挡泥板

⑩ 发泡成型　是在发泡成型过程或发泡聚合物材料中，通过物理发泡剂或化学发泡剂的添加与反应，形成了蜂窝状或多孔状结构的工艺。图 10-24 是用这种方法生产的部分产品。

发泡成型设备有成型机和蒸缸两类，前者用于大批量生产中、大型泡沫模样；后者用于中、小批量生产小型模样。

图 10-24　发泡成型产品

(4) 塑料替代金属

塑料与金属相比有很多优点，如制品重量轻、比强度高、化学稳定性好、电气性能优良、减摩和耐磨性能优良及成型加工方便等。在金属资源日趋贫乏，环境保护和可持续发展理念深入人心的今天，"以塑代钢"已经成为势不可挡的潮流。表 10-6 列出了一些用塑料代替金属的应用实例。

表 10-6　用塑料代替金属的应用实例

项目		产品	零件名称	原用材料	现用材料	工作条件	使用效果
摩擦传动件	轴承	四吨载重汽车	底盘衬套轴承	轴承钢滚针轴承	聚甲醛F-4铝粉	低速、重载、干摩擦	1 万公里以上不用加油保养
		164kW柴油机	推力轴承	巴氏合金	喷涂尼龙 1010	油中,滑动线速度 7.1m/s,载荷 1.5MPa	摩擦减轻,油温降低 10℃左右
		水压机	立柱导套（轴承）	QAl9-4青铜	MC 尼龙	约为 100℃,往复运动	良好,已投产
	齿轮	C3361 六角车床	走刀机械传动齿轮	45 钢	聚甲醛	摩擦,但较平衡	噪声减少,长期使用无损坏磨损
		起重机	吊索绞盘传动蜗轮	磷青铜	MC尼龙	最大起吊质量为 7t	零件重量减轻 80%,使用两年磨损很小
		M120W万能磨床	油泵圆柱齿轮	40Cr	铸型尼龙、氯化聚醚	转速 1440r/min、载荷较大,油中运转,连续工作油压 1.5MPa	噪声小,压力稳定,长期使用无损坏

项目	产品	零件名称	原用材料	现用材料	工作条件	使用效果
一般结构件	螺母 62W 铣床	丝杠螺母	QSn6-6 青铜	聚甲醛	对丝杠磨损极微,有一定强度、刚度	良好
	油管 M131W 万能外圆磨床	滚压系统油管	纯铜	尼龙 1010	耐压 0.8~2.5MPa,工作台换向等精度高	良好,易使用
	紧固件 M120W 外圆磨床	管接头	45 钢	聚甲醛	低于 55℃,耐 20℃机油压力 0.3~8.1MPa	良好
	Z3052 摇臂钻床	上、下部管体螺母	HT150	尼龙 1010	室温,冷却液,3 个大气压	密封性好,不渗漏水

10.2.3 化学纤维

化学纤维是用高分子化合物为原料制成的有纺织性能的纤维,具有重量轻、绝缘性能好等特点。其品种繁多,如尼龙、涤纶、腈纶、丙纶、维纶、氨纶等,广泛应用于机械、纺织、军事、环保、建筑等多个领域。其主要用途如下。

① 制衣 美化人们的生活和御寒,是纤维的原始功能,到现代又有了长足发展。海藻碳纤维衣服,能蓄热保温;防紫外线辐射的纤维制成的衣服,可消除烈日对人的影响;聚酰亚胺纤维可以制作高温防火保护服、赛车防燃服、装甲部队的防护服和飞行服。

② 阻燃 部分纤维既保证了纤维优良的物理性能,又实现了低烟、无毒、无异味、不熔融滴落等特性,广泛应用于民用、工业、军事等领域。

③ 耐高温 黏胶基碳纤维可以耐几万摄氏度的高温,帮导弹穿上"防热衣";无机陶瓷纤维耐氧化性好,且化学稳定性高,还有耐腐蚀性和电绝缘性,可用于航空航天、军工领域。

④ 吸收电磁波 碳纳米管可作为隐形材料、电磁屏蔽材料、电磁波辐射污染防护材料和"暗室"(吸波)材料。

⑤ 可降解 聚乳酸可制成农用薄膜、纸张塑膜、包装薄膜、食品容器、生活垃圾袋、农药化肥缓释材料,对环保贡献极大。

⑥ 耐磨、减摩 将金属纤维与其他材料混合制成复合材料,可制成制动器,不仅可以免除原先石棉对人的伤害,而且具有导热性好、机械强度高、耐磨性好、制动力矩稳定、使用寿命长等优点。用金属纤维制作的轴承,强度和孔隙率会大大高于粉末冶金含油轴承,当碳含量为 15% 时,磨损率只有粉末冶金轴承的 (1/50)~(1/10)。

⑦ 减振、吸声 金属纤维制作的垫片,可代替弹簧垫片,可用于各种减振和防松螺栓连接。此外,声波进入这种材料后,使声能迅速衰减,起到吸声作用。

10.2.4 涂料

涂料也是一种高分子化合物,可分为粉末状和稠液状两种,后者是在前者中加有机溶剂制成。涂料是可以涂覆在物体表面,形成黏附牢固、具有一定强度、连续的且具有保护或装饰功能的固态薄膜的材料。涂料由成膜物质、颜料、溶剂和添加剂等构成。涂料的分类方法见表 10-7。

表 10-7　涂料的分类方法

分类方法	类别
按产品形态	液态涂料、粉末型涂料、高固体分涂料
按功能	防水涂料、防火涂料、防腐涂料、保温涂料、抗菌涂料、抗污防霉涂料、不粘涂料、导电涂料、防锈涂料、耐高温涂料、隔热涂料等
按基料种类	有机涂料、无机涂料、有机-无机复合涂料
按用途	建筑涂料、罐头涂料、汽车涂料、飞机涂料、家电涂料、桥梁涂料、塑料涂料、船舶涂料、管道涂料、钢结构涂料、橡胶涂料、航空涂料等

10.2.5　胶黏剂

胶黏剂是通过界面的黏附和内聚等作用，能使两种或两种以上的制件或材料连接在一起的物质。胶黏剂的种类很多，可以是有机的或无机的，可以是天然的或人工的，可以是水溶型、热熔型、溶剂型或无溶剂的。

（1）分类

① 按应用方法，可分为热固型、热熔型、室温固化型等。

② 按应用对象，可分为结构型、非结构型或特种胶。

③ 按形态，可分为水溶型、水乳型、溶剂型等。

④ 按化学成分，可分为环氧树脂胶黏剂、酚醛-丁腈胶黏剂、聚醋酸乙烯酯乳胶（白乳胶）、聚氨酯胶黏剂、丙烯酸酯胶黏剂和淀粉胶黏剂等。

（2）特点和用途

几种胶黏剂的特点和用途见表 10-8。

表 10-8　几种胶黏剂的特点和用途

胶黏剂	优点	缺点	用途
白乳胶（聚醋酸乙烯酯乳胶）	可常温固化,固化速度较快,粘接强度较高,有较好的韧性和耐久性,不易老化;安全、无毒、不燃、清洗方便;固化后的胶层无色透明,韧性好,不污染被粘接物	耐水性和耐湿性差,易在潮湿空气中吸湿;在高温下使用会产生蠕变现象,使胶接强度下降;在−5℃以下储存易冻结,使乳液受到破坏	木器、胶合板、水泥砂浆、纸张、布、皮革等的粘合
淀粉胶黏剂	无毒、无味、对环境无污染;施胶方便,不需专门设备,一次性涂布量低	易霉变、虫蛀;黏度偏低;干燥速度较慢,不宜大批量机械化作业;易凝胶	代替水玻璃粘合工业用纸箱等
酚醛-丁腈胶黏剂	胶接强度高;较好的耐热、耐老化性;耐水、耐化学介质和耐霉菌,特别是耐沸水;尺寸稳定性好;电绝缘性能优良	脆性大,剥离强度低,不适于作为结构胶黏剂使用;固化时间较长,固化温度高	广泛用于汽车和飞机工业中
脲醛树脂胶黏剂	胶合强度好,使用方便,成本低廉	甲醛释放量高,污染环境,危害健康	广泛用于制造胶合板、层压板、装饰板等
聚乙烯醇胶黏剂	粘接强度高、固化快,不含醛类、酚类及有机挥发物,无毒、无污染	耐水性差	可用于各种木材、竹材,也可用于家具粘接

10.2.6　皮革

（1）种类

① 天然革

a. 按鞣制方法分，有铬鞣革、植鞣革、油鞣革、醛鞣革和结合鞣革等。

b. 按皮的种类分，有猪皮革、牛皮革、羊皮革、马皮革和驴皮革等。原则上，大多数动物皮都可以用于制革。但是，根据动物保护条例等一系列法律法规，真正用于生产的原料在一定程度上受到了限制。

c. 按层次分，有头层革和二层革。

d. 按制造方式分，有真皮和再生皮。

e. 按性能分，有全粒面革、绒面革、修饰面革、贴膜革、复合革、涂饰性剖层革等。

② 人造革　是在纺织布基或无纺布基上，用各种不同配方的聚氯乙烯（PVC）和聚氨酯（PU）等发泡或覆膜加工制作而成。

③ 合成革　是模拟天然革的组成和结构，并可作为其代用材料的塑料制品。其表面主要是聚氨酯，基料是涤纶、棉、丙纶等合成纤维制成的无纺布，其正、反面都可以与皮革十分相似，并具有一定的透气性。

（2）工艺

天然革的加工过程非常复杂，制成成品皮革需要经过几十道工序，一般包括：生皮→浸水→去肉→脱脂→脱毛→浸碱→膨胀→脱灰→软化→浸酸→鞣制→剖层→削匀→复鞣→中和→染色→加油→填充→干燥→整理→涂饰→成品。

（3）用途

皮革可以用来制作服装、箱包、家具、体育用品等，工业上也有应用。

第 11 章
特种材料

1. 什么是超导材料？有哪些用途？
2. 什么是纳米材料？有哪些用途？纳米材料的特性是如何产生的？
3. 智能材料的概念是什么？有哪些用途？
4. 为什么要发展新能源材料？有哪些种类？

特种材料是指新出现的或正在发展中的，具有传统材料所不具备的优异性能和特殊功能的材料；或采用新技术（工艺、装备），使传统材料性能有明显提高或产生新功能的材料。它对高科技和新技术的发展具有非常关键的作用，是发展高科技的物质基础，也是国家在科技领域处于领先地位的标志之一。超导材料、纳米材料、隐身材料、智能材料、新能源材料、金属玻璃、金属橡胶和类蛋白聚合物纤维等都是特种材料。

11.1　超导材料

在特定的温度下，具有电阻趋近于零（测量值低于 10Ω）、完全排斥磁场（磁力线不能进入超导体内部，图 11-1）的材料称为超导材料。发生这一智能材料现象的温度称为超导转变温度（临界温度）T_c。超导材料不仅在传输过程中几乎没有能量耗损，还能在单位面积上承载更强的电流。

超导材料的研究还在不断地深入中，从目前的研究情况来看，利用超导材料的特性，比较现实的超导技术的应用如下。

① 可制作无损耗电力电缆，用于大容量输电（功率可达 10000MW）（图 11-2）。

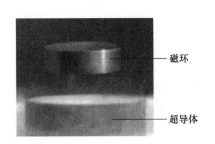

图 11-1　超导体的金属玻璃斥磁现象

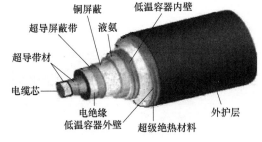

图 11-2　低温超导电缆

② 可制作性能优于常规材料的通信电缆和天线、粒子加速器、磁悬浮列车（图 11-3）等。利用材料的完全抗磁性，可制作无摩擦陀螺仪和轴承、超导变压器、超导电机和超导储能装置、磁液体发电设备等。

③ 可制作一系列辐射探测器、微波发生器、精密测量仪表以及逻辑元件等。

④ 此外，正在研究中的超导技术应用还有不少，举例如下。

图 11-3　超导磁悬浮列车

a. 用超导材料制成磁性极强的超导磁铁，用于核聚变研究和制造大容量储能装置、高速加速器、超导发电机和超导列车，以解决人类的能源和交通问题。

b. 用超导材料薄片制作约瑟夫逊元件，用于制造高速电子计算机和灵敏度极高的电磁探测设备。

c. 用超导体产生的磁场来研究生物体内的结构及用于对人的各种复杂疾病的治疗。

11.2 纳米材料

纳米是长度单位（1nm＝10^{-9}m），大约相当于 10 个氢原子紧密地排列在一起所构成的长度。纳米金属材料，是指其粒子直径达到纳米级（0.1～100nm）的金属与合金。

图 11-4 所示为碳纳米材料的结构。由于其粒子直径尺寸变小，比表面积显著增加，从而产生了一系列新奇的性质，如熔点显著下降，磁性变化等。它们具有特异性能，如纳米铝粉可提高燃烧效率；碳含量 1.8％的钢，纳米晶断裂强度可达 4800MPa。因此，纳料材料在机械、国防、电子、化工、冶金、轻工、航空、核技术、医药等领域具有重要的应用价值。尤其重要的是，它改变了传统机械工程模式，逐渐出现了微型机械技术，因而对机械工程领域影响最大，以下几个例子可以说明。

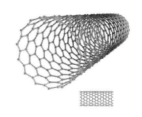

图 11-4　碳纳米材料结构示意

(1) 纳米材料刀具

将纳米技术运用到刀具设计上，对刀具的力学性能进行优化，使用寿命比传统刀具提高了两倍，在很大程度上标志着刀具历史上的新进程。

(2) 纳米材料马达

美国一家公司生产的纳米材料制作的马达，总长度仅为 4cm 左右，体积只有传统电磁马达的 1/20，却能够产生 40N 的力，使用寿命可达 100 万次，噪声几乎为零。不过，目前市场上的纳米技术马达功率还很小。

(3) 纳米材料轴承

在纳米材料出现后，人们开始制作微型纳米轴承，从而克服了传统轴承体积较大、需润滑、寿命较短的缺点。

(4) 特殊功能材料

① 耐腐蚀、耐磨损、热稳定性高的化工陶瓷。

② 火箭、人造卫星、飞船使用的耐高温烧蚀陶瓷。

③ 制造薄膜电路及大规模集成电路的压电陶瓷。

④ 比铝合金性能更优越的 Al-Li 合金。

⑤ 兼有玻璃、金属、固体和液体的某些特性的金属玻璃。

⑥ 具有特殊力学、阻尼、隔振、吸声降噪、过滤等性能的金属橡胶。

⑦ 应用于食品工业、餐饮服务业和家庭生活中的，具有防霉变、抗菌、杀菌功能的抗菌不锈钢。

⑧ 具有良好的吸声性能、电磁屏蔽性能、导热导电性能的多孔金属材料。

⑨ 可以储存氢能的新能源材料——储氢合金等。

11.3 隐身材料

隐身材料在现代军事上有着非常重要的地位，在装备外形不能改变的前提下，涂上隐身材料可以增强其隐蔽性，提高自身的生存率。隐身材料在飞机、主战坦克、舰船、火箭弹上的应用尤为普遍。图 11-5 所示的美国 F-22 "猛禽" 歼击机是世界上首款第五代隐身战斗机，图 11-6 所示为波兰的世界上首款隐身坦克。

图 11-5　美国 F-22 "猛禽" 歼击机

图 11-6　波兰的隐身坦克

隐身技术包括声隐身、磁隐身、可见光隐身、红外隐身、雷达隐身和等离子体隐身等。

红外隐身：任何物体的热辐射都将可能暴露自己，因此采用红外遮挡与衰减装置、涂覆红外掩饰涂料、使用特殊燃料和燃料添加剂、在不影响推进效率的情况下降低红外辐射强度等隐身技术极为重要。

雷达隐身：除了采用独特的多面体外形外，降低目标自身发出的或反射外来的信号强度也非常重要，为此可采用吸波（或透波）材料和表面涂料。

11.4　智能材料

智能材料是指具有智能特征，即能感知环境（包括内环境和外环境）刺激，并对其进行分析、处理、判断，采取一定的措施进行适度响应的材料。

智能变色材料和记忆合金都属于智能材料范畴。

（1）智能变色材料

① 智能感光变色太阳镜　光色玻璃和电致变色薄膜，在光、电、热等外界条件的作用下，材料内部结构发生变化，从而改变材料对光波吸收的特性，使材料呈现出不同的颜色。用其制作的镜片，能根据感应到的紫外线强弱自动变色（图 11-7）。

② 智能汽车后视镜　汽车夜间行驶时，可根据后面行驶车辆前大灯射出的光线，对后视镜上产生的眩目光程度，自动控制后视镜的透光度，减少镜面的反射光强度，使驾驶员既能舒服地通过后视镜了解路况，又能安全驾驶汽车。

③ 智能玻璃窗　一些氧化物薄膜，在电场的作用下，电子能够发生交换，从而导致颜色的改变。法拉利把这种薄膜应用到其首款自动硬顶敞篷车上（图 11-8），可对光线透过率进行五级调整，构成了汽车智能窗。

（2）记忆合金

含 50% 镍和 50% 钛的合金，在温度升高到 40℃ 以上时，能 "记住" 自己原来的形状。这种现象被称为 "形状记忆效应"，具有这一功能的合金称为形状记忆合金。

人造卫星上的天线也是用记忆合金制作的。人造卫星发射之前，先把天线揉成团，放在卫星体内，到达预定轨道后，受到太阳光线照射温度升高，便能自然展开，恢复原来的形状开始工作（图 11-9）。

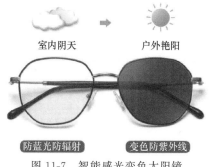

室内阴天 → 户外艳阳

防蓝光防辐射　　变色防紫外线

图 11-7　智能感光变色太阳镜

图 11-8　法拉利首款自动硬顶敞篷车

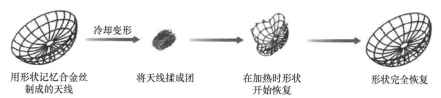

用形状记忆合金丝　　将天线揉成团　　在加热时形状　　形状完全恢复
制成的天线　　　　　　　　　　　开始恢复

图 11-9　形状记忆合金月面天线

同样，通信卫星小平台上的太阳能电池板（图 11-10）也是如此这般被送上太空的。

现在已经发现了几十种不同记忆功能的合金，例如 Ti-Ni、Au-Cd、Cu-Zn 等，其中以 Ti-Ni 合金的效果最好。目前，常用形状记忆合金制作开关、火警探测系统、管接头、铆钉等。当然，作为一类新兴的功能材料，它的很多新用途正不断被开发。

图 11-10　通信卫星小平台上的太阳能电池板

11.5　新能源材料

在世界能源需求持续增长，供需矛盾越来越突出时，为了实现可持续发展，开发新能源材料不可或缺。新能源材料包括太阳能电池板材料、储能材料（如储氢/吸氢材料）、锂离子电池硅等。

11.5.1　太阳能电池板

光伏发电是太阳能发电的主流，其发电系统主要由太阳能电池加上其他必要的装置（蓄电池、控制器和逆变器）构成（图 11-11）。系统的关键部分是太阳能电池板，它是通过光电效应或者光化学效应，直接把光能转化成电能的装置。

太阳能电池板的结构见图 11-12。太阳光照在半导体 P-N 结上，形成新的空穴-电子对，在 P-N 结电场的作用下，空穴由 N 区流向 P 区，电子由 P 区流向 N 区，接通电路后就形成电流。

现在 95% 的太阳能电池板以硅（单晶、多晶、非晶）为原材料，成本要占发电系统成本的 60%，其中硅原材料成本占电池板成本的 20%。预计将来太阳能级多晶硅的紧缺，会

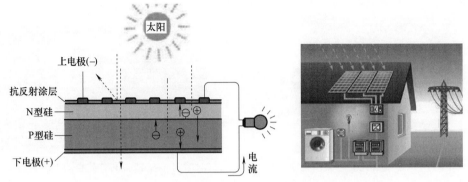

图 11-11　太阳能发电原理

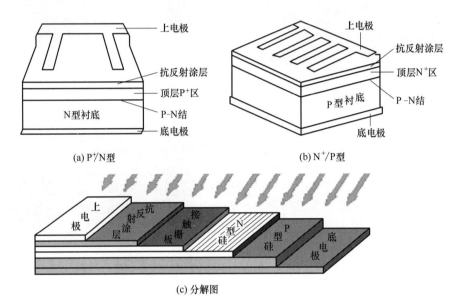

(a) P$^+$/N型 　　　　(b) N$^+$/P型

(c) 分解图

图 11-12　太阳能电池板结构

成为制约太阳能光伏产业发展的瓶颈。所以，开发新材料和新技术，降低硅的使用量，提高能源效率势在必行。

11. 5. 2　锂离子电池

锂离子电池由正极、负极、电解液和隔膜组成（图 11-13），其隔膜是一种具有微孔结构的功能膜材料，在电池体系中起着分隔正负极、阻隔充放电时电路中电子通过、允许电解液中锂离子自由通过的作用。电池充电时，锂离子从正极中脱嵌，通过电解质和隔膜，嵌入到负极中；电池放电时，锂离子从负极中脱嵌，通过电解质和隔膜，重新嵌入到正极中。

这一技术近 10 年来发展迅速，其比能量由 100W·h/kg 增加到 180W·h/kg，比功率达到 2000W/kg，循环寿命达到 1000 次以上。但由于锂离子电池的正极材料 $LiCoO_2$ 比容量还不足负极材料的 40%，必须改善其性能或采用新材料。

11. 5. 3　储氢材料

太阳能、风能、地热、潮汐等一次能源，在大多数情况下不能直接应用，也不能储存，

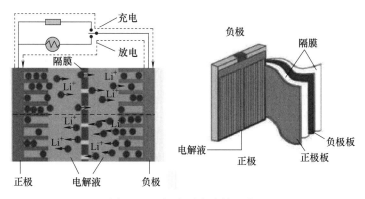

图 11-13　锂离子电池的组成

必须把它们转换成可使用的形式。而氢可由储量丰富的水作原料，资源不受限制；燃烧后几乎不污染环境；且能量密度高，可以储存、运输，具有作二次能源的优势。

氢气的储存方式，可以是气态、液态或者固态（图 11-14）。由于固态储存氢的密度高，安全可靠，耗能少，又不需要特殊的容器，因此成为轻质高容量材料的首选。

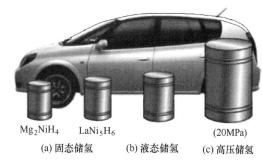

目前得到实际应用的储氢材料主要有稀土系 $LaNi_5$ 型合金、钛系 $TiFe$ 型合金和锆系 ZrV_2、$ZrCr_2$ 等合金，但这些储氢材料的储氢质量分数低于 2.2%，而镁系 Mg_2Ni 型合金则稍高。

（a）固态储氢　（b）液态储氢　（c）高压储氢
图 11-14　固态、液态和气态储氢的效率

Mg_2NiH_4　　$LaNi_5H_6$　　　　（20MPa）

此外，碳质材料（图 11-15）也是一种储氢材料，例如超级活性炭、碳纤维和碳纳米管都有独特的储氢性能。

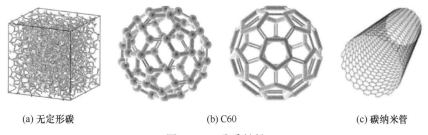

(a) 无定形碳　　　　　　　(b) C60　　　　　　　(c) 碳纳米管

图 11-15　碳质材料

11.6　金属玻璃

基本成分为二氧化硅的普通玻璃（图 11-16）是无色透明（也可着色）、坚硬易碎、绝缘无磁的一种非结晶、无定形固体。如果使金属在急速冷却时不结晶，并且原子依然排列不规则，就形成"金属玻璃"，成为"敲不碎、砸不烂"的"玻璃之王"（图 11-17）。

金属玻璃有着特殊的机械特性（一根直径 4mm 粗的金属玻璃丝可以悬吊起 3t 的重物）及磁力特性，在变形后更容易恢复其初始形状。

 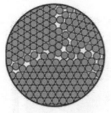 

图 11-16　普通玻璃制品及其分子结构　　　　图 11-17　金属玻璃制品及其分子结构

高尔夫球棍的头，要求既要有足够硬度，又要有充分的弹性，现在要用钛合金生产。如果改用金属玻璃，则其硬度和弹性可分别提高 2 倍和 4 倍，十分理想。目前要生产一块较大的这种材料，还相当困难，但可以预期在不久的将来，诸如发动机零件、穿甲炮弹、超硬超韧显示屏幕等，都可以改用金属玻璃制作，既耐磨又抗蚀。

11.7　金属橡胶

金属橡胶是一种均质的弹性多孔物质，是将直径为 0.05～0.3mm 的螺旋状不锈钢或钢丝，有序地排放在冲压（或碾压）模具中，然后用冷冲压方法成形。所以它既具有所用金属的固有特性，又具有橡胶一样的弹性。

金属橡胶制成的构件可以满足航空航天、空间飞行器及民品工况的特殊需要，解决高温、低温、高压、高真空及剧烈振动等环境下的阻尼、减振、过滤、密封、节流、热传导等问题，不怕空间辐射和粒子撞击，它可以在外力的作用下拉伸 2～3 倍，随后恢复原状。被拉伸时，这种材料仍能够保持其金属特征，具有导电性。它既不怕航空燃料或丙酮的腐蚀，也不会被降解。其结构十分稳定：可以在 370℃的高温下不燃烧，也可以在－75℃的低温下不变性。

图 11-18 所示为几种金属橡胶制品。

(a) 金属橡胶垫片　　　　(b) 金属橡胶隔振垫　　　　(c) 金属橡胶弹簧

图 11-18　金属橡胶制品

11.8　类蛋白聚合物纤维

蚕丝是蚕在结茧（图 11-19）时所分泌的丝液，遇到空气后凝结成固态变成的纤维，是人类利用最早的动物纤维之一，这是大家所熟知的。同样，蜘蛛尾部有数个喷孔，在它捕食结网时会喷出一种天然蛋白生物材料。可能相当多的人有所不知，蜘蛛丝（图 11-20）有更优越的性能：不仅富有弹性（约为芳纶的 10 倍），而且比强度非常高（约为钢材的 5 倍），有优异的坚韧性（断裂能 180MJ/m^3，为各材料中最高）。因此，它是自然界中最好的结构和功能材料之一，是其他天然纤维与合成纤维所无法比拟的。

图 11-19 蚕茧

图 11-20 蜘蛛丝

虽然蜘蛛丝有这么多优越的性能,但是收集不易。因为蜘蛛在密度高时,会自相残杀,不像蚕那样可以人工饲养。美国杜邦公司已经仿制出蜘蛛丝蛋白质,溶解后抽出的丝轻、强、有弹性,纤度可达真丝的 1/10,强度是相同纤度钢丝的 5～10 倍。如能够大量生产,是制作贴身防弹装甲、宇航服、降落伞绳,甚至航空母舰上飞机降落用绳的好材料。这种纤维称为类蛋白聚合物纤维。

当然,特种材料的种类,远不止上面介绍的这几种,还有包括高纯金属及靶材、稀贵金属、新型半导体材料、新型非晶材料、精细合金等成百上千种,有待探讨和开发。

第 12 章
机械工程材料的选用

> 1. 机械工程材料的选用应从哪几个方面考虑?
>
> 2. 机械零件常见的失效形式有几种类型?失效原因是什么?
>
> 3. 如何根据零件失效主因选择材料?
>
> 4. 轴类零件、齿轮、箱体类零件如何选材?
>
> 5. 承受冲击和交变载荷的机械零件如何进行热处理?

机械制造中的经验证明，要生产出质量高、成本低的机械或零件，必须全面考虑其结构设计、材料选择、毛坯制造及切削加工等方面，才能达到预期的效果。合理选材是其中的一个重要因素。

12.1　选材的一般原则

选材时，首先要满足使用性能，然后考虑工艺性能、经济性能和环保与节能等因素。

12.1.1　使用性能

不同零件所要求的使用性能是不一样的，有的要求高强度，有的要求高耐磨性，有的要求高硬度，而另外一些可能要求外观光亮。因此，在选材时必须作出准确的判断，并兼顾其他条件。

（1）**强度条件**

对大多数零件而言，这是必要的指标，在设计零件时，要分析其受力状态，找出它的危险截面，考虑安全系数、应力集中等因素。

（2）**使用环境**

对于在高温、低温或者严重腐蚀等条件下工作的零件，必须分辨情况、有针对性地选择适当的材料。例如对食品机械，与食品接触的部位，要尽可能采用不锈钢。

（3）**特殊要求**

考虑设备对防磁、隔热和绝缘等方面的要求。例如要使材料在低频段具备磁屏蔽效能，必须镀覆软磁合金薄膜；加热炉内壁必须选用耐热钢。

12.1.2　工艺性能

材料加工工艺性能的好坏，直接影响到零件的质量、生产效率及成本。所以，它顺理成章地成为选材的重要依据之一。其主要项目包括切削性能、铸造性能、压力加工性能、热处理性能和焊接性能等。

（1）**切削性能**

切削性能是指材料经切削加工成为合格工件的难易程度，通常用切削抗力大小、零件表面粗糙度、排除切屑难易程度及刀具磨损量等指标综合衡量。通常材料硬度在 $170\sim230\mathrm{HBW}$ 范围内时，切削加工性好，如易切削钢。

如何判别材料的切削性能，请参阅第 6.1.10 节。

（2）**铸造性能**

铸造性能是指材料在铸造时的流动性、收缩性、疏松及偏析倾向、吸气性、铸件残余应力大小、熔点高低和变形程度等。熔点低、结晶温度范围小的合金铸造性能好。

在常用的几种金属材料中，铸造铝合金、铸造铜合金的铸造性能，优于铸铁和铸钢，而铸铁优于铸钢。在铸铁中以灰铸铁的铸造性能最好。

（3）**压力加工性能**

压力加工性能包括冷冲压性能和锻造性能等。塑性好，则易成形，加工面质量优良，不易产生裂纹；变形抗力小，则变形比较容易；变形功小，则金属易于填满模腔，不易产生缺陷。对于锻造，还要求材料的抗氧化性高、可变形的温度范围大及热脆倾向小。

一般低碳钢的压力加工性能比高碳钢好，非合金钢的压力加工性能比合金钢好。

(4) 焊接性能

焊接性能是指在一定焊接条件下，易于获得优良焊接接头的能力，焊缝区强度应不低于基体金属且不产生裂纹。它取决于焊缝产生裂纹、气孔等倾向。

低碳钢有较好的焊接性能，高碳钢较差，铸铁则更差。焊接高碳钢与铸铁时，要分别采用相应的焊条与工艺。

(5) 热处理性能

热处理性能是指金属经过热处理后，其组织和性能改变的能力，包括淬硬性、淬透性、回火脆性等。淬透性好，无过热倾向、回火脆性，氧化脱碳倾向以及变形开裂倾向小等是评定热处理性能优劣的标志。

通常，碳钢的淬透性差，强度较低，加热时易过热，淬火时易变形开裂，而合金钢的淬透性优于碳钢。

12.1.3　经济性能

产品的成本包括原料成本、加工费用、成品率以及管理费用等。如大批量制造标准螺钉，一般采用冷镦钢，使用冷镦、搓丝的成形方法。

材料的选择也要考虑产品的实用性，材料本身的相对价格、材料的利用率、材料的供应状况，并根据国家资源等因素综合进行。在满足使用的情况下尽量选用普通金属材料，允许使用非金属材料代替金属材料，这样不但可以降低零件成本，性能也可能更加优异。

12.1.4　环保与节能

环境保护和节约能源已经成为人类的共识，也是我国的国策，所以在选材的过程中，环保与节能同样很重要。

① 选择加工过程中污染少、能耗低的材料，即尽量避免采用热处理的材料，或者选择热处理工序少的材料。

② 优先选择可再生、可回收的材料，充分考虑环境兼容性和易降解的材料，尽量不要采用如橡胶与金属混合或粘合的设计。

③ 在保证零件性能的基础上，应减少产品中材料的种类，以利于废弃后回收利用。

④ 优先选用新型安全材料，替代对人有毒副作用或对环境有害的材料。如采用金属泡沫、蜂窝结构等。

12.2　机械零件的失效

有许多机械零件在使用过程中"未老先衰"，给生产造成很大影响，甚至酿成重大安全事故。因此，在零件选材的初始阶段，就必须对零件在使用中可能产生的失效方式、原因及对策进行分析，为选材及后续加工的控制提供参考依据。

12.2.1 失效类型

机械零件常见的失效形式可以归纳为以下几种类型。

(1) 断裂失效

零件承载过大或因疲劳损伤等发生断裂,是最严重的失效形式。例如,钢丝绳在吊运中的断裂,轴、齿轮、弹簧等在交变载荷下工作引起的断裂等。

(2) 过量变形

主要有过量弹性变形失效和过量塑性变形失效两种。例如,螺栓在高温下工作时发生松脱,就是过量弹性变形转化为塑性变形而造成的失效。

(3) 表面损伤失效

表面损伤失效是指零件的表面尺寸变化和表面破坏的现象。例如,长期工作的齿轮轮齿,或者即将报废的量具工作面,它们的表面磨损、精度降低,都是表面损伤失效。

12.2.2 失效原因

引起零件失效的因素很多且复杂,它与零件的结构设计、材料选择、材料加工、产品装配及使用保养等方面有关。

(1) 设计不合理

设计上导致零件失效的最常见原因是结构或形状不合理,在零件的高应力处存在明显的应力集中源,如各种尖角、缺口、过小的过渡圆角等。另一种原因是对零件的工作条件估计错误,因而选定的安全系数偏低。发生这类失效的原因在于设计,但也可通过选材来避免。

(2) 选材不合理

如果所选材料的性能不能满足工作条件的要求,或者选用了质量太差的材料,都容易使零件造成失效。

因此,在选材时要掌握零件失效的主要原因,具体见表 12-1。

表 12-1 根据零件失效主因选择材料

失效主因	典型零件	材料选择
综合力学性能	一般机械零件	①通常选用中碳钢或中碳合金钢,经调质或正火处理 ②球墨铸铁,经调质、正火或等温淬火 ③低碳钢,经淬火、低温回火
	连杆	为了保证连杆在结构轻巧的条件下有足够的刚度和强度,一般采用精选碳含量的优质中碳结构钢,例如 40 钢或 45 钢模锻。在高速强化发动机中采用中碳合金结构钢,例如 40Cr、40CrMo、35CrMo 等
	锻模	为防止过量变形与疲劳断裂,要求这类零件材料的综合力学性能要好,如 5CrNiMo、4CrMnSiMoV2、4Cr2MoVNi、3Cr2WMoVNi、8Cr3
	受力较小但要求有较高的比强度与比刚度的零件	选择铝合金、镁合金、钛合金或工程塑料与复合材料等
疲劳强度	发动机曲轴、齿轮、弹簧及滚动轴承等	对受力较大的零件,应选用淬透性较高的材料,以便进行调质处理,或对材料表面进行强化处理
磨损	各种刀具、量具、钻套、冷冲模等	选用高碳钢或高碳合金钢,并进行淬火和低温回火,获得高硬度回火马氏体和碳化物组织
	机床导轨等	常用铸铁

失效主因	典型零件	材料选择
磨损	滑动轴承、丝杠等	铜合金
	无润滑的摩擦部位	塑料
磨损和交变应力	机床中重要齿轮和主轴	能表面淬火或渗碳、渗氮等钢材(中碳钢或中碳合金钢),经正火或调质,再进行表面淬火
冲击和磨损	汽车、拖拉机变速箱齿轮	选用低碳钢经渗碳后淬火并低温回火,使表面获得高硬度的高碳马氏体和碳化物组织,心部是低碳马氏体,强度高,塑性和韧性好,能承受冲击
硬度高且耐磨的精密零件	高精度磨床主轴及镗床主轴等	选用氮化用钢进行渗氮处理

(3) 加工工艺不当

零件或毛坯在加工和成形过程中的工艺方法、工艺参数不正确等,也会出现某些缺陷导致失效。如热加工中产生的过热、过烧和带状组织等;冷加工不良时粗糙度太低,产生过深的刀痕、磨削裂纹等;热处理中产生的脱碳、变形及开裂等。

(4) 装配使用不正确

机器在装配过程中不符合技术要求,如装配时配合过松或过紧、对中不准、固定不牢等,都可能使零件不能正常工作或工作不安全;使用中不按工艺规程操作和维修,保养不善或过载使用等,均会造成早期失效。

12.2.3 分析方法

分析零件失效的工作程序,可分为以下几步。

(1) 收集历史资料

仔细收集失效零件的残体,详细整理失效零件的设计资料、加工工艺文件及使用与维修记录。根据这些资料全面地从设计、加工、使用各方面进行具体的分析。确定重点分析的对象,样品应取自失效的发源部位,或能反映失效的性质或特点的地方。

(2) 检测

对所选试样进行宏观(用肉眼或立体显微镜)及微观(用高倍的光学或电子显微镜)断口分析,以及必要的金相分析,找出失效起源部位和确定失效形式。对失效样品进行性能测试、组织分析、化学分析和无损检测,检验材料的性能指标是否合格、组织是否正常、成分是否符合要求、有无内部或表面缺陷等,全面收集各种必要的数据。

(3) 综合分析

对上述检测所得的数据进行综合分析,在某些情况下需要进行断裂力学计算,以便于确定失效的原因。如零件发生断裂失效,则可能是零件强度、韧性不够,或疲劳破坏等。综合各方面分析资料作出判断,确定失效的具体原因,提出改进措施。

(4) 写出报告

失效分析报告是失效分析的最后结果。通过它可以了解材料的破坏方式,进而可以作为选材的重要依据。

必须指出,在失效分析中,有两项重要的工作。一是搜集失效零件的有关资料,这是判断失效原因的重要依据,必要时进行断裂力学分析。二是根据宏观及微观的断口分析,确定失效起源部位及失效形式。这项工作除了告诉人们失效的精确位置和应该在该处测定哪些数据外，还对可能的失效原因给出重要提示。例如，沿晶断裂应该是材料本身、加工或介质作用的问题，与设计关系不大。

(5) 常见零件的主要失效形式及所要求的主要力学性能（表 12-2）

表 12-2　常见零件的主要失效形式及所要求的主要力学性能

零件	工作条件			常见失效形式	要求的主要力学性能
	应力种类	载荷性质	其他		
重要螺栓	交变拉应力	静		过量塑性变形或疲劳断裂	屈服强度、疲劳强度、塑性、硬度
曲轴	交变弯曲应力和扭转应力、冲击载荷	循环冲击	轴颈处摩擦、振动	疲劳破坏、咬蚀、过量变形、轴颈磨损	屈服强度、疲劳强度、硬度
传动齿轮	交变弯曲应力和接触应力、齿面摩擦冲击		强烈摩擦冲击振动	磨损、轮齿折断、疲劳麻点	表面硬度及弯曲疲劳强度、接触疲劳强度，心部屈服强度、韧性
弹簧	交变拉应力		振动	弹力丧失、疲劳破断	弹性极限、屈强比、疲劳强度
冷作模具	复杂应力		强烈摩擦	磨损、脆断	硬度、强度、韧性
滚动轴承	交变压应力、滚动摩擦		强烈摩擦	疲劳断裂、磨损、麻点剥落	抗压强度、疲劳强度、硬度

由此可见，零件的实际受力条件是复杂的，而且选材时还应考虑到短时过载、润滑不良、材料内部缺陷等影响因素，因此力学性能指标经常是材料选用的主要依据。

12.3　典型机械零件的选材

12.3.1　轴类零件

轴是机器中的重要零件之一，根据轴的作用与所承受的载荷，可分成心轴和转轴两类。前者只承受弯矩不传递扭矩，可能转动，也可能不转动。后者按负荷情况有以下几种：承受弯矩的车辆轴；承受扭矩为主的传动轴；同时承受弯矩和扭矩的曲轴；还有同时承受弯、扭、拉、压负荷的船舶螺旋桨推进轴。

机床主轴（图 12-1）是主要传递动力的部件，承受摩擦和交变扭转、冲击作用，要保持高的精度，表面具有高的硬度和耐磨性，整体必须具有足够的强度和良好的综合力学性能。

图 12-1　机床主轴

(1) 根据载荷的大小和类型选择材料

载荷的大小和类型是选择机床主轴材料的重要依据。

① 轻载主轴　工作载荷小，冲击载荷不大，轴颈部位磨损不严重，例如普通车床的主轴。这类轴一般用 45 钢制造，经调质或正火处理，在要求耐磨的部位采用高频表面淬火强化。现在也有用球墨铸铁生产的。

② 中载主轴　中等载荷，磨损较严重，有一定的冲击载荷，例如铣床主轴。这类轴一

般用合金调质钢制造，如 40Cr，经调质处理，要求耐磨部位进行表面淬火强化。

③ 重载主轴　工作载荷大，磨损及冲击都较严重，例如工作载荷大的组合机床主轴，一般用 20CrMnTi、12CrNi3A 高合金渗碳钢制造，经渗碳、淬火处理。

④ 高强度、硬度和疲劳强度且高精度的主轴　多采用 38CrMoAlA 钢；受冲击大的常用 20Cr、20Mn2B 渗碳钢。

⑤ 高精度主轴　有些机床（如精密镗床），主轴工作载荷并不大，磨损极轻微，但精度要求非常高。这时一般用 38CrMoAlA 专用氮化钢制造，经调质处理后，进行氮化及尺寸稳定化处理，变形极小。

(2) 根据结构特征选择材料

① 一般圆柱形轴　多采用锻造成形，材料选用中碳非合金钢（如 45 钢、50 钢）或中碳合金钢（如 40Cr、50Cr）；要求强度高时，可采用锰钢 65Mn。

用 45 钢或 40Cr 中碳合金钢时，先整体表面淬火或整体调质，主轴头部内外锥、主轴颈及花键表面淬火，然后进行低温回火。根据需要，硬度一般可控制在 42～47HRC、45～50HRC 或 48～53HRC。用 50、55、50Cr、65Mn 等钢，其淬火后低温回火的硬度可达 52～57HRC。

② 精密机床主轴　通常选用合金渗氮钢（如 38CrMoAlA）、合金工具钢（如 9Mn2V）、滚动轴承钢（如 GCr15）或合金渗碳钢（如 20Cr、20CrMn）。

a. 选用 38CrMoAlA 时，热处理工艺为：退火、调质、高温去应力、渗氮。

b. 选用 9Mn2V 时，热处理工艺为：球化退火、调质、中频淬火、人工时效。

③ 异形轴　可采用球墨铸铁毛坯，有特殊要求的轴也可采用特种钢。例如 W62WT 万能铣床主轴，就是用球墨铸铁制造的。实践表明，这种材料的主轴，淬火后硬度可达 52～58HRC，变形也比 45 钢小。

(3) 主轴的选材和热处理工艺（表 12-3、表 12-4）

表 12-3　几种主轴的选材和热处理工艺

工作条件	选材	热处理
一般机床主轴	45	调质（22～28HRC）
载荷较大或表面要求较硬的主轴	40Cr	淬硬（48～55HRC）
轴颈处需要高硬度或冲击性较大的主轴	20Cr	渗碳淬硬（56～62HRC）
高精度机床主轴,热处理变形较小	9Mn2V	淬硬（59～62HRC）
高精度机床主轴,热处理变形小	38CrMoAlA	氮化处理（850～1200HV）
载荷较大的重型机床主轴	50Mn2	调质（28～35HRC）

表 12-4　几种发动机主轴的选材和热处理工艺

用途	材料	预备热处理		最终热处理		
		工艺	硬度	工艺	层深/mm	硬度
轿车、轻型车	45	正火	170～228HB	感应淬火	2～4.5	55～63HRC
	50Mn	调质	217～277HB	氮碳共渗:570℃,180min 油冷	≥0.5	≥500HV10
	QT600-3	正火	229～302HB	氮碳共渗:560℃,180min 油冷	≥0.1	＞650HV
载重车、拖拉机	QT600-3	正火	220～260HB	感应淬火,自回火	2.9～3.5	46～58HRC
	45	正火	163～196HB	感应淬火,自回火	3～4.5	55～63HRC
	45	调质	207～241HB	感应淬火,自回火	≥3	≥55HRC

12.3.2　齿轮

齿轮工作时，啮合齿面既有滚动又有滑动，齿面受到接触压应力及强烈的摩擦和磨损，而轮齿根部则受到较大的交变弯曲应力的作用。此外，在启动、换挡、过载或啮合不良时，轮齿会受到冲击载荷；因加工、安装不当或齿轮轴变形等，会引起齿面接触不良；外来灰尘、金属屑等硬质微粒的侵入，也会产生附加载荷，使工作条件恶化。由于齿轮的工作条件和载荷情况的复杂性，齿轮的失效形式是多种多样的，主要有轮齿折断（疲劳断裂、冲击过载断裂）、齿面损伤（齿面磨损、齿面疲劳剥落）和过量塑性变形等。

（1）根据载荷条件选择机床齿轮材料

① 轻载齿轮 运转速度一般都不高，大多用45钢制造，经正火或调质处理。对某些小齿轮，根据其产量大小，可用圆钢为原料，也可采用冲压甚至直接冷挤压成形。

② 中载齿轮 一般用45钢制造，正火或调质后，再进行高频表面淬火强化，以提高齿轮的承载能力及耐磨性。一般机床的传动系统及进给系统中的齿轮，尺寸较大，则需用40Cr、40MnB、35SiMn等合金钢，经调质或正火后再进行精加工，然后表面淬火、低温回火，有时经调质和正火后也可直接使用。

③ 重载齿轮 工作载荷较大，特别是运转速度高、冲击载荷较大的齿轮（如变速箱中一些重要传动齿轮），大多用20Cr、20CrMnTi等渗碳钢，经渗碳、淬火处理后使用。

④ 高速、重载、冲击较大的重要齿轮 对诸如汽车、拖拉机变速箱中的齿轮，一般采用合金渗碳钢（如20CrMnTi、20MnVB、18Cr2Ni4WA等），经渗碳并淬火、低温回火后，其齿面具有很高的硬度和耐磨性，心部有足够的韧性和强度。

⑤ 力学性能要求较高、形状复杂的大直径齿轮 由于难以锻造成形，可采用铸钢制造，如ZG270-500、ZG310-570、ZG40Cr等。在机械加工前应进行正火，以消除铸造应力和硬度不均，改善切削性能；在机械加工后，一般进行表面淬火。

⑥ 冲击载荷较小、耐磨性和疲劳强度要求较高的齿轮 可用球墨铸铁制造，如QT500-7、QT600-3等；对于轻载、低速、不受冲击的低精度齿轮，可选用灰铸铁制造，如HT200、HT250、HT300等。铸铁齿轮一般在铸造后进行去应力退火、正火或机械加工后表面淬火。

⑦ 仪器、仪表以及在某些腐蚀介质中工作的轻载齿轮 常选用耐蚀、耐磨的有色金属材料，如黄铜、铝青铜、锡青铜、硅青铜等。

⑧ 受力不大以及在无润滑条件下工作的小型齿轮 可采用尼龙、ABS、聚甲醛等制造。

（2）根据工作条件选择机床齿轮材料（表12-5）

表12-5 根据工作条件选择机床齿轮材料

工作条件		材料	硬度要求	热处理工艺
低载 要求耐磨		15 （20）	58～63HRC	900～950℃渗碳,直接淬冷或780～800℃水淬,180～200℃回火
低速 轻载	普通变速箱齿轮和挂轮架齿轮	45	156～217HBS	840～860℃正火
	车床溜板上的齿轮等	45	200～250HBS	820～840℃水淬,500～550℃回火
中速 中载	车床变速箱中的次要齿轮	45	40～45HRC	860～900℃高频感应加热,水淬,350～370℃回火
	铣床工作台变速箱齿轮、立式车床齿轮	40Cr、42SiMn	200～230HBS	840～860℃油淬,600～650℃回火
	不大的冲击下工作的高速机床走刀箱、变速箱齿轮	40Cr、42SiMn	45～50HRC	调质后860～880℃高频感应加热,乳化液冷却,280～320℃回火

工作条件		材料	硬度要求	热处理工艺
高速中载	齿部要求较高(钻床变速箱中的次要齿轮)	45	45~50HRC	860~900℃高频感应加热,水淬,380~320℃回火
	要求齿面硬度高(磨床砂轮箱齿轮)	45	52~58HRC	860~900℃高频感应加热,水淬,180~200℃回火
	受冲击、模数<5mm(机床变速箱齿轮、龙门铣床的电动机齿轮)	20Cr、20SiMn	58~63HRC	900~950℃渗碳,直接淬火或800~820℃再加热油淬,180~200℃回火
高速重载	齿部要求高硬度	40Cr、42SiMn	50~55HRC	调质后860~880℃高频感应加热,乳化液冷却,180~200℃回火
	有冲击、模数>6mm(如立式车床的螺旋锥齿轮)	20CrMnTi、20SiMnVB、12CrNi3	58~63HRC	900~950℃渗碳,降温至820~850℃淬火,180~200℃回火
	形状复杂,要求热处理变形小	38CrAl 38CrMoAlA	>850HV	正火或调质,510~550℃氮化
轻载	大型齿轮	50Mn2、65Mn	<241HBS	820~840℃空冷
传动精度高,要求具有一定耐磨性的大齿轮		35CrMo	255~302 HBS	850~870℃空冷,600~650℃回火(热处理后精切齿形)

12.3.3 箱体支承类零件

箱体支承类零件一般起支承、容纳、定位及密封等作用,其特点是外形尺寸大、板壁薄、通常受力不大,要求有较高的刚度、强度和良好的减振性。蜗轮蜗杆减速箱箱体(图12-2)和发动机缸体(图12-3)都属于这类零件。

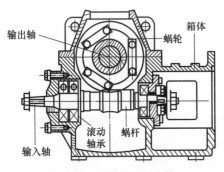

图 12-2 蜗轮蜗杆减速箱

图 12-3 发动机缸体

箱体支承类零件材料的选择,一般有以下几种情况。

① 受力不大、主要承受静载荷、不受冲击的箱体 灰铸铁具有较好的耐磨性、铸造性和可切削性,而且吸振性好、成本低,因此可选用灰铸铁,如 HT150、HT200。若在工作中与其他零件有相对运动,相互间有摩擦、磨损,则应选用珠光体灰铸铁,如 HT250。铸铁零件一般应进行去应力退火,消除铸造内应力,减少变形,防止开裂。

② 强度、韧性要求较高,或者在高压、高温下工作的箱体 如汽轮机机壳等,应选用铸钢,并应进行完全退火或正火,以消除粗晶组织和铸造应力。

③ 受力较大但形状简单、数量少的箱体 可采用钢板焊接,以缩短毛坯制造的周期和成本。

④ 毛坯形状复杂、大批量生产的箱体 可采用压铸毛坯,镶套与箱体在压铸时铸成一

体。压铸的毛坯精度高，加工余量小，有利于机械加工。

⑤ 受力不大、要求自重轻或导热好的箱体　可选用铸造铝合金，如 ZAlSi5Cu1Mg、ZAlCu5Mn。

⑥ 受力小、要求自重轻、耐腐蚀的箱体　可选用 ABS、有机玻璃和尼龙等。

12.3.4　机床导轨

机床的加工精度与导轨精度密切相关，必须防止其变形和磨损。所以，小批量生产的精密机床，其导轨的加工工作量要占整个机床的 40% 左右。

直线滚动导轨（图 12-4）在工作时承受较大的摩擦力、压应力和扭曲应力，其主要的失效形式为接触疲劳损坏和重压下产生塑性变形。因此，要求导轨整体必须具有较好的综合力学性能和较好的耐温尺寸稳定性，其工作部位要求具备高硬度、高强度、高耐磨性。

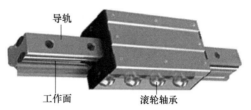

图 12-4　直线滚动导轨

根据直线滚动导轨的工作条件，较好的综合力学性能和较好的耐温尺寸稳定性要求，及其工作部位高硬度、高强度、高耐磨性的要求，其材料一般选用碳素工具钢（如 T10A、T12A 等）、渗碳钢、轴承钢（如 GCr15）合金渗氮钢（如 38CrMoAlA）等。

由于轴承钢（如 GCr15）制造的直线滚动导轨，通过表面淬火后能够较好地满足强度、硬度和耐磨性等内在性能要求，而且耐温尺寸稳定性和加工工艺性能较好，目前得以广泛使用。它克服了碳素工具钢长杆件淬火后的变形问题，同时克服了渗碳钢热处理工艺相对复杂、周期长、成本高的问题以及 38CrMoAlA 渗氮处理制造的导轨存在渗氮层较薄、硬而脆和冲击韧性差的问题。

在通常情况下，机床导轨也可选用灰铸铁制造，如 HT200 和 HT350 等。灰铸铁在润滑条件下耐磨性较好，但抗磨粒磨损能力较差。为了提高耐磨性，可对导轨表面进行淬火处理。

12.3.5　模具

按模具的工作条件，可将其分为冷作模具、热作模具和成形模具三大类。虽然它们的工作状态不同，但是都离不开高压、高温、冲击、振动、摩擦、弯扭、拉伸等作用，其失效形式不外乎断裂、过量变形、表面损伤和疲劳四种。

为选择合适的模具材料，应根据模具生产和使用的条件，并考虑模具材料的性能和其他因素，如材料的品种、批量、尺寸精度等。

(1) 冷作模具

表 12-6 介绍了冷作模具钢的选用，表 12-7 介绍了冲裁模的选材，表 12-8 介绍了冷挤压模的选材。

表 12-6　冷作模具钢的选用

类别	选用
碳素工具钢	只适宜制造尺寸较小、形状简单、精度要求不高、受载较轻、生产批量不大的冷作模具；T7A 适合制作易脆断的小型模具或承受冲击载荷较大的模具；T10A 适合制作要求耐磨性较高，而承受冲击载荷较小的模具；T8A 适合制作小型拉拔模、拉深模、挤压模；T12A 只用于韧性要求不高，而硬度和耐磨性高的切边模和冲孔模等

类别	选用
低合金工具钢	常用钢种是 GCr15,其综合性能优于碳素工具钢,适合制作形状复杂、精度要求较高的小尺寸落料模、冷挤压模、搓丝板和成型模等
低变形冷作模具钢	其韧性、耐磨性、硬度都比碳素工具钢高,使用寿命较碳素工具钢长。常用钢种是 CrWMn 和 9Mn2V,广泛用来制作形状较复杂、截面较大、承受载荷较大、变形要求严格的中小型冷作模具
高耐磨、微变形冷作模具钢	Cr12 是应用最广、使用量最大的冷作模具钢。由于其脆性大、易断裂,只适用于制造承受冲击载荷小、耐磨性要求高的冲切薄钢板的冲裁模 Cr4W2MoV 主要用来替代 Cr12 制造各种冷冲模、高压力冷镦模、落料模、冷挤压凹模以及搓丝板等,模具寿命长 Cr12MoV 因为 Cr 的脆断倾向较小,综合性能也优于 Cr12 钢,广泛用于制造大截面、形状复杂的重载冷作模具,如切边模、落料模、滚丝模等。Cr12Mo1V1 的性能比 Cr12MoV 要好得多
高强度、高耐磨冷作模具钢	典型钢种是高速钢 W18Cr4V 和 W6Mo5Cr4V2,具有很高的硬度、抗压强度和耐磨性,主要用于制造要求重载、长寿命的冷作模具。但其热塑性差,不适宜制作大型模具
高韧性冷作模具钢	典型钢种是 6W6Mo5Cr4V,主要取代高速钢或 Cr12 制作易于脆断或开裂的冷挤压凸模或冷镦模,或尺寸较大的圆钢下料剪刀 65Cr4W3Mo2VNb 适于制作形状复杂、塑性变形抗力大的大型金属冷挤压以及受冲击载荷较大的冷镦模 7Cr7Mo3V2Si 适于制作高强韧性冷作模具
高耐磨、高韧性冷作模具钢	9Cr6W3Mo2V2 适于制作高速冲床多工位级进模、滚丝模、切边模、拉深模 Cr8MoWV3Si 适于制作大型冷镦模和精密冲模等
特殊用途冷作模具钢	耐蚀冷作模具钢 9Cr18、Cr18Mo、Cr14Mo、Cr14Mo4,适于制作耐蚀塑料模具 无磁模具钢 1Cr18Ni9Ti、7Mn15Cr2Al3V2WMo、5Cr21Mn9Ni4W,主要用于磁性材料的成形,也可用来制造在 700～800℃下工作的热作模具

表 12-7　冲裁模的选材

模具种类	加工对象	材料	硬度/HRC	
			凸模	凹模
薄板冲裁模	软料薄板	T8A,T10A	56～60	37～40
	硬料薄板	CrWMn,9CrWMn	48～52	62～64
	小批量简单件	T10A,Cr2	58～62	
	中、小批量复杂件	9Mn2V,CrWMn,9CrWMn	60～62	62～64
	大批量冲裁件	Cr5Mo1V,Cr6WV,Cr12Mo1V1,YG10X,YG15	60～62	62～64
			66～68(硬质合金)	
	高精度冲裁件	GCr15,CrWMn,Cr12Mo1V1,Cr2Mn2SiWMoV	58～60	60～62
			56～58(易折断件)	
	软硅钢片小型件	Cr12,Cr4W2MoV	60～62	60～64
	硬硅钢片中型复杂件	Cr5Mo1V,Cr6WV,Cr4W2MoV,Cr12MoV,Cr12Mo1V1	57～59 (复杂易损件 58～60)	
厚板冲裁模	低碳钢中厚板	T8A,9SiCr,60Si2Mn,Cr12MoV	54～58	57～60
	低碳钢厚板	6CrW2Si,Cr6WV,Cr5Mo1V,Cr12Mo1V1,6W6	52～56	56～58
	奥氏体钢板	Cr12MoV,Cr12Mo1V1,W18Cr4V	56～61	57～60
	高强度钢中厚板	W6Mo5Cr4V2,6W6,65Nb	58～61	57～60
精冲模		Cr12,Cr12MoV,Cr12Mo1V1,Cr4W2MoV,W6Mo5Cr4V2	60～62	61～63

表 12-8　冷挤压模的选材

模具种类	加工对象		材　料	硬度/HRC
轻载冷挤压模	铝合金	凸模	60Si2Mn,Cr5Mo1V,Cr6WV,Cr12MoV,W18Cr4V	60～62
		凹模	T10A,MnCrWV,Cr4W2MoV,Cr12Mo1V1,W6Mo5-Cr4V2,65Nb	58～60
			YG15,YG20C	
	铜合金	凸模	Cr12MoV,W18Cr4V	60～62
		凹模	CrWMn,Cr4W2MoV,Cr12Mo1V1,65Nb	58～60
重载冷挤压模	钢(冷挤压力1500～2000MPa)	凸模	Cr12MoV,W6Mo5Cr4V2,65Nb	60～62
		凹模	Cr4W2MoV,Cr12Mo1V1,65Nb	58～60
			YG15,YG20C	
	钢(冷挤压力2000～2500MPa)		W6Mo5Cr4V2,W18Cr4V,65Nb	61～63
			YG15,YG20C	
模具型腔挤压凸模	一般中小件		T10A,9SiCr,GCr15	59～61
	大型复杂件		5CrW2Si	59～61(渗碳)
	复杂精密件		Cr12MoV,Cr12Mo1V1	59～61
	批量压制用		65Nb,W6Mo5Cr4V2	59～61
	高强度件(冷挤压力>2500MPa)		Cr12,W6Mo5Cr4V2,W18Cr4V	61～63

(2) 热作模具

表 12-9 介绍了热作模具钢的选用，表 12-10 介绍了热锻模和压铸模的选材，表 12-11 介绍了热冲裁模的选材，表 12-12 介绍了热挤压模的选材。

表 12-9　热作模具钢的选用

按用途分类	特点	按工作温度分类	材料
锤锻模用钢	高韧性	低耐热模具钢(350～370℃)	5CrMnMo,5CrNiMo,4CrMnSiMoV,5Cr2NiMoVSi,5SiMnMoV
热锻模、热挤压模用钢	高热强	中耐热模具钢(550～600℃)	4Cr5MoSiV,4Cr5MoSiV1
		高耐热模具钢(580～650℃)	3Cr2W8V,3Cr3Mo3W2V,4Cr3Mo3SiV,5Cr4W5Mo2V
压铸模用钢	高热强	中耐热模具钢	4Cr5MoSiV1,4Cr5W2VSi
		高耐热模具钢	3Cr2W8V,3Cr3Mo3W2V
热冲裁模用钢	高耐磨	低耐热模具钢	8Cr3,7Cr3

表 12-10　热锻模和压铸模的选材

模具种类	模具规格及工作条件		常用材料	硬度/HRC
热锻模	小型热锻模	高度<250mm	5CrMnMo	39～47
		高度>400mm	5CrNiMo	35～39
	中型热锻模(高度250～400mm)		5CrMnMo	39～47
	高寿命热锻模		3Cr2W8V,4Cr5MoSiV,4Cr5MoSiV1,4Cr5W2Si	40～45
	热镦模		3Cr2W8V,4Cr5MoSiV1,4Cr5W2Si	39～45
	精密锻造、高速锻模		3Cr2W8V	45～54

模具种类	模具规格及工作条件	常用材料	硬度/HRC
压铸模	压铸铝、镁、锌合金	3Cr2W8V,4Cr5MoSiV, 4Cr5MoSiV1,4Cr5W2VSi	43～50
	压铸铜和黄铜	3Cr2W8V,4Cr5MoSiV, 4Cr5MoSiV1,4Cr5W2VSi	35～40

表 12-11　热冲裁模的选材

模具种类及名称		推荐选用材料	可代用材料	硬度	
				HBS	HRC
热切边模	凸模	8Cr3,4Cr5MoSiV1, 5Cr4W5Mo2V	5CrMnMo,5CrNiMo, 5CrMnSiMoV	—	35～40
	凹模			—	43～45
热冲孔模	凸模	8Cr3	3Cr2W8V,6CrW2Si	368～415	—
	凹模		—	321～368	—

表 12-12　热挤压模的选材

挤压材料	推荐模具材料	硬度/HRC
钢及钛、镍合金	4Cr5MoSiV,3Cr2W8V	43～47
铝、镁合金	4Cr5MoSiV,4Cr5W2Si	46～50
铜及铜合金	3Cr2W8V	36～45

(3) 成型模具

成型模具包括注塑模具、吹塑模具、吸塑模具和挤塑模具四种。其失效的主要形式是磨损、腐蚀、变形和断裂。一般塑料模具的热负荷不大，对材料热强性和热疲劳强度的要求不高，因而通常使用的渗碳钢、调质钢、碳素工具钢、合金工具钢、不锈钢等都可以制造。具体钢种的选用主要根据模具对硬度、耐磨性、强韧性、耐蚀性的要求而定。表 12-13 介绍了注塑模的选材，表 12-14 介绍了注塑模的工作硬度，表 12-15 和表 12-16 介绍了按模具加工方法（切削成形和冷挤压成形）选择模具用钢及其性能和应用特点。

表 12-13　注塑模的选材

类别	项目		模具材料
成型零件	注塑材料为聚乙烯、聚丙烯等	尺寸大、批量大、形状复杂、高精度	20CrMnMo,12CrNi4,20Cr,12CrNi3,20Cr2Ni4,3Cr2Mo,4Cr3Mo3SiV, 5CrNiMo,5CrMnMo,4Cr5MoSiV,4Cr5MoSiV1,4Cr5W2SiV1
		尺寸不大、小批量、要求一般	45
		尺寸精度及表面粗糙度要求较高	3Cr2Mo,4Cr5MoSiV1,8Cr2MnSiWMoVS,Cr12Mo1V1,25CrNi3MoAl, 06Ni6MoTi1V,18Ni-250,18Ni-300
	注塑材料为聚氯乙烯、氟化塑料或阻燃塑料		Cr18MoV,18Ni,9Cr18,4Cr13,Cr14Mo4V,1Cr17Ni2
	热塑性塑料注射成型 热固性塑料挤压成型		Cr12MoV,Cr12Mo1V1,9Mn2V,Cr6WV,Cr12,7CrMn2WMo, 7CrMnNiMo,Cr2Mn2SiWMoV,CrWMn,MnCrWV,GCr15
	产品镜面抛光性、模具高耐磨性		18Ni,06Ni 等;或预硬型模具钢 SM1、Y82、P20 系列及 8CrMn、5NiSCr

类别	项目	模具材料
结构零件	各种模板、顶出板、固定板支架等	45,40MnB,40MnVB,Q255,Q275,球墨铸铁及 HT200
	型芯、型腔件	9Mn2V,CrWMn,9SiCr,Cr12,3CrW8V,35CrMn,T7A,T8A,45,40Cr,40VB,40MnB,球墨铸铁
	导向柱、导向套	20,20Cr,20CrMnTi,T8A,T10A
	主流衬套	20,T8A,T10A,9Mn2V,CrWMn,9SiCr,Cr12,3Cr2W8V,35CrMo
	顶杆、拉料杆、复位杆	T7A,45

表 12-14 注塑模的工作硬度

模具特点	推荐工作硬度	说明
形状简单、高寿命(小型)	54～58HRC	在保证较好耐磨性的前提下具有适当的强韧性
形状复杂、精度较高、要求淬火微变形	45～50HRC	用于易折断的型芯等部件
一般软质塑料	280～320HBS	无填充剂的软质塑料
高强度热塑性塑料	52～56HRC	尼龙、聚甲醛、聚碳酸酯等硬质塑料

表 12-15 常用切削成形塑料成型模具用钢及其性能和应用特点

类别	牌号	韧性	淬火变形	铣削性能	变形抗力	淬火硬化后耐磨性	应用特点
渗碳钢	20Cr	高	中	优	低	中	用于简单模套、导引部件、淬火后可磨削的部件、淬火后难于加工的模套及一般中型模具、大中型复杂型腔模具
	12CrNi3A	高	小	中	中	中	
碳素工具钢	T10A	低	大	优	中	中	中小型模具镶块,需热浴淬火控制变形
	T7A	中	大	高	中	中	小型轻载模具型芯、推杆等易折断部件
合金工具钢	9Mn2V	低	中	中	高	高	避免用于易脆断部件
	CrWMnV	低	中	中	高	高	是中小型塑料成型模具基本钢种,优于 9Mn2V 及 CrWMn
	9CrWMn	低	中	中	高	高	
热作模具钢	5CrNiMo	高	中	中	高	高	适用于大中型模具
	5CrMnMo	高	中	中	高	高	
	4Cr5MoSiV	高	中	中	高	中	
	3Cr3Mo3VNb	高	中	中	高	中	
高耐磨钢	5CrW2Si(渗碳)	中	中	低	高	优	具有高的耐磨性及抗压性
	Cr12MoV	低	小	低	高	高	适于制作压制含有矿物填料的模具
	Cr6WV	中	小	中	高	高	
不锈钢	4Cr13	中	中	中	高	高	适于制作化学活性高的塑料及光学塑料模具

表 12-16 常用冷挤压成形塑料成型模具用钢及其性能和应用特点

牌号	冷挤压性能		淬硬能力	硬化后变形抗力	应用特点
	软化退火硬度/HBS	总体评价			
20	<131	高	低	低	适用于简单型腔模具
20Cr	<140	高	中	中	适用于复杂型腔模具
12CrNi3A	<163	中	中	高	适用于浅型腔复杂模具
40Cr	<163	中	中	高	心部强度高于 20Cr
T7A	<163	中	高	高	适用于形状简单、中等深度、比压较高的模具
Cr2(GCr15)	<179	较低	高	优	适用于浅型腔、工作比压高的模具

12.3.6　弹簧

弹簧材料的选择，应根据弹簧承受载荷的性质、应力状态、应力大小、工作温度、环境介质、使用寿命、对导电导磁性能的要求、工艺性能、材料来源和价格等因素确定。

中小型弹簧，特别是螺旋拉伸弹簧，应优先采用经过强化处理的钢丝、铅浴等温冷拔钢丝和油淬回火钢丝，具有较高的强度和良好表面质量，疲劳性能高于普通淬火回火钢丝，加工简单，工艺性好，质量稳定。

大中型弹簧，对于载荷精度和应力较高的应选用冷拔钢材或冷拔后磨光钢材。

对于载荷精度和应力较低的弹簧，可选用热轧钢材。

钢板弹簧一般选用 55Si2Mn、60Si2MnA、55SiMnVB、55SiMnMoV、60CrMn、60CrMnB 等牌号的扁钢。

当受力较小而又要求防腐蚀、防磁等特性时，可采用有色金属。此外，还有用非金属材料制作的弹簧。

弹簧钢的主要用途见表 12-17。

表 12-17　弹簧钢的主要用途

牌号	主要用途
65,70,80,85	应用非常广泛,但多用于工作温度不高的小型弹簧,或不太重要的较大尺寸弹簧及一般机械用的弹簧
65Mn,70Mn	制造各种小截面扁簧、圆簧及发条等,也可制作弹簧环、气门弹簧、减振器和离合器簧片等
28SiMnB	用于制造汽车钢板弹簧
40SiMnVBE 55SiMnVB	制作重型、中型、小型汽车的板簧,也可制作其他中型断面的板簧和螺旋弹簧
38Si2	主要用于制造轨道扣件用弹条
60Si2Mn	应用广泛,主要制造各种弹簧,如汽车、机车、拖拉机的板簧、螺旋弹簧,一般要求的汽车稳定杆、低应力的货车转向架弹簧,轨道扣件用弹条
55CrMn,60CrMn	用于制作汽车稳定杆,也可制作较大规格的板簧、螺旋弹簧
60CrMnB	适用于制造较厚的钢板弹簧、汽车导向臂等
60CrMnMo	大型土木建筑及重型车辆、机械等使用的超大型弹簧
60Si2Cr	多用于制造载荷大的重要弹簧、工程机械弹簧等
55SiCr	用于制作汽车悬挂用螺旋弹簧、气门弹簧
56Si2MnCr	一般用于冷拉钢丝、淬回火钢丝制作悬架弹簧,或板厚大于 10～15mm 的大型板簧等
52Si2CrMnNi	用于制作载重卡车用大规格稳定杆
55SiCrV	用于制作汽车悬挂用螺旋弹簧、气门弹簧
60Si2CrV	用于制造高强度级别的变截面板簧,货车转向架用螺旋弹簧,也可制造载荷大的重要大型弹簧、工程机械弹簧等
50CrV,51CrMnV	适宜制造工作应力高、疲劳性能要求严格的螺旋弹簧、汽车板簧等;也可用于较大截面的高负荷重要弹簧,及工作温度低于 300℃ 的阀门弹簧、活塞弹簧
52CrMnMoV	用于汽车板簧、高速客车转向架弹簧、汽车导向臂等
60Si2MnCrV	可用于制作载荷大的汽车板簧
30W4Cr2V	主要用于工作温度在 500℃ 以下的耐热弹簧,如汽轮机主蒸汽阀弹簧、锅炉安全阀弹簧等

参 考 文 献

［1］ 戈晓岚，许晓静．工程材料与应用．西安：西安电子科技大学出版社，2007.

［2］ 齐宝森等．新型材料及其应用．哈尔滨：哈尔滨工业大学出版社，2007.

［3］ 雅青．材料概论．重庆：重庆大学出版社，2006.

［4］ 曾光廷．现代新型材料．北京：中国轻工业出版社，2006.

［5］ 赵忠，丁仁亮，周而康．金属材料及热处理．北京：机械工业出版社，2013.

［6］ 戴起勋．金属材料学．北京：化学工业出版社，2010.

［7］ 安少云．金属工艺学．北京：化学工业出版社，2010.